译者近照

王乃彦，1935年11月21日生于福建福州，核物理学家，中国科学院院士、中国核工业研究生部名誉主任、中国核工业集团公司科技委高级顾问。

1956年毕业于北京大学技术物理系，1959–1965年在苏联杜布纳联合核子研究所工作，1966–1980年在核工业部第九研究院工作，1986–1987年在日本名古屋大学等离子体物理研究所作访问学者。曾任中国原子能科学研究院核物理所所长；中国原子能科学研究院副院长、科技委主任；核工业总公司科技委副主任；核工业研究生部主任；国家自然科学基金委员会副主任；中国核学会理事长；中国物理学会副理事长；世界核聚变理事会理事；太平洋地区核理事会理事长和理事会选举委员会主席。

参加研制并建立了我国第一台在原子反应堆上的中子飞行时间谱仪，测得第一批中子核数据，对Yb和Tb同位素的中子共振结构的研究作出了贡献。参加和领导了核武器试验中近区物理测试的许多课题，为核武器的设计、试验、改进提供了重要的试验数据。在我国开辟并发展了粒子束惯性约束聚变研究，创建了相应的研究室，并在相对论性强流电子束和物质相互作用方面取得突出成就。在电子束泵浦氟化氪激光研究中取得具有国际水平的科研成果，建成了六束百焦耳级的氟化氪激光装置。开展激光核物理研究，运用超短超强激光加速电子和质子。

曾获国家科学技术奖励大会四个奖项，国家科技进步三等奖一项，部级科技进步奖一等奖一项、二等奖两项，国防科工委科技进步一等奖一项、二等奖两项；国家高科技研究发展计划"八五"先进工作者；2003年何梁何利科技进步奖；2004年全球核理事会奖一项；国家能源局2012年度软科学研究优秀成果奖一等奖一项和2016年基础物理突破奖一项。

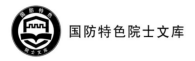

国防特色院士文库

激光与核：
超高强度激光
在核科学中的应用

（德） 海因里希·施沃雷尔
约瑟夫·马吉尔　　◎著　　王乃彦◎译
布加德·贝勒

Springer

Lasers and Nuclei：
Applications of Ultrahigh Intensity
Lasers in Nuclear Science

哈尔滨工程大学出版社
Harbin Engineering University Press

黑版贸审字 08-2018-149 号

内 容 简 介

本书的主要内容是激光引发的核物理,从激光-物质相互作用的理论背景介绍开始,对技术的状态进行回顾,由这个领域的顶尖科学家给出了激光粒子加速和激光核物理研究状态的详细报告,并讨论从激光的同位素生产、核反应堆物理、中子影像技术到天体物理和纯粹的核物理的基础研究及其潜在应用前景。

本书可供激光核物理相关领域的科研人员参考使用。

图书在版编目(CIP)数据

激光与核:超高强度激光在核科学中的应用/(德)海因里希·施沃雷尔,(德)约瑟夫·马吉尔,(德)布加德·贝勒著;王乃彦译. —哈尔滨:哈尔滨工程大学出版社,2019.2

ISBN 978-7-5661-2094-6

Ⅰ.①激…　Ⅱ.①海…②约…③布…④王…　Ⅲ.①激光—应用—核物理学—研究　Ⅳ.①TN24②O571

中国版本图书馆 CIP 数据核字(2018)第 219042 号

选题策划　石　岭
责任编辑　石　岭
封面设计　张　骏

出版发行　哈尔滨工程大学出版社
社　　址　哈尔滨市南岗区南通大街 145 号
邮政编码　150001
发行电话　0451-82519328
传　　真　0451-82519699
经　　销　新华书店
印　　刷　哈尔滨市石桥印务有限公司
开　　本　787mm×1 092mm　1/16
插　　页　2
印　　张　13
字　　数　338 千字
版　　次　2019 年 2 月第 1 版
印　　次　2019 年 2 月第 1 次印刷
定　　价　168.00 元
http://www.hrbeupress.com
E-mail:heupress@ hrbeu.edu.cn

前　言

本书的主要内容是激光引发的核物理(Laser induced nuclear physics)。当在高强度的激光等离子体物理实验中产生光子和粒子的能量足够高,就可以产生基本的核反应。首次用激光产生辐射引发的核实验——光子引发中子核蜕变或者裂变是在 20 世纪 90 年代运用大型的激光聚变装置,如在英国 Rutherford Appleton 实验室的 VULCAN 激光器或在美国 Lawrence Livermore 国家实验室的 NOVA 激光器上成功地实现了。但是运用小型的台式激光器也能显示同样的物理问题,并使基于激光的核实验的系统研究向前推进。这些小型的激光系统可以在激光脉冲能量比较低但重复频率非常高时,产生与聚变激光装置相同的光强,在短时间内,所有的基本反应,如裂变、中子或质子引发的核蜕变、聚变都可以进行。

从很早开始,在证实原理性的实验之外,第二个受关注的问题是,在核物理的观点内研究高能激光等离子体发射的独特性质,这些特殊性质是多种多样的,如所有光子和粒子的发射是在超短的时间宽度内,在皮秒量级或更短;源的尺寸是很小的,因为激光和靶物质相互作用的体积是很小的,辐射源装置与传统的加速器或者反应堆装置相比有更高的灵活性和紧凑性。

由于具有这些独特的实验可能性,人们联想到了其在科学与技术中的各种潜在应用。最明显的例子就是借助于核活化技术,对相对论性激光等离子体进行诊断和表征,它是能够探测高能辐射和粒子的唯一方法。潜在应用的第二个领域是核的嬗变。由于在激光等离子体中,产生和加速的发射体的多样性,带有光子、质子、离子和中子的所有反应渠道都是可能实现的。最实际的想法是推广应用到以医学为目的的各种放射性同位素的生产,以及核燃料循环中长寿命放射性核的嬗变研究中。最后,在激光等离子体中结合具有高能量、大通量的粒子所产生的极强的能量密度同样提供了基础核科学的新的可能性,如在实验室中研究天体物理的问题。

促成本书出版的是 2004 年 9 月在 Karlsruhe 举行的"激光与核"国际研讨会。该研讨会第一次将激光和核的科学家聚集在一起,目的是让他们阐述各自研究领域的当前情况,并敞开思想地研讨这个交叉学科在理论和实验上潜在的优势、需求和新的交叉工作受到的制约。本书从激光－物质相互作用的理论背景介绍开始,对研究和技术的状态进行回顾,由这个领域的顶尖科学家给出了激光粒子加速和激光核物理研究状态的详细报告,并讨论从基于激光的同位素生产、核反应堆物理、中子影像技术到核天体物理和纯粹的核物理中的基础物理研究及其潜在的应用前景。

本书的研究范围广、跨学科,它将激励人们敞开思想超越传统思维,在激光和核物理之间开展新的研究。

著者

2006 年 2 月

译 者 的 话

《激光与核——高强度激光在核科学中的应用》一书是由德国激光物理学家海因里希·施沃雷尔、约瑟夫·马吉尔、布加德·贝勒等人撰写的。他们在描述高强度激光和物质的相互作用的基础上,介绍了激光加速电子、离子以及产生高强度的中子和轫致辐射的机理。随着超短超强激光技术的迅速发展,由激光和物质相互作用所产生的粒子和辐射的强度、能量也迅速提高,当粒子和辐射的能量足够高,足以引发核反应时,激光核物理应运而生了。由激光产生的粒子和辐射还具有一些独特的优点,如电子束的单能性,质子束的很小的发射角、很短的时间宽度。一台高强度的激光装置有产生多种粒子的可能性,通过改变靶的材料就能得以实现,甚至由于采用激光分束的方法可以做到同时既加速电子也加速离子。因此近年来激光核物理成为一个引人注目且发展迅速的学科,在核物理领域中成为基于反应堆和加速器的核物理研究的一个重要补充,并逐渐渗透到各种研究和应用领域中。高强度的激光可以在一些大型的激光装置上产生,如在 Rutherford Appleton 实验室的VULCAN 激光器和美国 Lawrence Livermore 国家实验室的 NOVA 激光器,每个脉冲的能量可以达到百焦耳到千焦耳的量级,脉冲宽度小于 1 ps。由于激光系统内热效应的限制,这种高能量系统的激光,每炮之间的间隔是几十分钟到一小时,而且这种大装置的投资大。然而高强度激光也可以采用聚焦性能比较好、脉冲宽度小于 100 fs、每脉冲能量在焦耳级、重复频率在 10 Hz 左右的超短的高强度激光,它同样可以用来开展激光核物理的许多实验和一些系统性的研究。由于投资比较少,所以在许多实验室,特别是大学都建立了这种类型的装置,如法国的光学应用研究所、德国 Jena 大学的 JETI 激光装置、中国的上海光学精密机械研究所也建立了 10 PW 的装置,这就使得更多的研究所和大学能够开展超强激光和物质相互作用及其应用的研究。应该指出本书作者在撰写这本书的时候激光靶上的功率密度只达到 10^{20} W/cm^2,他们已经在书中指出了超强激光在核科学中的许多应用和可能开辟的新的研究方向,在应用方面可以用于产生医用放射性同位素、治疗癌症、中子或质子成像、引发核嬗变、寻找新的同质异能素,等等。但是现在由于超短激光技术的发展,人们已经可以得到的靶上功率密度为 10^{22} W/cm^2,甚至更高了,所以可研究和应用的领域更多、更广了,书中所论述的相互作用的机制和原理,对于从事这方面工作的科技工作者和研究生们仍然是很有意义的。

这本书的作者是在德国 Karlsruhe 召开的"核与激光"国际研讨会后,将会上的报告整理成书的。那次会议是国际上第一次将激光专家和核物理学家相聚在一起,对介于激光和核物理之间这一崭新的领域进行讨论和交流，以做到敞开思想，激发超越传统思维，让激光更好、更有效地作用在核上，以实现多年来激光专家和核物理学家的梦想。译者也希望这本书能对我国广大的读者起到相同的作用，为促进这一崭新的交叉学科在我国的发展起到一定作用。

王乃彦

2018年10月20日

目　　录

第 1 篇　基础和设备

第 1 章　激光相互作用的核时代:在功率压缩历史中的新里程碑 ……………… 3

1.1　功率压缩的历史 ……………………………………………………… 3

1.2　总结 …………………………………………………………………… 4

参考文献 …………………………………………………………………… 5

第 2 章　高强度激光和物质的相互作用 ………………………………………… 6

2.1　激光与物质 …………………………………………………………… 6

2.2　最强的光场 …………………………………………………………… 7

2.3　由激光产生的电子加速 ……………………………………………… 9

2.4　固体靶和超短的硬 X 射线脉冲 ……………………………………… 15

2.5　质子和离子的产生 …………………………………………………… 16

2.6　总结 …………………………………………………………………… 17

参考文献 …………………………………………………………………… 18

第 3 章　激光引发的核反应 ……………………………………………………… 20

3.1　引言 …………………………………………………………………… 20

3.2　激光和物质的相互作用 ……………………………………………… 20

3.3　激光引发的核反应的回顾 …………………………………………… 24

3.4　未来的应用 …………………………………………………………… 30

参考文献 …………………………………………………………………… 32

第 4 章　高重复频率的全二极管泵浦的超高峰值功率激光器 ………………… 37

4.1　引言 …………………………………………………………………… 37

4.2　镱掺杂的氟化磷酸盐玻璃作为激光的活性介质 …………………… 39

4.3　用于固态激光泵浦的二极管 ………………………………………… 41

4.4　POLARIS 激光 ………………………………………………………… 43

4.5　POLARIS 激光的 5 个放大级 ………………………………………… 44

4.6　倾斜的压缩光栅 ……………………………………………………… 49

4.7　未来展望 ……………………………………………………………… 51

参考文献 ··· 51

第5章 百万焦耳的激光器——一个高能量密度的物理装置 ·············· 54

5.1 LMJ 的描述和特性 ··· 54

5.2 LIL 的性能 ·· 57

5.3 LMJ 装置 ··· 59

5.4 LMJ 点火和 HEDP 计划 ·· 61

5.5 总结 ·· 62

参考文献 ··· 63

第 2 篇 源

第6章 超短激光脉冲产生的电子束和质子束 ······························· 67

6.1 引言 ·· 67

6.2 理论背景 ··· 68

6.3 非线性的等离子体波所产生的电子束 ·· 69

6.4 在固体靶上质子束的产生 ·· 71

6.5 展望 ·· 72

6.6 总结 ·· 73

参考文献 ··· 73

第7章 激光驱动的离子加速和核活化 ··· 75

7.1 引言 ·· 75

7.2 激光等离子体离子加速的基本物理概念 ··· 76

7.3 实验安排 ··· 77

7.4 最近的实验结果 ·· 79

7.5 应用于核物理和加速器物理 ··· 83

7.6 结论和未来前景 ·· 85

参考文献 ··· 86

第8章 基于台式激光加速质子的脉冲中子源 ······························· 89

8.1 引言 ·· 89

8.2 最近的质子加速实验 ·· 90

8.3 由激光加速质子束产生中子 ··· 91

8.4 激光作为一个中子源 ·· 97

8.5 中子源的最佳化——未来激光系统的核应用 ······································· 99

8.6　总结 ………………………………………………………………… 102

参考文献 …………………………………………………………………… 102

第3篇　嬗　变

第9章　激光嬗变核物质 ………………………………………………… 107

9.1　引言 ………………………………………………………………… 107

9.2　为何衰减常数是不变的？ ………………………………………… 108

9.3　激光嬗变 …………………………………………………………… 109

9.4　总结 ………………………………………………………………… 118

参考文献 …………………………………………………………………… 118

第10章　用于核嬗变的高亮度 γ 射线的产生 ………………………… 120

10.1　引言 ……………………………………………………………… 120

10.2　系统的原理 ……………………………………………………… 121

10.3　在 New Subaru 上的嬗变实验 ………………………………… 126

10.4　嬗变系统 ………………………………………………………… 131

10.5　总结 ……………………………………………………………… 135

参考文献 …………………………………………………………………… 136

第11章　在可持续裂变能的产生和核废料的嬗变中激光的潜在作用 … 137

11.1　引言 ……………………………………………………………… 137

11.2　核能倡议的经济性 ……………………………………………… 139

11.3　新倡议的技术特点 ……………………………………………… 140

11.4　密封的连续流反应堆 …………………………………………… 141

11.5　激光引发的核反应 ……………………………………………… 143

11.6　将聚变中子引导到乏燃料的嬗变中 …………………………… 144

11.7　聚变 d－t 能源和裂变能源的比较 …………………………… 146

11.8　聚变能研究所涉及的内容 ……………………………………… 147

11.9　核能研究和开发的含义 ………………………………………… 148

11.10　附录 ……………………………………………………………… 150

参考文献 …………………………………………………………………… 151

第12章　高功率激光产生 PET 同位素 ………………………………… 153

12.1　引言 ……………………………………………………………… 153

12.2　正电子发射断层扫描 …………………………………………… 153

12.3 高强度激光产生的质子加速 ……………………………………… 155

12.4 实验设备 …………………………………………………………… 156

12.5 实验结果 …………………………………………………………… 159

12.6 未来的发展和结论 ………………………………………………… 161

参考文献 ………………………………………………………………… 162

第4篇 核 科 学

第13章 高强度激光和核物理 …………………………………………… 167

13.1 引言 ………………………………………………………………… 167

13.2 寻找 ^{235}U 中的 NEET …………………………………………… 167

13.3 在 ^{181}Ta 中同质异能态的激发 ………………………………… 171

13.4 高的强场对核能级性质的影响 …………………………………… 172

13.5 总结 ………………………………………………………………… 173

参考文献 ………………………………………………………………… 173

第14章 核物理和激光康普顿散射伽马射线 …………………………… 174

14.1 引言 ………………………………………………………………… 174

14.2 激光康普顿散射产生 γ 射线 ……………………………………… 175

14.3 核物理和核天体物理 ……………………………………………… 176

14.4 核嬗变 ……………………………………………………………… 181

14.5 总结 ………………………………………………………………… 181

参考文献 ………………………………………………………………… 182

第15章 中子成像的现况 ………………………………………………… 185

15.1 引言 ………………………………………………………………… 185

15.2 中子影像装置 ……………………………………………………… 187

15.3 现代的中子影像探测器 …………………………………………… 191

15.4 改进的中子影像方法 ……………………………………………… 192

15.5 中子影像的应用 …………………………………………………… 196

15.6 未来的趋势和景象 ………………………………………………… 196

15.7 总结 ………………………………………………………………… 197

参考文献 ………………………………………………………………… 197

第 1 篇　基础和设备

第1章 激光相互作用的核时代：在功率压缩历史中的新里程碑

A. B. Borisov[1], X. Song[1], P. Zhang[1], Y. Dai[2], K. Boyer[1], and C. K. Rhodes[1,2,3,4]

1. X 射线微影像和生物信息实验室，芝加哥 llinois 大学物理系，芝加哥，IL60607 – 7059，美国。

2. Illinois 大学生物工程系，芝加哥 IL60607 – 7052，美国。

3. Illinois 大学计算机科学系，芝加哥，IL60607 – 7042，美国。

4. Illinois 大学电气和计算机工程系，芝加哥，IL60607 – 7053，美国。

对超过大约 40 个数量级大小的功率压缩的历史做了一个简要的回顾，激光与核相互作用大致处于尺度的对数中点，约为 10^{20} W/cm^3，这个历史图像同时可以导出四个结论：

（1）功率压缩的发展将能使激光诱导的耦合作用于所有的原子核。

（2）通常的物理机制遇到一个 Ω_α 约为 $10^{30} \sim 10^{31}$ W/cm^3 的限制，比现在达到的能力大约高 10^{10} 倍。

（3）达到 Ω_α 极限值的关键是用几千伏的 X 射线在高 Z 的固体中产生相对论性/电荷位移自捕获通道，这个概念命名为"光子的阻滞"（"Photon staging"）。

（4）要达到现在所知道的最高区域 $10^{30} \sim 10^{31}$ W/cm^3，这个区域代表着基本粒子衰变的过程，这将需要了解新的物理过程，这个过程可能与在普朗克尺度上的现象相联系。

1.1 功率压缩的历史

为了达到将激光辐射耦合到核系统的目的，曾经经历很长的时间——大约经历了 30 年。在这个过程中，一个很好的信息来源于 Baldwin、Solem 和 Gol'danskii 写的标题为《走向 γ 射线激光的发展》的文章，它是综合性的里程碑式的文章[1]，在发表这篇重要文章后 25 年所取得的进展可以预见，现有的高的功率密度足够放大在 γ 射线区域相应的核跃迁。

功率压缩的历史如图 1 – 1 所示，它说明存在一些发展的时间节点，节点之间由一个约为 10^{10} 的因子分割开，并且每一阶段标志着一个技术的突破，同时从这些历史可以明显地看出这一事实：功率密度每达到一个新水平，通常都表现为两种形式，最开始是一种物态的产生，伴随大量的不可控的能量释放出来，这就如同化学爆炸；这样的事件之后就伴随一个新发明，在这种传统爆炸物的情况下，如大炮，它产生有序、可控的输出能量。在发展的每一阶段，控制是和能量相结合的。在功率水平为 10^{20} W/cm^3 时，如图 1 – 1 所示，核爆炸和相干的 X 射线放大分别对应于不可控的和可控的两种形式。在这种情况下引导到几千伏特 X 射线放大的新发明是将一种建立高度有序的包括离子、等离子体和相干辐射成分的物质的合成态的新概念和运用两个 20 世纪 90 年代的发现形成的径向对称的荷能的物质，即中空的原子和自捕获的等离子体通道相结合。现在展现给我们的功率压缩的情况是功率密度尺度的对数中点大约是在 10^{20} W/cm^3,总的来看,这个水平在实验上有三个代表性现象:①核爆炸;②激光诱导的核裂变[2-4],固体铀在 10 fs 的时间内完成的裂变,这些极限的数值约为 10^{25} W/cm^3;③Xe(L)中空原子跃迁 λ(28 nm)上的 X 射线放大[5,6]。

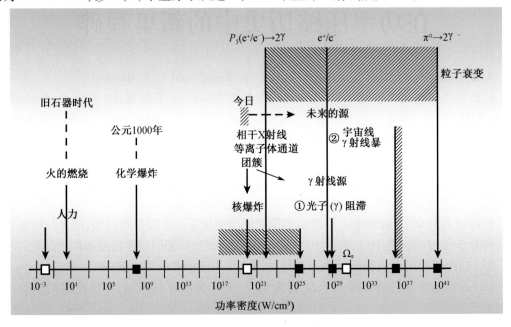

图1-1　功率技术发展的历史

它展现了功率密度在 10^{40} 那么大的量程范围内的历史,这个范围物理上对应于从原始的人力到很快的粒子衰变中的功率密度,现在的情况粗略地说,是处于 10^{20} W/cm^3。在实验上这是相应于核爆炸、激光诱导的核裂变[2-4]和相干的 X 射线放大[5,6],估计功率密度可以达到的极限,可以通过几千伏特的 X 射线在高 Z 固体中形成沟道时达到,设计可以达到 $\Omega_\alpha \approx 10^{30} \sim 10^{31}$ W/cm^3

1.2　总　　结

在 Karlsruhe 聚会期间所得到的信息足以得出以下四个结论:

(1)预示的功率压缩的进展将能使激光诱导耦合到所有的原子核;

(2)通常的物理过程功率密度极限 $\Omega_\alpha \approx 10^{30} \sim 10^{31}$ W/cm^3 是可以达到的;

(3)到达极限的关键是产生相对论性/电荷-位移自捕获通道和几千伏特的 X 射线在高 Z 固体中的传输和;

(4)要达到 $10^{30} \sim 10^{31}$ W/cm^3 区将需要对一个基本的新物理的理解,它最可能是和普朗克定标率紧密相关,对于后者,一个丰富的基础是存在的,并且还有一些合成的概念也已有假设[7-9],但是整个理论的图像还在发展之中。

致　谢

这项工作由海军研究局(NOO173 - 03 - 1 - 6015)、陆军研究局(DAAD19 - 00 - 1 - 0486)、(DAAD19 - 03 - 1 - 0189)和 Sandia 国家实验室(1629,17733,11141 和 25205)共同

支持完成。Sandia 是多项目的实验室,由 Sandia 有限公司运行;Lockheed Martin 公司隶属美国能源部,合同号 DE – AC04 – 94AK85000。

参 考 文 献

［1］ G. C. Baldwin,J. C. Solem,V. I. Gol'danskii:Rev. Mod. Phys. 53,687(1981).

［2］ K. Boyer,T. S. Luk,C. K. Rhodes:Phys. Rev. Lett. 60,557(1988).

［3］ K. W. D. Ledingham,I. Spencer,T. McCanny,R. Singhal,M. Santala,E. Clark,I. Watts,F. Beg,M. Zepf,K. Krushelnick,M. Tatarakis,A. Dangor,P. Norreys,R. Allott,D. Neely,R. Clark,A. Machacek,J. Wark,A. Cresswell,D. Sanderson,J. Magill:Phys. Rev. Lett. 84,899 (2000).

［4］ T. E. Cowan,A. Hunt,T. Phillips,S. Wilks,M. Perry,C. Brown,W. Fountain,S. Hatchett,J. Johnson,M. Key,T. Parnell,D. Pennington,R. Snavely,Y. Takahashi:Phys. Rev. Lett. 84, 903(2000).

［5］ A. B. Borisov,X. Song,F. Frigeni,Y. Koshman,Y. Dai,K. Boyer,C. K. Rhodes:J. Phys. B: At. Mol. Opt. Phys. 36,3433(2003).

［6］ A. B. Borisov,J. Davis,X. Song,Y. Koshman,Y. Dai,K. Boyer,C. K. Rhodes:J. Phys. B:At. Mol. Opt. Phys. 36,L285(2003).

［7］ Y. Dai,A. B. Borisov,J. W. Longworth,K. Boyer,C. K. Rhodes:In:*Proc. Int. Conf. Electromagnet. Adv. Appl.*,Politecnicodi Torino,Torino,Italy,1999,ed. R. Graglia,3.

［8］ Y. Dai,A. B. Borisov,J. W. Longworth,K. Boyer,C. K. Rhodes:Int. J. Mod. Phys. A 18,4257 (2003).

［9］ Y. Dai,A. B. Borisov,J. W. Longworth,K. Boyer,C. K. Rhodes:Adv. Stud. Contemp. Math. 10,149(2005).

第2章 高强度激光和物质的相互作用

H. Schwoerer

光学和量子电子研究所, Friedrich – Schiller – Universität, Max – Wien – Platz 1,07743 Jena, Germany

2.1 激光与物质

一个激光束可以用来产生核反应,去产生中子,引起核聚变,或者使一个核裂变。一个激光的光子能量在十分之几到几电子伏特的范围,而使一个铀核裂变所需的能量为几百万电子伏特,那么它是如何做到的呢?

关键的问题是激光与物质的相互作用完全是由电磁场支配的,而不是单个光子的作用,或者说,相互作用的物理已从经典的非线性光学走向新的占支配地位的相对论性光学。

这种情况有多方面的效果,相对论性光学或者光与物质间的相对性相互作用开始发生,是当一个电子在光场中的抖动能量接近于电子静止质量,这发生在光强为 2×10^{18} W/cm^2(波长 $\lambda =$ 800 nm)的情况下。当今的超强激光的强度,比这一数值要高 4 个数量级以上,因此实验激光物理真正进入了一个新奇的领域。

现在我们将激光聚焦所产生的电场强度和将太阳光聚焦的情况做一个类比,如图 2 – 1 所示,如果人们能将射到地球上的太阳光,用一个足够大的透镜聚焦到如铅笔尖大小(0.1 mm^2)的焦斑上,这时光斑上的光强约为 1×10^{20} W/cm^2,它相当于 10^{11} V/cm 的电场强度,这个数值几乎比氢原子中电子所受到的原子核的库仑场高一百倍。在激光的光斑上,加在固体上的光压可达到 Gbar 量级,通过电子的直接加速,产生了 10^{12} A/cm^2 的电流密度和几千特斯拉的磁场。并且,最终微量、浓密的物质被加热到几百万度,物质的这些状态和这样大小的场存在于星球内部、黑洞的边缘和太阳系的喷注中,现在可以在实验室中通过可控的方法在高强度的激光等离子体中产生。

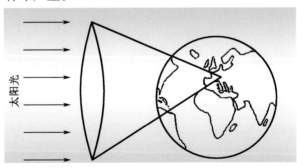

图 2 – 1 如果用透镜将太阳光聚焦到光斑大小为 0.1 mm^2,光强将达到 10^{20} W/cm^2,这个光强是现在高强度激光技术容易达到的

在描述这样强的光场和物质的基本的相互作用之前,我们在 2.2 节讨论光场本身的特性;在 2.3 节中,将对在相对论强度的情况下,从一个自由电子在一个强的电磁场中发生尾场和气泡加速开始,介绍激光和物质相互作用的基本机制;在 2.4 节中讨论能量在几兆电子伏特范围的韧致辐射的产生;最后在 2.5 节中描述由强激光脉冲产生的质子和重离子的加速。

2.2　最强的光场

激光脉冲的强度是由激光脉冲的能量 E 除以激光脉冲的时间宽度 τ 和焦斑面积 A 的乘积而得到的,为了达到相对性的强度,E 要尽量大,同时 τ 和 A 要尽量小。由于技术和经费的原因,现有的激光器基本上是这些参数的两种组合,即高能量型和超短脉冲型。高能量型,譬如说能量在几百到几千焦耳,脉冲宽度小于 1 ps;另一种激光,它具有比较好的聚焦性能,脉冲宽度小于 100 fs,能量为 1 J 左右。这两种激光能够产生同样的最大强度,它们之间的差别在于重复频率。由于激光系统内热效应的限制,这种高能量系统的激光,每炮之间的间隔是 0.5 ~ 1 h,而超短型的激光系统可以工作在 10 Hz。由于高能量系统激光的投资和运行费用高,它们一般在一些国家实验室中使用,如在英国的卢瑟福实验室中的 VULCAN Peta Watt 激光[1],在另一方面,超短的高强度激光可以工作在相对小一些的实验室中,如在法国的光学应用研究所[2]和德国 Jena 大学的 JETI 激光装置,可以应用它们做一些原理性实验的证明和一些系统性的研究。

为了了解强激光脉冲和物质的相互作用,首先我们必须了解激光脉冲的时间结构(见图 2 - 2)。几乎不依赖于什么类型的高功率激光器,从时间结构上看,激光脉冲通常在时间上包含以下三个部分:

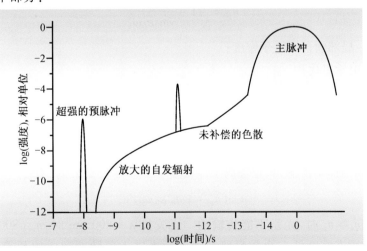

图 2 - 2　一个强激光脉冲的时间结构的示意图

(在超短的主脉冲旁边有一个未完全补偿的色散所产生的皮秒级的脉冲,和由放大的自发辐射所产生的纳秒级脉冲)

（1）第一部分是超短的主脉冲，它通常具有高斯的时间分布，半高宽（FWHM）为 $\tau =$ 30 fs ~ 1 ps。在中心峰值处功率 $P = E/\tau$，目前在 TW 到 1 PW（10^{12} W 到 10^{15} W）之间。它是表征激光脉冲系统的一个重要参数，决定激光和物质的相互作用，最后从相互作用区放出的粒子或光子的能量范围决定于功率密度 $I = P/A$，这里 A 是照射面积，这就必须了解激光的空间结构，到现在为止最强的功率密度可达 $10^{21} \sim 10^{22}$ W/cm^2。

（2）第二个重要的问题是对焦斑内激光脉冲的时间波形有影响的未补偿的角向和时间的色散，激光脉冲越短，它的能谱越宽，因此在时间和空间上所有色散的补偿就变得越来越困难，一个亚 100 fs 脉冲的未补偿色散通常可以达到 500 fs ~ 1 ps，同时它的大小可以达到最大强度的 $10^{-4} \sim 10^{-3}$ 水平，这比一般物质的电离水平高得多。但是到主脉冲到达的时间间隔很短，因此由它产生的等离子体没有多少能参与和主脉冲的相互作用，也没有膨胀得很远，进入真空。因此由未补偿的色散引起的和主脉冲的相互作用仅仅有一些微弱的改变。

（3）第三个对于基本相互作用的重要问题是放大的自发辐射（ASE）。在放大器中有一个长的本底围绕着主脉冲，它在主脉冲之前几毫微秒就开始了，并且它的强度达到主脉冲强度的 10^{-6} 到 10^{-9}，它依赖于激光系统中脉冲清洁技术的质量。因为电离阈处于 10^{12} W/cm^2，所以由放大的自发辐射所产生的预脉冲在靶的前面，在主脉冲到达之前就形成一个预等离子体，这个预等离子体以一个典型的热速度（1 000 m/s 的膨胀速度）进入真空，因此当主脉冲打到这个欠密（underdense）等离子体上时，这个预等离子体可以达到几十甚至几百微米的厚度。

这个膨胀的预等离子体对于相互作用有以下两种影响：

①第一，影响激光在其中的传播，这是由于折射系数依赖于密度，折射系数 n_{pl}（见文献[3]）为

$$n_{\mathrm{pl}} = \sqrt{1 - \frac{n_{\mathrm{e}} e^2}{\gamma m_0 \varepsilon_0 \omega_{\mathrm{L}}^2}} \qquad (2-1)$$

式中　　n_{e}——局部的自由电子密度；

　　　　e——电子电荷；

　　　　γ——洛伦兹因子；

　　　　m_0——电子静止质量；

　　　　ε_0——介电常数；

　　　　ω_{L}——激光频率。

激光在等离子体中传输，只在等离子体密度小于临界密度 n_{cr} 时，有

$$n_{\mathrm{e}} < n_{\mathrm{cr}} = \gamma m_0 \varepsilon_0 \omega_{\mathrm{L}} / e^2 \qquad (2-2)$$

相反地，当 $n_{\mathrm{e}} > n_{\mathrm{cr}}$ 时，光是不能传输的。当波长 $\lambda = 800$ nm 时，$n_{\mathrm{cr}}(800\ \mathrm{nm}) = 1.7 \times 10^{21}$ cm^{-3}，它比固态密度低三个数量级。因此激光进入预脉冲形成的预等离子体后被吸收；当等离子体的密度到达临界密度时，它就被反射。再者，下面我们将能够看到，当激光进入一个欠密的等离子体时，能够改变等离子体密度的空间分布，这是由于激光的前沿（翼）使等离子体中发生聚焦和散焦。

②膨胀的等离子体的第二个效应是使超短激光脉冲和自由电子之间有一个长的相互作用长度。在一个长的预脉冲中，或者一个更经常提到的电离的气体靶中，电子可以被激

光脉冲所捕获,甚至进入一个快速移动的等离子体波中,经过一段长距离,它们能被加速到相对论性的能量,这种加速的距离可能大于激光脉冲的空间长度。在 2.3.3 节中,我们将描述这个加速过程的机制。

概括前面所说的和回看图 2-2,我们要认识超强激光场和物质之间的基本相互作用就需要了解强光场中电子加速机制、激光产生的预脉冲对激光束的传输和对电子加速的影响。

2.3　由激光产生的电子加速

➤　2.3.1　在一个强平面波中的自由电子

让我们考虑一个弱的、脉冲的、线偏振的平面电磁波,它的频率为 ω,沿着 z 方向传播,如图 2-3 所示,有

$$E(z,t) = E_0 \cdot \hat{x}\cos(\omega t - kz) \qquad (2-3)$$

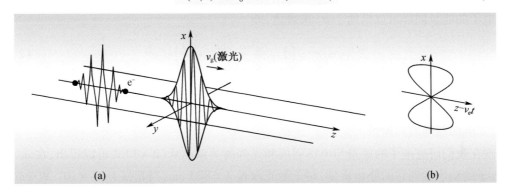

图 2-3　平面电磁波中的自由电子运动示意图

（a）一个相对论性的激光沿着 z 轴从左向右传输,经过一个电子,激光的电场沿着 x 轴方向,磁场沿着 y 方向,在激光作用下电子在 $x-z$ 平面上做 Zig-Zag 形的运动（指运动轨迹）,在激光通过后,电子就停下来；
（b）在一个以电子的平均速度向前运动的坐标中（对电子的静止坐标平均）电子径迹为 8 字形

一般认为脉冲的时间宽度比光的振荡周期 $2\pi/\omega$ 要长,同时电场不依赖于坐标 x 和 y,一个自由电子原本处于静止状态,电磁波到达之后电子沿着电场方向振荡,振荡的速度为 v_x,振荡的平均能量 U_{osc} 称为抖动能量（quiver energy）,且有

$$v_x = \frac{eE}{m_0}\sin(\omega t) \text{ 和 } U_{ose} = \frac{e^2 E_0^2}{4m_0 \omega^2} \qquad (2-4)$$

如果光脉冲通过电子后,电子还停留在原来的位置上,这时在光和电子之间没有能量的传递。当我们增加电场的强度,最后使电子抖动的速度接近光速 c,那么电子抖动的能量就达到 $m_0 c^2$ 或更高。在这个区域由于光波还具有磁场,它的作用不可忽略,因此电子的运动方程就必须和整个洛伦兹力有关,即

$$F_L = \frac{\mathrm{d}p}{\mathrm{d}t} = -e \cdot (E + v \times B) \tag{2-5}$$

因为电场所产生的速度 v 是沿着 x 轴的,而磁场 B 的方向是沿着 y 轴的(图 2 – 3),于是 $v \times B$ 项产生电子的运动沿 z 方向,解在平面电磁波中电子的相对论性运动方程,我们能得到如下关系:

$$P_x = -\frac{eE_0}{\omega m_0 c} \sin(\omega t - kz) = -a_0 \sin(\omega t - kz)$$

$$P_z = \left(\frac{eE_0}{\omega m_0 c}\right)^2 \sin^2(\omega t - kz) = \frac{a_0^2}{2} \sin^2(\omega t - kz) \tag{2-6}$$

这里我们引入相对论性参数 $a_0 = \frac{eE_0}{\omega m_0 c}$,它是经典的动量 eE_0/ω 和静止动量 $m_0 c$ 之比。我们从(2 – 6)式可以看出,电子在横向的振动频率是和光的频率相同的为 ω,纵向的速度总是正的(在激光的传播方向上),同时振荡的频率是激光频率的 2 倍,如图 2 – 3 所示,总体上电子运动的轨迹是 Zig – Zag 形。在一个向前运动的坐标中,电子的平均纵向运动的速度为 $\langle v_z \rangle_t = (eE_0/2c\omega)^2$,电子的轨迹是一个 8 字形(见图 2 – 3(b)),相对论性参数 a_0 越大,这个 8 字越宽,即越扁。

电子的能量同样可以借助于 a_0 来表达,即

$$E = \gamma m_0 c^2 = \left(1 + \frac{a_0^2 \sin^2(\omega t - kz)}{2}\right) m_0 c^2 \tag{2-7}$$

我们可以从(2 – 6)式看到,纵向的动量和激光的强度 I 的平方有关,而横向的动量只和激光强度 I 的一次方相关,因此在高的电场强度下,电子的运动中向前的运动占主导地位,它大大超过横向的振荡。

现在我们研究电子的能量与电场强度和光强的关系。从(2 – 7)式可以得出,在 $a_0 = \sqrt{2}$ 时,电子的动能达到它的静止质量,对于激光波长 $\lambda = 800$ nm,当光强 $I \approx 4 \times 10^{18}$ W/cm² 时,电场强度 $E \approx 5 \times 10^{12}$ V/m。因为 $I = \frac{1}{2} c\varepsilon_0 E_0^2$。当光强达到 10^{20} W/cm²,相应电场强度为 3×10^{11} V/cm,平均的电子动能为 6 MeV,这个相对论性的电子能量进入了相对论性的光学范畴。然而由于光波的非平面性和横向无限大,电子在脉冲通过它后还是处于静止状态,它是向前移动了,但没有不可逆的能量传输发生。

➤ 2.3.2 激光束中的电子,有质动力

由于光场横向对称性的破缺,在一个光场中才可以实现电子的不可逆的加速,在光场或激光束的实际传播中这是可以得到的,它展示了横向空间强度的剖面分布(见图 2 – 4)。除此之外,我们假定激光脉冲的宽度比电磁波振荡的周期大很多,在这些条件下和前面相同的运动方程的解,可以得出一个沿着强度梯度方向的力,这个力称为有质动力 F_{pond},它指向比较低的强度方向,对于电子来说激光束如同一个势能的山,即有

$$F_{pond} = -\frac{e^2}{2m_0 \omega^2} \cdot \nabla(E)^2 \tag{2-8}$$

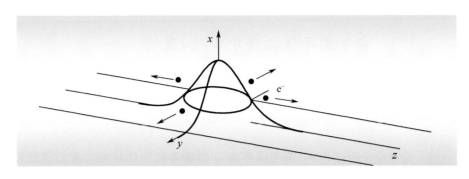

图 2 - 4　有质动力 F_{pond}

图中画出了一个沿着 z 轴方向传播的超短激光脉冲的电场空间和时间的包络线。F_{pond} 沿着电场
包络的强度梯度的方向作用在电子上,电子从束的中心沿着径向、前向和后向被推出来

在有质动力势中并没有什么新的机制,观察有质动力的一个简单方法如下:一个电子在接近光轴处在电场方向振荡,同时由于磁场作用把这个电子往前方推,如果电子横向运动的幅度到达空间包络 $E/(\mathrm{d}E/\mathrm{d}x)$ 的特征长度,电子在它的外界的旋转点处受到了一个比它在接近轴处小一些的恢复力,于是电子就不能回到它原来的位置,在每一次振荡时这个过程都重复着,一直到电子以一定的剩余速度离开了束。

作为一个数字的例子,我们考虑一个电子最初处在一束激光的光轴上,激光的光强为 $I = 10^{20}$ W/cm^2,一旦这个电子跑入激光的有质动力势,它就有 7.5 MeV 的能量,它就是相对论性的了。

然而,由于电子的初始位置是均匀地分布在束的各个位置上,同时它的起始动量又服从于一个宽的分布,所以在低能范围内,最终的能谱加宽。在实际的实验中,电子能谱强烈地依赖于各种实验参数,最主要的如等离子体的扩展和密度分布,入射在固体靶的角度和光场强度,然而在大多数的实验中电子能谱服从指数分布,可以用一个称为热电子温度 T_e 的量来描述它。由于实验条件的不同,我们不能给出一个在激光强度 I 和电子温度之间的一般的定标率,但是在这里,我们限制一些少数的特殊情况,第一种情况就是 Wilks 等人[4] 早期发表的文章,指出当一个超短激光脉冲垂直入射在一个固体靶上时,T_e 对 I 的均方根的定标率为

$$K_{\mathrm{B}}T_e \simeq 0.511 \text{ MeV}\left[\left(1 + \frac{I\lambda^2}{1.37 \times 10^{18}\,\dfrac{\mathrm{W}}{\mathrm{cm}^2 \cdot \mu\mathrm{m}^2}}\right)^{\frac{1}{2}} - 1\right] \qquad (2-9)$$

式中,K_{B} 是 Boltzmann 常数;λ 是激光波长,单位为 μm。这些关系式的推导对某个条件而言是严格的,但有趣的是对于不同激光系统的许多实验,它也是正确的[见文献5]。然而这个关系式描写的是激光脉冲和过密等离子体的相互作用,对于欠密等离子体它的使用有一个限制的范围。

在扩展到欠密等离子体时,情况就完全改变了,如果激光聚焦在气体喷注上,就发生了等离子体的集体效应,如共振激发主导相互作用和电子加速。在下一节我们将讨论基本的等离子体电子加速机制,即尾场加速。

2.3.3 在等离子体振荡中加速:尾场

我们考虑一个扩展的欠密等离子体可以通过有时间结构的激光主脉冲和超音速的气体喷注的相互作用而产生。一个激光脉冲以群速度 $v_g = c \left(1 - \dfrac{\omega_p^2}{\omega^2} \right)^{1/2}$ 通过等离子体,这里 $\omega_p = \left(\dfrac{n_e e^2}{\varepsilon_0 \gamma m_0} \right)^{1/2}$ 是在电子密度为 n_e,激光频率为 ω 时的等离子体频率。我们假定欠密等离子体(等离子体的密度小于临界密度 $n_{cr} = \omega^2 \varepsilon_0 \gamma m_0 / e^2$)等效于激光的频率 ω 大于等离子体频率 ω_p,这时激光才可以传入等离子体。

当激光脉冲经过等离子体时,有质动力 F_{pond} 推着电子离开激光通过的道路(如图 2-4 和图 2-5 所示)。有质动力的 z 轴分量两次作用在电子上,脉冲的前沿部分把电子向前推,一旦电子的堆积达到一定程度,由于电子的相互排斥力和后面正离子的吸引力,它们(指电子)又被拉回来,这个过程连续地进行,导致纵向的电荷分离,在激光和等离子体的一定条件下,它可以驱动共振。最简单和最有效的情况是激光脉冲的纵向长度刚好等于等离子体波长 $\lambda_p = \dfrac{2\pi c}{\omega_p}$ 的一半,电荷分离的积累会形成电荷密度波,这个波的相速度 v_p 近似地等于在等离子体中激光脉冲的群速度 $v_p \approx v_g$,这个密度波就称为激光脉冲的尾场。但是即使激光脉冲的宽度超过了等离子体的波长,尾场也能够产生,这是由于脉冲前沿的电荷分离耦合回到激光脉冲,反之亦然,一直到所谓自调制的尾场产生为止[9]。

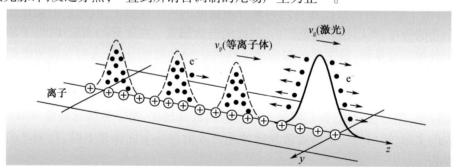

图 2-5 等离子体尾场的产生和电子在尾场中的加速

强的超短的激光脉冲(实线)在等离子体中产生了电荷分离,它能产生一个密度波(虚线),它运动的相速度就等于激光脉冲的群速度,是跟随在激光脉冲之后,电子被尾场捕获之后,可以被加速到相对论性的能量

电子能够被捕获和被尾场加速,电子若在等离子体波的上升相位注入,并沿着波下来,一旦它们到达了波谷,电子就得到了最大的能量。为了获得高的能量,电子必须在等离子体波中停留比较长的时间,为此需要一定的注入速度,否则它很快就会被等离子体波抛出来。如果激光脉冲的强度足以产生一个全调制的等离子体密度,在尾场中一个电子最大的能量增益和最佳的加速长度可以由下式给出:

$$E_{\max} = 4\,\gamma_w^2 m_0\,c^2, \quad I_{\max} \approx \gamma_w^2 c/\omega_p$$

$$\gamma_w = \frac{1}{\sqrt{1 - (\omega_p/\omega)^2}} \tag{2-10}$$

注意,等离子体波的洛伦兹因子 γ_w 仅仅依赖于它的相速度,这决定于等离子体的色散关系,或者换句话说,它决定于等离子体密度和临界密度之比。特别是在尾场中电子的最大能量增益不依赖于光的强度。光强提供一个在长距离上等离子体密度的调制,如同在有质动力加速的情况下,电子以不同的速度和相对于等离子体的不同相位注入尾场,其结果是发射出来的电子的能量增益和相应的电子能谱是很宽的,甚至像 Boltzmann 型的分布,于是又有一个温度用来描述尾场加速的电子,标准的实验上达到的能量增益在兆电子伏特量级[8,10]。

2.3.4　自聚焦和相对论性的孔道

到现在为止的讨论只是描述光场对等离子体的效应,由于色散的关系,反过来等离子体会改变激光脉冲的传播,即使在具体上很复杂,但总的效应简化了,同时电子加速过程优化了。

等离子体的折射系数可以由下式给出

$$n_{pl} = \sqrt{1 - \frac{\omega_{pl}^2}{\omega^2}} = \sqrt{1 - \frac{n_e \varepsilon^2}{\gamma m_0 \varepsilon_0 \omega^2}} \tag{2-11}$$

现在,我们必须考虑电子密度 n_e 对光传播的影响。我们知道,激光的有质动力推着电子往光轴外的径向方向运动,因此沿着激光的传输方向形成一个中空的孔道,如图 2-6 所示,从公式(2-11)的分子项我们能够看到,在等离子体中光的速度随着等离子体的电子密度增加而增加(决定于 $v_p = \dfrac{c}{n_{pl}}$),因此由有质动力产生的等离子体通道的作用对于激光束来说就相当于一个正的透镜。从(2-11)式的分母项我们也能看到,同样的效应由电子相对论性质量的增加而引起,在光轴上的电子相对论性质量要比在翼上的电子的相对论性质量大。从最原始端开始,这些机制就分别称为有质动力的和相对论性的自聚焦。与束的自然衍射相竞争和进一步电离,两种效应都能够在一定距离上引导激光束成丝,这个距离可以比焦斑长度(Rayleigh 长度)长许多。这个通道可以很漂亮地监测到通道中相对论性电子的汤姆孙(Thomson)散射,这种散射是在激光频率的谐波上电子做 8 字轨道运动的辐射[11,12]。

2.3.5　单能电子加速,气泡区域

2004 年几乎同时有三个小组在英国、法国和美国发表了高强度的激光可以产生相对论性的、斑点很小、准直的电子束,并具有很窄的能谱分布,见图 2-7(a)[13-15]。这一科学的突破,开辟了从加速器物理到核物理的新应用。

这种在狭波段加速之外的机制是等离子体动力学和强激光脉冲传输之间微妙的相互作用的结果。如果激光脉冲在长度方面的扩展(指沿着传输方向的脉冲长度)等于等离子体波长的一半,并且激光场足够强,电子可以在尾场中捕获。激光脉冲前沿部分有质动力

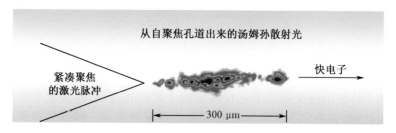

图 2 – 6　相对论性电子在相对论性孔道中的非线性汤姆孙散射
激光是从左到右传播,自聚焦孔道的长度是 300 μm,瑞利长度是 15 μm

的作用,使电子排斥离开光轴,这些电子围绕光脉冲流动,离子的正电荷有可能把电子拖回光轴的位置,这种电子运动在激光强度的最大值附近形成了一个空洞的结构,就叫作气泡。一些电子可以从气泡的后面潜入,形成所谓的茎(stem),见图 2 – 7(b)。这些电子可以被加速到几十至几百 MeV,能量分散性可以达到百分之几,同时发散角达到几 mrad,这种情况类似于一个水波的破裂(breaking),当波的幅度比较小时,只有波的相位以比较快的速度传播,水分子一直围绕它的静止位置振动,一旦波的振幅超过波的击穿阈值,一些水珠就能够被波的前沿部分所捕获,并且被加速到波的相速度,如同海到达了它的终结处(在一个合适的形状)。在等离子体波中的电子如同水珠被抛到海滩上,这个海滩就是真空,电子的能量达到高度相对论性,同时它的能谱宽度是狭窄的,这种情况能够用三维的 PIC 程序进行数字模拟,实际在实验观察之前就已经预计到了[16],图 2 – 7 指出了当等离子体和激光的条件满足气泡加速时标准的中空结构,其中充以单能的电子。

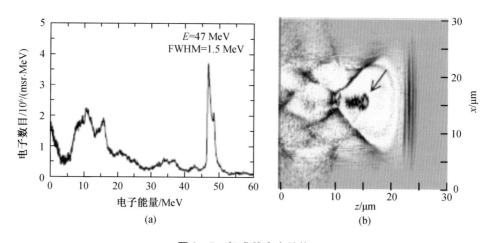

图 2 – 7　标准的中空结构

(a)激光加速相对论性电子的狭带能谱,在 47 MeV 处有一个狭窄的信号,它的谱的宽度为 1.5 MeV,它的产生是由于运用一个 500 mJ,80 fs 的激光,用 $f/2$ 光学透镜聚焦在亚音速的喷流上,最大的等离子体的密度为 5×10^{19} cm^{-3};

(b)在激光产生的等离子体中电子加速的三维 PIC 模拟,传播的方向是从左到右,图中黑的部分表示电子的密度高,亮的部分表示电子的密度低,大的中空结构就是气泡,所有在气泡中心的电子(箭头所指之处)被加速的距离超过几百微米的长度,电子能量可以达到几十或上百 MeV,并具有百分之几的能散度

2.4　固体靶和超短的硬 X 射线脉冲

在前面的章节中,我们描述了在均匀的欠密等离子体中由一个强的激光脉冲所产生的电子加速,然而电子同样可以从固体靶的表面得到加速。有一些机制可以解析在靶的前表面产生和加热一个等离子体,并加速电子和离子,在那里占主导的过程是当主激光脉冲到来的时候,预等离子体的膨胀和它的密度梯度。从简化的观点看,有三种可以区分的类型[17]:第一种类型是如果根本就不存在预脉冲,就没有预等离子体存在,激光以相对于靶的法线方向的一定角度入射,电子能够被电场的法线分量加速,并进入靶;一旦电子进入了固体靶,它就超出了光场的范围,光场再也没法把它拉回来了,电子就将它的能量沉积在固体靶内,这个过程就称为 Brunel 加速或加热[18];第二种类型是如果在固体靶的前面有一个相当程度的膨胀的预等离子体,光束是以相对于靶的法线方向的一定角度入射,光束能够在预等离子体中传输一定深度,当等离子体的密度和相应的激光波长的临界密度相等时,并且在这个地方,激光被反射,激光的频率和等离子体的频率发生共振,光能够有效地耦合集体的等离子体振荡,或者换句话说,激发了一个指向靶的法线方向的等离子体波,这个波在密度更高的区域衰减,因此就加热了等离子体,相互作用的共振特性就称为共振吸收,同时在大多数的强激光和固体的相互作用中它是主要的过程;第三种类型,如果预脉冲长而薄,加速的机制就是前面讨论的尾场加速,同时可能是自聚焦和直接激光加速,这所有的结果在前向方向上产生快电子[19]。

当激光加速的电子停止在物体中时,最好是停在高原子序数的物质中时,就产生了超短脉冲的轫致辐射,光子的谱基本上就是电子产生的轫致辐射谱的集合。但是它的测量是比较困难的,这里我们仅总结激光产生轫致辐射的主要机制。

轫致辐射产生的基本过程是电子在核上的非弹性散射,当电子通过核时,电子被加速了,于是它就放出辐射,在单位能量区间放出的光子数是常数(能量区间一直到电子动能的最大值)。[译者注:这个观点是不对的,应改为在单位能量区间放出光子数和光子能量的乘积的总和是一个常数]。

一个实际情况是,靶有一定的厚度,一个入射的电子连续地在很多碰撞中损失能量,单位距离上的能量损失强烈地依赖于电子的能量:随着能量的增加,光电效应、康普顿散射和最后电子对的产生依次占据相互作用的主要位置,而轫致辐射的损失常常是很小的。[译者注:不能做这样的比较,前面说的是电子和物质相互作用的能量损失,而后面说的是光子和物质相互作用的能量损失,电子能量增大时在单位长度上能量转变为轫致辐射的比例随着增大。再者,次级过程必须考虑进去,因为如果一个快电子打出一个束缚电子,这个次级电子又会产生轫致辐射和散射,同时又产生第三个电子,这样一直进行到所有电子都停在靶内。]

在非相对论性的能量范围内,从一个厚靶出来的轫致辐射的角分布基本上是各向同性的,然而在相对论性的能量范围出来的轫致辐射的角分布是向前方,它所张的主体角随着电子的能量增加而减小,至少谱的低能区光子离开厚靶的路程中被再吸收也应考虑进去。

在图 2-8(a)中我们展示了一个 10 MeV 能量的电子的轫致辐射谱,电子束停止在 5 mm 厚的 Ta 靶中,可以认为是厚靶,因为电子完全停止在靶内。基于 MC - NPX[20] 的模拟计算算出的轫致辐射谱,在这个模拟计算中包括所有基本的电子散射的机制、所有的次级过程、所有的相对论性传输效应,甚至包括由轫致辐射产生的光核反应[12]。

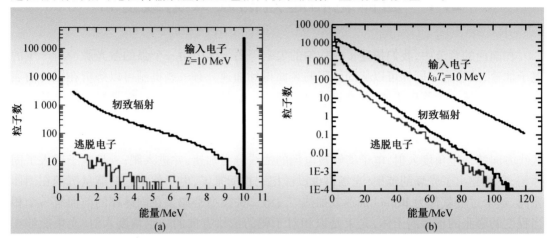

图 2 - 8
(a)一个 10 MeV 的单能电子束在 5 mm 厚的 Ta 靶上产生的轫致辐射谱;
(b)入射的电子是一个电子能谱为指数分布,$K_B T_e = 10$ MeV 时的轫致辐射谱,计算是用 MC - NPX[20]

能谱的密度随着光子的能量上升呈指数地下降,直到光子能量达到最大值,等于电子的能量,电子能量转变为光子能量的效率为百分之几。

在标准的激光实验中,入射的电子远远不是单能的电子,电子的能谱或者是纯粹 Boltzmann 型,至少对于能量大于 1 MeV 以上可以这样认为,或者是一个 Boltzmann 型的能谱和一个狭带成分的组合。正像上面所描述的,为了描绘所产生的轫致辐射的结果,我们用一个电子能谱为指数分布($K_B T_e = 10$ MeV)的电子束入射到同样厚度的 Ta 靶上所得到的光子谱见图 2 - 8(b),我们看到所得到的光子谱也是一个指数分布,具有比入射的电子谱低一些的温度,总的能量转换效率还是百分之几。

轫致辐射的光子是由超短的电子脉冲所产生,而超短的电子脉冲是由超短的激光脉冲所产生,因此这种轫致辐射的光子脉冲时间也是超短的,它相对于激光脉冲的延长只是电子在靶中停留的时间,光子的能量比从原子核中分离出中子和质子的能量大得多,因此可以用它在超短的时间 10^{-12} s 或更短时间内来引发核的反应。

2.5　质子和离子的产生

如同上面的情况,超短、超强的激光脉冲在固体靶的前表面上加速出前向方向的电子,一个新的现象是直接的离子加速发生了,这个过程现在的解析见图 2 - 9,如果靶足够薄,那么超短的快电子脉冲就能够穿过靶的后表面,一个带负电荷的鞘层在后背面之外就建立起来了,场的范围基本上由 Debye 屏蔽长度所限制。

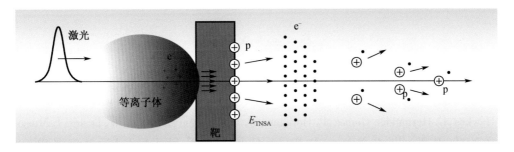

图 2 - 9　靶法线鞘层加速(Target normal sheath acceleration,TNSA)

激光脉冲和一个薄的金属靶的相互作用,在靶的前表面加速的电子,可以穿过靶,并在靶的后表面之外建立一个很强的负电荷的鞘层,在鞘和后表面之间形成的很强的准静电的电场,可以加速离子到每核子几 MeV 的能量

这个场的强度可以达到 TV/m,在这个过程中,靶的后表面上的原子被电离,然后被巨大的准静电电场所加速,一个必不可少的条件是在靶后面的场建立起来之前,靶的后表面不能熔化或被破坏,在这种情况下,在后表面上最轻的离子沿着靶表面的法线方向被加速,因此这个加速就称为离子的靶法线方向鞘层加速[21]。

一旦相当数量的离子被加速了,它们抵消了鞘层中的负电荷,这时场就崩溃了,形成离子和电子电荷补偿的云立即飞散开。如果靶的表面并未被认真地清洁过,真空中剩余气体中的氢、碳和氧吸附在其表面上,那么大部分的这些离子被加速,这些能谱分布展现出一个缓慢减小,但是连续的分布,在其能谱的末端有一个陡的切断[22,23],质子的最大能量在 VULCAN 的 Peta Watt 激光装置上可以达几十 MeV,在几 TW 的台面激光装置上可以达到几 MeV[24,25]。这些离子加速让人感兴趣的特性是它们非常小的发散度,这是由于它们原先处在非常小的离子相空间中,再加上这种加速是在非常短的时间内进行[26],这些被加速的离子在被加速之前基本都处于静止状态,并且离子群聚的电荷可以在电子堆积后的一个非常短的时间内抵消。

和电子加速相比,直至现在离子还没有被加速到相对论性,并且它的能谱还没有呈现出电子加速那样的单能性趋势,但是毫无疑问,通过激光产生准直性很好的、狭带的电子束的成功经验,在质子方面的类似努力的前景也是非常好的。

2.6　总　　结

这章的目的是用简单的文字描述当光强的幅度超过了电子加速的相对论性阈值时,激光 - 物质相互作用的主要机制,作者认为所选择的内容是不完全的,同时一些机制现在还在讨论之中,而且有些讨论在后面的章节中将进一步深化,但是最终所有的激光在核物理中的应用,首先要求提高从激光的 1 eV 光子转化到几 MeV 的能量的光子或粒子的量子能量转换的效率,如果读者真正有对于这些物理基本过程的了解,那么你将能在这本书的其他章节得到享受。

参 考 文 献

［1］ C. Danson, P. Brummitt, R. Clarke, J. Collier, B. Fell, A. Frackiewicz, S. Hancock, S. Hawkes, C. Hernandez Gomez, P. Holligan, M. Hutchinson, A. Kidd, W. Lester, I. Musgrave, D. Neely, D. Neville, P. Norreys, D. Pepler, C. Reason, W. Shaikh, T. Winstone, R. Wyatt, B. Wyborn: Nucl. Fusion 44 (12), S239 (2004). URL: http://stacks. iop. org/0029 − 5515/44/S239.

［2］ M. Pittman, S. Ferre, J. Rousseau, L. Notebaert, J. Chambaret, G. Cheriaux: Appl. Phys. B Lasers Opt. 74(6), 529(2002).

［3］ W. Kruer: *The Physics of Laser Plasma Interactions* (Addison Wesley, 1988).

［4］ S. C. Wilks, W. L. Kruer, M. Tabak, A. B. Langdon: Phys. Rev. Lett. 69, 1383(1992).

［5］ G. Malka, J. L. Miquel: Phys. Rev. Lett. 77, 75(1996).

［6］ T. Tajima, J. M. Dawson: Phys. Rev. Lett. 43, 267(1979).

［7］ E. Esarey, P. Sprangle, J. Krall, A. Ting: IEEE Trans. Plasma Sci. 24(2), 252(1996).

［8］ F. Amiranoff, S. Baton, D. Bernard, B. Cros, D. Descamps, F. Dorchies, F. Jacquet, V. malka, J. Marques, G. Matthieussent, P. Mine, A. Modena, P. Mora, J. Morillo, Z. Najmudin: Phys. Rev. Lett. 81, 995(1998).

［9］ T. Antonsen, P. Mora: Phys. Rev. Lett. 69(15), 2204(1992).

［10］ F. Amiranoff: Meas. Sci. Technol. 12, 1795(2001).

［11］ C. Gahn, G. Tsakiris, A. Pukhov, J. Meyer-ter-Vehn, G. Pretzler, P. Thirolf, D. Habs, K. Witte: Phys. Rev. Lett. 83, 4772(1999).

［12］ B. Liesfeld, K. U. Amthor, F. Ewald, H. Schwoerer, J. Magill, J. Galy, G. Lander, R. Sauerbrey: Appl. Phys. B 79, 1047(2004).

［13］ S. Mangles, C. Murphy, Z. Najmudin, A. Thomas, J. Collier, A. Dangor, E. Divall, P. Foster, J. Gallacher, C. Hooker, D. Jaroszynski, A. Langley, W. Mori, P. Norreys, F. Tsung, R. Viskup, B. Walton, K. Krushelnick: Neature 431, 535(2004).

［14］ C. Geddes, C. Toth, J. van Tilborg, E. Esarey, C. Schroeder, D. Bruhwiler, C. Nieter, J. Cary, W. Leemans: Nature 431, 538(2004).

［15］ J. Faure, Y. Glinec, A. Pukhov, S. Kiselev, S. Gordienko, E. Lefebvre, J. P. Rousseau, F. Burgy, V. Malka: Nature 431, 541(2004).

［16］ A. Pukhov, J. Meyer-ter-Vehn: Appl. Phys. B 74, 355(2002).

［17］ P. Gibbon, E. Forster: Plasma Phys. and Contro. Fus. 38(6), 769(1996). URL: http://stacks. iop. org/0741 − 3335/38/769.

［18］ F. Brunel: Phys. Rev. Lett. 59, 52(1987).

［19］ M. I. K. Santala, M. Zepf, I. Watts, F. N. Beg, E. Clark, M. Tatarakis, K. Krushelnick, A. E. Dangor, T. McCanny, I. Spencer, R. P. Singhal, K. W. D. Ledingham, S. C. Wilks, A. C. Machacek, J. S. Wark, R. Allot, R. Clarke, P. A. Norreys: Phys. Rev. Lett. 84 (7), 1459 (2000).

［20］ J. Hendricks, et al. : MCNPX, version 2. 5e, techn. rep. LA − UR 04 − 0569. Tech. rep. , Los Alamos National Laboratory(February 2004).

［21］ S. Wilks, A. Langdon, T. Cowan, M. Roth, M. Singh, S. Hatchett, M. Key, D. Pennington, A. MacKinnon, R. Snavely: Phys. of Plasmas 8(2), 542(2001).

［22］ M. Hegelich, S. Karsch, G. Pretzler, D. Habs, K. Witte, W. Guenther, M. Allen, A. Blazevic, J. Fuchs, J. C. Gauthier, M. Geissel, P. Audebert, T. Cowan, M. Roth: Phys. Rev. Lett. 89 (8), 085002(2002). URL: http://link. aps. org/abstract/PRL/v89/e085002.

［23］ M. Kaluza, J. Schreiber, M. I. K. Santala, G. D. Tsakiris, K. Eidmann, J. M. ter Vehn, K. J. Witte: Phys. Rev. Lett. 93(4), 045003(2004). URL: http://link. aps. org/abstract/PRL/v93/e045003.

［24］ S. Fritzler, V. Malka, G. Grillon, J. Rousseau, F. Burgy, E. Lefebvre, E. d'Humieres, P. McKenna, K. Ledingham: Appl. Phys. Lett. 83(15), 3039(2003).

［25］ P. McKenna, K. W. D. Ledingham, S. Shimizu, J. M. Yang, L. Robson, T. Mc − Canny, J. Galy, J. Magill, R. J. Clarke, D. Neely, P. A. Norreys, R. P. Singhal, K. Krushelnick, M. S. Wei: Phys. Rev. Lett. 94(8), 084801(2005). URL: http://link. aps. org/abstract/PRL/v94/e084801.

［26］ T. E. Cowan, J. Fuchs, H. Ruhl, A. Kemp, P. Audebert, M. Roth, R. Stephens, I. Barton, A. Blazevic, E. Brambrink, J. Cobble, J. Fernandez, J. C. Gauthier, M. Geissel, M. Hegelich, J. Kaae, S. Karsch, G. P. L. Sage, S. Letzring, M. Manclossi, S. Meyroneinc, A. Newkirk, H. Pepin, N. Renard LeGalloudec: Phys. Rev. Lett. 92(20), 204801(2004). URL: http:// link. aps. org/abstract/PRL/v92/e204801.

第3章 激光引发的核反应

F. Ewald

光学与量子电子学研究所, Friedrich – Schiller – Universität Jena

Max – Wien – Platz 1,07743 Jena

3.1 引　　言

大约 30 年前,物理学家梦想着把激光作为一种产生粒子的加速器[1],最近十年来强激光脉冲和物质的相互作用实现了将电子、质子和离子加速到几十 MeV 能量,现在由高强度的激光系统驱动的微型加速器实现了科学家们的梦想,由激光加速的粒子产生了核反应。这一节将对基于激光的粒子和轫致辐射源的特性,以及由激光和核物理的结合所产生的多种新思想做一个综述。

当一个非常强的激光和一个由激光产生的等离子体相互作用时,激光驱动的核反应是通过将一个电子加速到相对论性的能量来间接完成的。这些电子被阻止在一个高原子序数的靶中时,产生了高能量的轫致辐射。这些电子也可以用来加速质子或一些离子到几十兆电子伏特的能量。这些辐射的光子、质子和离子具有核巨偶极共振的能区范围,从几到几十兆电子伏特的能量,因此能够产生核反应,如裂变、光中子的发射或质子诱导的核子发射。要产生这些反应中的一种,其能量必须超过核子发射的能量阈值——反应的激活能。

自从第一个演示实验实现以来,核反应被用于激光加速电子、质子和轫致辐射的能谱特性研究[2-5],所有已知的经典的核反应,用激光来进行都是可能的,如光致裂变[6,7]、质子和离子产生的反应[5,8,9],或者氘聚变[10-14],最近 $^{129}I(\gamma,n)$ 反应的截面也用基于激光的实验做了测量[15-17]。

对当前小的高强度激光系统和大的加速器装置进行比较时,从纯粹地观察核反应到测量核参数的最后一步是很重要的,这是找到核物理和激光物理的共同未来的第一步。但是无论如何,激光引发核反应可能的将来应用应该是经典核物理所不能覆盖的。否则的话,它将只停留在激光等离子体物理的一种诊断工具上。激光作为驱动核反应的装置,其一个重要特性是它的体积很小,可以安放在桌面上,它还可以很快从加速一种粒子转变为加速另一种粒子,并且这些粒子和轫致辐射的时间都是很短的。

3.2 激光和物质的相互作用

粒子的加速,如电子、质子和离子的加速,以及高能轫致辐射通过非常强的激光脉冲和物质的相互作用来产生,这是所有激光引发核反应的基础,粒子加速的机制很敏感地依赖于靶物质和化学的状态。靶物质的选择和激光的参数相关联,对于控制等离子体的状态是非常重要的,因此对于控制最佳的粒子加速条件是很重要的。气体靶和欠密等离子体最适合于电子加速,可把电子能量加速到几十兆电子伏特[18-21],薄的固体靶用于加速质子和离子[5,22-24],曾经用重水滴和掺杂氘的塑料(deuterium-doped plastic)[10,12,14]来实现氘聚变反应。因此,电子、质子和离子不同的加速机制对于产生荷能的电子、质子和光子是很重要的,在这一节中进行概要的论述。

3.2.1　固体靶和质子加速

超短、超强激光脉冲和固体靶的相互作用导致了稠密等离子体的形成,这种等离子体对于入射的激光辐射是不透明的,它是在入射激光的上升沿产生的。同时这个激光脉冲的最强部分和前面形成的那个等离子体相互作用,加热和加速了等离子体的电子。在稠密的等离子体中主要的电子加速机制是共振吸收[25]和有质动力加速[26]。当激光强度(译者注:应改为激光强度和激光波长的平方的乘积,即 $I\lambda^2$)超过 10^{18}(W/cm²)·μm² 时,在激光的强电磁场作用下,电子作抖动运动,其抖动运动的能量可以达到相对论性的水平。在有质动力的作用下被加速的电子的平均能量或者说温度和光强的关系可表达如下[27,28]:

$$K_B T_{hot} = 0.511 \text{ MeV} \left[\left(1 + \frac{I\lambda^2}{1.37 \times 10^{18}(\text{W/cm}^2) \cdot \mu\text{m}^2} \right)^{1/2} - 1 \right] \quad (3-1)$$

这个电子平均能量是通过短的激光脉冲和固体靶的相互作用而产生的,当稠密的等离子体具有很陡的密度梯度时,在激光强度为 $10^{19} \sim 10^{20}$ W/cm² 时产生的电子的能量约为几兆电子伏特,用预脉冲可以使电子能量提高。

由激光和靶相互作用产生的加速电子中有一部分能够进入和穿过薄的固体靶,这些加速的电子可以通过靶法线鞘层加速[29,30]机制去加速质子和离子。当电子穿过靶以后,在靶后表面几微米距离上形成电子电荷的堆积。如果电子的密度为 n_e,温度为 $K_B T_e$,在电子穿过靶的后表面后,在靶的后表面上形成一个正电荷的层,于是就形成一个高的静电空间电荷场,有

$$E \approx \frac{K_B T_e}{e \lambda_D}$$

$$\lambda_D = \left(\frac{\varepsilon_0 K_B T_e}{e^2 n_e} \right)^{1/2} \quad (3-2)$$

式中　λ_D——Debye 长度;

　　　ε_0——介电常数;

　　　n_e——电子密度;且有 $n_e = \dfrac{\eta N_e}{C \tau_L A_F}$;

　　　N_e——在时间 τ_L 内,在焦斑面积 A_F 上所加速的电子数目;

　　　C——光速;

　　　ηN_e——有这么多的电子穿过靶,这些电子又分布在 $C \tau_L A_F$ 的体积里,因此电子的密

　　　　　　　度 $n_e = \dfrac{\eta N_e}{C \tau_L A_F}$;

　　　η——激光脉冲的能量能够传给电子的那部分能量,并且这些电子被加速并能够穿

　　　　　　透过靶,$\eta \approx 10\% \sim 20\%$。

因此从(3-2)式我们能够得到电场 E 为

$$E = \sqrt{(\eta I_{\mathrm{L}})/(\varepsilon_0 C)} \approx 10^{12} \text{ V/cm} \qquad (3-3)$$

这种高空间电荷场会使后表面离子产生场致电离,并使它们沿着靶的法线方向加速。在激光和物质相互作用时,如果真空的条件比较差,最初的几个单层由吸附在靶表面的氢、碳和水杂质组成。

其中,首先被加速的是质子,因为它的荷质比最高,标准的质子能谱见图3-1,从图中可以看到质子的能谱分布是随着能量的增加呈指数减小,并且有一个在末端处很陡的切断点,即最大能量处,这个能量和激光的强度平方根成正比,这可以从前面的磁场表达式中看出。这个定标率曾经被相对论性的强激光的实验所证实,同样也被 PIC 模拟所证实[24]。同时加速的空间电荷场的动力学演算的分析处理[31]也证实了这一定标率切割的能量以及加速的质子的数目依赖于激光脉冲的强度和能量。一般来说,温度在几万电子伏特能够被加速的质子数是 $10^9 \sim 10^{12}$[5,32,33],质子加速的最大能量在几 MeV 到几十 MeV。许多实验已证明,由激光加速产生的质子束的品质好于传统加速器加速的质子束的品质,主要是它具有比较小的横向发射度和比较小的源体积[23],最近证实了通过改变靶的表面结构可以改善离子能谱的单色性[35,47]。

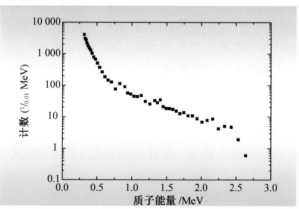

图3-1　Jena 大学 15 TW 高功率 Ti-Sapphire 激光装置上产生的质子能谱

采用 2 μm 厚的钽靶,激光脉冲强度 $I = 6 \times 10^{19}$ W/cm^2,靶上激光能量 240 mJ,脉冲宽度 80 fs,纵坐标上的质子数是任意单位

靶的前表面上的电荷分离场也能加速质子,但是能量和束的品质比从后表面产生的质子束要差[9,32],从靶的表面上去除含氢的杂质并对靶加热[34]就可以得到靶物质本身出来的离子的加速,如加速碳、氟、铝和铁[9,34,36,37],观察到的能量能够达到每核子 10 MeV,同时束的品质类似于质子束。

3.2.2　气体靶和电子加速

正像我们在前面的章节所看到的,由于强激光脉冲和固体靶的相互作用,电子被加速了。相对于固体靶,激光脉冲和气体的相互作用能够加速电子到更高的能量,使电子具有更好的束品质。在一定条件下,由于电荷分离和相对论性效应[38-40],强激光脉冲能够在气体靶中自己形成等离子体通道。在通道中强激光脉冲被约束,并且能够被导引的距离超过在真空中束聚焦时的瑞利长度的十倍[41,42]，并可以保持聚焦斑点的高强度，甚至在超过几百微米甚至毫米的距离上保持着高强度[40]。电子加速机制，如直接激光加速[43]、尾场加速[38,41]和最近所研究的强迫的激光尾场加速[18,19]，或者气泡加速[45]，它们可以在几百微米甚至几毫米的距离上作用在等离子体的电子上。

由一个激光尾场产生的电场强度（这个激光尾场是由激光激发的共振的等离子体波所产生的）大约是 100 GV/cm，可以加速电子的能量到 100 MeV[18,19]。当在破裂波（或者气泡）下加速时，可能得到准单能的电子[19,20,21,46]。

本章接下来的部分中，并没有考虑电子作为一个炮弹去引起核反应，这是由于即使电子可以去触发核反应，但也是不可取的，因为由电子产生核反应的截面极小，比光子引起反应的截面要小两个数量级，往往用电子打在固体靶上产生辐射，然后光子引起反应，而电子引起的核反应是可以被忽略的。

3.2.3　轫致辐射

在 3.3 节中我们将总结激光产生的荷能的光子所产生的核反应，特别是将要用到激光物质相互作用所产生的轫致辐射谱，因此在接下来的部分我们要提到轫致辐射的产生和导出所希望的光子能谱。

由激光加速产生的电子在高 Z 物质内，如在 Ta，W 和 Au 中的阻滞，产生能量高达几十至几百 MeV 能量的光子，在单位能量间隔 $d(\hbar\omega)$ 内，由 N_e 个能量为 E 的电子，在密度为 n 的靶上产生的辐射光子数可以由下式给出：

$$dn_\gamma(\hbar\omega) = nN_e \frac{d\sigma_\gamma(E)}{d(\hbar\omega)} dx \tag{3-4}$$

式中　$\dfrac{d\sigma_\gamma(E)}{d(\hbar\omega)}$——对于能量为 E 的电子所产生轫致辐射的微分截面；

dx——电子在靶物质内所走过的距离，它可以由阻止本领 S 求得，即 $S = -\dfrac{dE}{dx}$。

在厚靶中（这是相对于入射的电子的能量而言），通过非弹性散射和辐射损失过程，电子完全地被阻止在靶内，于是电子在靶中的射程由下式给出：

$$x = \int_{\hbar\omega}^{E_0} \frac{dE}{S} \tag{3-5}$$

这里，E_0 是起始的电子能量，积分的下限是由于要产生 $\hbar\omega$ 能量的光子，电子的最小能量必须是 $E = \hbar\omega$。对于高的电子能量和薄的靶，电子在靶中的偏移是很小的，于是 x 近似等于靶厚；在中等靶厚情况下，积分的上限必须取在电子离开靶时相应的能量。将 dx 和 $d\sigma_\gamma(E)/d(\hbar\omega)$ 代入式（3-4），并对整个电子能量损失的区域积分，就可以得到单位能量间隔所得的光子数。

激光加速等离子体电子，通常并不是单能的，在通常的情况下能谱分布比较宽，在比较多的情况下是 Boltzmann 型的能谱分布，因此（3-4）式需要对归一化的电子分布函数 $f(E_0, T_e)$ 进行积分：

$$dn_\gamma(T_e, \hbar\omega) = nN_e \int_0^\infty f(E_0, T_e) \int_{\hbar\omega}^{E_0} \frac{d\sigma_\gamma(E)}{d(\hbar\omega)} \frac{1}{S} dEdE_0 \tag{3-6}$$

式中，T_e 是特征电子能量，也称为热电子温度。对一个相对论电子指数分布的能谱进行积分，给出了在高能光子处，即在 $\hbar\omega \gg K_B T_e$ 处，光子的数目指数地依赖于光子的能量[48]，当同时测量激光加速电子和产生的轫致辐射的能谱分布时[49]，光子的温度将低于入射的电子的温度[48]，这同样为实验测量所证实（见图 3 - 2）。这个结果比较容易理解，因为在一个指数衰减的电子能谱分布中，只有少部分能量高的电子，才能产生高能的光子，同时又因为单能电子在一个厚靶中所产生的光子数随着光子能量的增加而减少（指数辐射谱的能谱分布），所以造成的轫致辐射的分布偏重于低能量。对于具有一定厚度的靶，最高能量的电子是能够穿过靶的，它们就失去机会去产生高能的轫致辐射，这些都导致辐射的温度比电子的温度低。

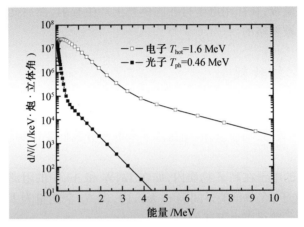

图 3 - 2　激光加速电子和产生的轫致辐射能谱分布

上面曲线代表激光产生的 Boltzmann 型的电子能谱分布，激光脉冲强度为 5×10^{19} W/cm^2，Ta 靶的厚度为 2 μm；下面曲线代表同时测量的轫致辐射谱。电子和光子的测量是用热释光探测器夹在金属吸收片之间进行的[49,50]

总而言之，由激光产生的轫致辐射能谱的高能尾巴可以用 Boltzmann 分布来描述，即

$$n_\gamma(E, T_\gamma)\mathrm{d}E = n_0 \cdot \mathrm{e}^{-E/(K_B T_\gamma)}\mathrm{d}E \qquad (3-7)$$

这里，$E = \hbar\omega$，$n_0 = n_\gamma(E = 0)$ 是一个归一化常数，在后面的章节中轫致辐射谱经常表达成这一形式。

3.3　激光引发的核反应的回顾

自从首次激光产生核反应的演示实验被用于诊断从激光等离子体的相互作用中释放出质子、轫致辐射和电子（间接地）以来，它们同样也被用于产生中子，并证实也可以用于测量核反应截面，这些测量将在这一节的第二部分详细介绍。

➤ 3.3.1　粒子或光子引发的核反应的基础和它们的探测

由于高能的光子或者粒子如质子和离子的碰撞，可以激发核的巨偶极共振，并导致核裂变或发射核子。激发巨共振的粒子或光子的能量一般在几到几十兆电子伏特，这些反应存在着反应阈值,这是由于入射的粒子必须克服核子结合能。因此$(\gamma,2n)$和$(\gamma,3n)$的阈值能量为 10 ~ 30 MeV,显著高于发射单个中子(γ,n)的阈值(6 ~ 10 MeV)。因为这些反应耦合于核的共振激发,所以一个球形的原子核巨偶极共振的截面接近于洛伦兹形状,可表达为

$$\sigma(E) = \sigma_{max} \frac{(E\Gamma)^2}{(E^2 - E_{max}^2)^2 + (E\Gamma)^2} \qquad (3-8)$$

式中　E——入射粒子或光子的能量;

　　　E_{max}——截面最大处的能量;

　　　Γ——共振峰的半高宽值。

这个方程没有考虑到反应的位垒,在位垒之下截面为零。在图 3 - 3 中^{238}U 和^{232}Th 的光致裂变截面,以及^{181}Ta 的(γ,n),$(\gamma,3n)$反应的截面都描述在上面。

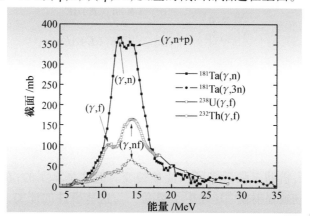

图 3 - 3　^{238}U 和^{232}Th 的光致裂变截面[57,52],以及^{181}Ta 的(γ,n),$(\gamma,3n)$反应截面[52] 的实验数据

由辐射光子所引发的核反应数为 N,辐射光子归一化为靶上被辐照的总核数 N_0,有

$$N/N_0 = \int_{E_{th}}^{\infty} \sigma(E) n_\gamma(E,T) \, dE \qquad (3-9)$$

这里,E_{th}代表反应阈能;$n_\gamma(E,T)$表示指数的辐射光子能量分布,如(3 - 7)式所表示的那样,$\sigma(E)$是巨偶极共振的截面。

同时,可以定量测量由激光产生的轫致辐射照射在靶上产生的核反应数目,因为在很多情况下,反应产生的核是具有放射性的,它们会放出一些特征的 γ 射线。用高分辨率的锗探测器或者 NaI 晶体探测器能够探测到它们,可以对那些特征 γ 射线进行活度测量,对于某一特征线的活度可以表示为

$$A = A(t=0) e^{-t/\tau} \qquad (3-10)$$

这里 $t=0$ 代表在靶结束照射时的时间,τ 是放射性同位素的平均寿命,如果半寿期是 $t_{1/2}$,那么$\frac{1}{\tau} = \frac{\ln 2}{t_{1/2}}$,这个数值可以从 γ 探测器中测量到。

由 γ 探测器在 0 ~ t 时间内所测量衰变的核数为

$$M(t) = \frac{1}{\varepsilon(E) I_\gamma} \int_{t'=0}^{t} A(t') \, dt' = A_0 \tau [1 - e^{-t/\tau}] \qquad (3-11)$$

参数 $\varepsilon(E)$ 是探测器探测效率,它是能量 E 的函数,I_γ 是观察的 γ 线的自然丰度,在靶上 $t'=0$ 到 $t'=\infty$ 时间内发生的核反应的总数目 N 等于

$$N = M(t=\infty) = A_0 \tau \qquad (3-12)$$

运用测量的数值结合(3-9)式,入射光子的分布就可以推导出来,但是这里必须有一个假定,即光子能谱的形状是已知的,正像在 3.2.3 节内所讨论的那样,由激光产生的韧致辐射能谱可以用 Boltzmann 分布(式(3-7))来描述。这个分布的温度可以用两种不同的核反应推导出,例如在 ^{181}Ta 上的 (γ,n) 和 $(\gamma,3n)$ 反应。因为产生的反应数 $N(\gamma,n)/N(\gamma,3n)$ 的值可以通过直接测量生成核的衰变而得到,温度和光子数 n_0 可以由解下式而得到:

$$\frac{N(\gamma,n)}{N(\gamma,3n)} = \frac{\int \sigma_{\gamma,n}(E) n_\gamma(E) \, dE}{\int \sigma_{\gamma,3n}(E) n_\gamma(E) \, dE} \qquad (3-13)$$

3.3.2 光子产生的反应:裂变 (γ,f),发射中子 (γ,xn) 和发射质子 (γ,p)

听起来特别新奇,借助于强激光可以使核裂变。但这是真实的,在约六年前第一次发生了,用激光产生的韧致辐射使 ^{238}U 发生了裂变[6,7],这些事件的证实,实验是关键,它吸引了人们对于激光产生核反应的注意力,虽然实际上在两年前,在铜、金、铝上的 (γ,n) 反应已经用于测量由激光物质相互作用产生的韧致辐射[53,54]。除了 ^{9}Be 的裂变之外(^{9}Be 裂变的反应阈值为 1.7 MeV),^{238}U 和 ^{232}Th 的光致裂变截面在我们知道的所有光产生的反应中具有最低的阈值,因此它们是显示激光引发反应的首批候选元素,对于 ^{9}Be 的裂变在 10^{18} W/cm^2 就已经实现。但对铀的裂变,激光强度至少要 10^{19} W/cm^2。

曾经指出,在原则上讲所有类型的光子引发的核反应都能够在激光产生的韧致辐射上实现,这主要是指 (γ,f),(γ,xn) 和 (γ,p) 反应(这里 $x=1,2,3,\cdots$),一个特定的反应能不能实现和被探测到,依赖于反应的阈能和相对应的韧致辐射的能量、光子的通量和反应截面。

1. 光子引发的核反应作为激光等离子体相互作用的一种诊断工具

在所有高强度的激光和物质相互作用产生荷能的电子束中,靶和靶室的物质通过核反应都被活化了[53,59],因此核的活化被用来作为激光加速荷能电子和产生韧致辐射的诊断工具[60]。除了基于能谱测量的热释光的探测器以外,对于时间宽度小于 1 μs 的单个的 MeV 能量的光子脉冲,活化测量是唯一的技术,能够测量光子的全能谱。

在最简单的情况下,观察一个单一同位素的活化,引发的核反应数 N 和被辐照的总核数 N_0 之比值可以由(3-9)式给出。因为能谱分布有三个独立参数:形状、温度 T 和幅度,如果能够在同一时间去引发和探测两个或更多的不同反应阈能的核反应,如 ^{181}Ta$(\gamma,n)^{180}$Ta 和 ^{181}Ta$(\gamma,3n)^{178}$Ta,它们都是 γ 光子和 ^{181}Ta 的相互作用,但反应的阈能不同,分别为 7.6 MeV 和 22.1 MeV,在这种情况下,假定 γ 光子的能量分布是指数型的,运用(3-13)式就可以计算能谱的温度和幅度[61-63]。如果用更多的反应种类和更宽广的阈值能量,那么

重建的光子能谱就更准确。从应用不同的反应阈值看出,在一定的等离子体的条件下,当在更大的能量区间观察时,光子的能谱遵从两个温度的分布,比单一的指数衰减分布要好[7,61]。在表 3 - 1 中列举了一些可用来诊断轫致辐射的核反应,同时也列出了它们的反应参数,如阈值能量、共振能量和反应截面的最大值。阈值能量分布在一个比较宽的范围,从8 MeV 到 50 MeV,这允许我们在这样大的能区范围内去测量轫致辐射谱。核活化技术更低的能量下限是由最低的反应阈值来提供,这由 ^{238}U 和 ^{232}Th 的裂变反应的阈值所决定,它们大约为 6 MeV,而对 ^{9}Be 为 1.7 MeV。

　　表 3 - 1 中截面的数据取自文献[56,57],衰变的参数取自文献[58]。这里仅将衰变反应产物产生的最强的 γ 射线列入表中。^{180}Ta,^{232}Th 和 ^{238}U 的截面有双峰,对于双峰的截面值在表中也已给出。

表 3 - 1　用于诊断轫致辐射的核反应及反应参数

靶核	反应	生成核	$t_{1/2}$	γ 射线 /keV	E_{th} /MeV	E_{max} /MeV	σ_{max} /mb	FWHM /MeV
^{181}Ta	$(\gamma,1n)$	^{180}Ta	8.152 h	93.3	7.6	12.8	221	2.1
						14.9	330	5.2
^{181}Ta	$(\gamma,3n)$	^{178m}Ta	2.36 h	426.38	22.1	27.7	21	5.6
^{197}Au	$(\gamma,1n)$	^{196}Au	6.18 d	355.68	8.1	13.5	529	4.5
^{197}Au	$(\gamma,3n)$	^{194}Au	38.0 h	328.45	23.1	27.1	14	6.0
^{63}Cu	$(\gamma,1n)$	^{62}Cu	9.7 min	1 172	10.8	16	68	8
^{63}Cu	$(\gamma,2n)$	^{61}Cu	3.3 h	282	19.7	25	13.6	6.5
^{65}Cu	$(\gamma,1n)$	^{64}Cu	12.7 h	1 345	9.9	16.7	77.5	5
^{64}Zu	$(\gamma,1n)$	^{63}Zu	38 min	669	9.9	16.7	71.8	13
^{238}U	(γ,f)	裂变产物	—	—	6.0	14.34	175	8.5
						11.39	113.1	
^{232}Th	(γ,f)	裂变产物	—	—	5.8	14.34	63.93	7.0
						6.39	12.44	

　　轫致辐射的角分布也可以用类似的方法来测量:活化样品,如一些铜片,放置在激光焦斑的周围[2,3,60,61,64],在照射之后测量这些样品的活性。在这种方法中根据样品所张的立体角可以推算出发射出的光子数目,角度分辨的轫致辐射和电子的分布可以给出等离子体内部的性质和电子加速的机制[64]。

　　2. 截面的测量

　　当由激光产生的轫致辐射的能谱分布和发散角运用上述技术进行了表征,这些知识能够用来推导其他的光子引发的反应截面,测量 ^{129}I 同位素 (γ,n) 反应的最大截面,用激光产生轫致辐射作为一种测量手段参见文献[15,16,17,63]。虽然得到的 σ_{max} 变化很大,并且误差也还是比较大,但是这个测量证明了由激光产生的轫致辐射以及产生的其他粒子可以用于核反应参数的定量测量。

测量最大截面值的两种技术具体如下：

第一种方法是 σ_{max} 可以从（3-9）式求得，假如轫致辐射的分布参数可以从前面得到，或者可以同时进行核的活化测量和关于截面的一些假定[15,63]，正像式（3-8）所示，截面的形状是洛伦兹型，反应阈值是由（γ，n）反应的能量平衡给出，唯一不知道的值就是共振峰的 FWHM 值，但是可以假定约为 5 MeV。从这样的测量可以推导出截面的最大值 σ_{max} 为 250 mb，误差约为 100 mb，这主要由于在决定光子温度时的不确定性，它还依赖于截面的数据。

第二种方法是直接比较在同一样品中含有 ^{129}I 和 ^{127}I 引发的（γ，n）反应[17]，后者的反应截面是已知的，这种引发反应的比值要经过样品单位质量所占百分比（指 ^{129}I 和 ^{127}I）的修正，这样就得到积分的截面之比，和前面做得一样，也要假定未知的 ^{129}I 截面的形状和 FWHM 值，这样截面的最大值测出为（97±40）mb。这个技术的优点在于它不依赖于轫致辐射分布的测量，因此可以得到更准确的测量值。

另外，更为近似地是估计一个 ^{58}Ni 上未知的（γ，p）反应[61]截面。因为 ^{58}Ni（γ，n）反应截面是已知的，因此在同一样品中比较产生（γ，n）和（γ，p）的反应数，就可以给出一个近似的（γ，p）反应的能量积分的截面。

 ### 3.3.3 质子或离子碰撞引发的反应

1. 质子引发的反应

与轫致辐射的情况不同，质子和其他离子可以通过纯粹的磁场或汤姆孙抛物线谱仪进行测量，但是这只能覆盖发射粒子束的非常小的立体角，而且不能用来测量发射离子的总数，同时也不能用于进行角分辨的测量。然而活化技术可以用于质子的测量，如同测量由光产生的核反应所引发的轫致辐射那样。一些合适的质子引发的核反应列举于表 3-2 中。因为生成核的衰变所放出的特征 γ 射线的计数是在之后离线地进行，所以这种核活化技术对于很强的电磁脉冲是不灵敏的，而这种强的电磁脉冲是当激光等离子体相互作用时产生，它会使电子学线路饱和。然而，活化技术限制于每炮要有比较高的质子通量，如由高能量的激光系统（E 约为 50 J）所产生的质子发射。对于低能量的激光系统（约 1 J）要靠很多炮的积累去克服探测的阈值，而这一阈值是由引发的反应数和 γ 计数系统的效率所决定的。

表 3-2　一些质子引发的反应

截面和衰变的数据取自[57]和[58]，仅将衰变反应中放出最强的 γ 射线列入表中

目标核素	反应	生成的核素	$t_{1/2}$	γ 射线 /keV	E_{th}/MeV	E_{max}/MeV	σ_{max} /mb
^{65}Cu	（p，n）	^{65}Zn	244.3 d	1 115.5	2.13	10.9	760
^{65}Cu	（p，p+n）	^{64}Cu	12.7 h	1 345.8	9.91	25	490
^{63}Cu	（p，n）	^{63}Zn	38.47 min	669.6	4.15	13	500

表 3 - 2(续)

目标核素	反应	生成的核素	$t_{1/2}$	γ 射线/keV	E_{ht}/MeV	E_{max}/MeV	σ_{max}/mb
^{63}Cu	(p,2n)	^{62}Zn	9.186 h	596.56	13.26	23	135
^{63}Cu	(p,p+2n)	^{61}Cu	3.33 h	656.0	19.74	40	323
^{11}B	(p,n)	^{11}C	20.39 min	511	3	8	300
^{13}C	(p,n)	^{13}N	9.96 min	511	3	6	150

由质子引发反应的截面比光子产生的反应截面要大一个数量级,这可以从表 3 - 2 中看出,并且反应的阈值比较低,特别是对于原子序数比较低的元素。

用一叠薄的铜薄膜,厚度在几十到几百微米,可以通过^{63}Cu(p,n)^{63}Zn 反应[5,65]的活化方法测量激光引发的质子能谱,由这个技术所能覆盖的能谱测量范围决定于这一叠薄膜的厚度,因为这一能谱是通过计算在一定深度内所产生的反应数得到的。从 γ 谱仪得到这些计数以后,在膜中停留的质子数以及它们的能量,就可以从已知的反应截面和质子的阻止能力的数据中求得。能量探测的上限是由这一叠薄片中所产生的反应数和 γ 探测器的灵敏度所决定的。另一方面探测低能量质子的下限是由反应阈值所决定的,约为 4 MeV。

其他技术还包括只含有单片的铜薄膜,这个技术的优点是可以在不同的天然同位素中产生不同的质子引发反应,如^{65}Cu 和^{63}Cu,见表 3 - 2[5],这些反应截面画在图 3 - 4 上,从已知的截面数据和测量到的引发反应数,就可以推导出质子能谱,因为这些反应截面的峰值是 10 ~ 40 MeV,并且最低的阈值是 2 MeV,所以可以测量的质子能谱范围是 2 ~ 40 MeV。

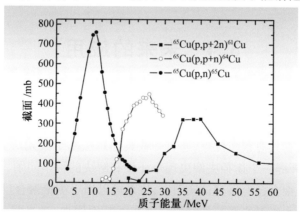

图 3 - 4 一些质子引发反应的实验数据,取自文献[57]

其他质子产生的反应也很好地展现出来了,特别是在^{11}B,^{13}C 和^{18}O 上的(p,n)反应[65],它们对于生产正电子断层扫描(PET)所用的同位素具有潜在意义,将在 3.4 节中讨论。

2. 离子引发的核反应

正像 3.2 节中所述的,运用加速质子的同样机制比质子重的离子也可以被加速。^{12}C,^{16}O 这两种核来自靶的表面吸附的碳氢化合物和水滴,以及靶物质本身,如同^{27}Al,

^{56}Fe$^{[9,34,37]}$，或者氘$^{[12]}$都可以被加速，正像前面所指出的离子的能量可以达到 10 MeV/核子，那么对于 Fe 离子$^{[9]}$的能量就可以达到 650 MeV。用这些离子和次级靶相互作用，就可以融合和生成高激发态的复合核，这些复合核可以蒸发出中子、质子和 α 粒子$^{[9,37]}$。依赖它们的初始激发状态，即它们的入射能量，可能就有不同的反应道，也就是会对应于不同的反应截面和不同的生成核。加速的 ^{56}Fe 和 ^{12}C 核的聚合反应，通过测量它们的生成核的衰变，在 1.2 MeV ~ 80 MeV 能量范围内发现 17 个聚合 - 蒸发反应道，加速 Fe 离子的能谱分布可以如同前面质子的能谱测量那样由这种测量方法推导出来。

3. 氘 - 氘聚合反应

由(γ,n)和(p,n)反应可以产生中子，这些中子的能谱是宽的，中子的数目是和产生核反应的数目同一数量级。这些核反应能够提供一个短脉冲的、点状的中子源。另一种产生中子的方式是两个氘的聚合反应：

$$D + D \rightarrow {}^3He(0.82\ MeV) + n(2.45\ MeV) \tag{3-14}$$

这个聚合反应的中子是单能的，它的能谱分布宽度决定于参加反应的两个氘在质量中心坐标系中的速度。当氘核的能量高于 5 keV 时，反应截面随着氘能量的增加而增加。在能量达到 50 keV 时，反应截面趋于饱和，离子温度约为 100 keV。可以用强激光和氘团簇$^{[13,66]}$，和重水滴$^{[14]}$，或和氘化的聚乙烯固体靶$^{[10]}$相互作用而产生这个反应，离子温度约为 100 keV。

因为聚变反应发生在飞秒激光脉冲加热等离子体的时间内，所以中子脉冲的时间宽度是很短的，源的大小是由膨胀的被加速的等离子体大小决定的，将是几十至几百微米的直径，每个激光脉冲产生的中子数在 $10^{4[3,4]}$ 到 $10^{8[11]}$，它依赖于靶的材料、激光的能量和强度。

3.4　未来的应用

第一次基础演示实验进行之后，激光驱动的核粒子源和激光驱动的核反应潜在应用的许多想法都在发展$^{[67]}$。这些想法基于激光 - 等离子体装置的紧凑性和良好的适应性，可以认为相对于传统方法它具有很多优点，还有一些其他想法基于激光产生的粒子和辐射的独特性质，因此这可能开辟一个途径去解决现今还没有解决的科学问题。

激光驱动的重核聚合已经得到证实$^{[9,37]}$，将来可以用于测量聚合反应的截面，而不是用它去推导离子能谱。由于激光系统的峰值强度在不断地增加，激光驱动聚合反应可能成为一种产生远离 β 稳定线的核同位素和同质异能素的有效方法。

质子能够产生散裂反应(p,xn)和裂变反应(p,f)，当我们采用铅或者铀为靶时，这些反应能够释放许多中子，这些中子脉冲的时间宽度很窄，源的尺寸很小，并且这种激光驱动产生中子的反应可以很快地停止。由于具备这些特性，这样的中子源可能有很多的用途，如时间分辨的中子照相。

激光产生的等离子体的性质是电离状态、高密度和高的离子温度，它接近于星球内部物质的状态。这个等离子体环境可通过许多因素，如屏蔽效应和强的电磁场来影响核反应率，例如我们熟知的核能级的寿命能够通过电离态的变化和强电场的影响而改变，这些包括原子的电子云中的电子,如电子捕获、内转换和 $\beta^{+/-}$ 的衰变[68]。这些效应发生在星球内部核素的合成过程中,在实验室的条件下,只有在激光产生的等离子体中才能达到这些极端的条件。应用等离子体作为靶,激光加速的粒子作为炮弹,就可以研究核反应率对等离子体条件的依赖性。这些研究结果将提高人们的认识,即核反应速率作为天体物理学程序输入的可靠性,目的是再现星体的演化过程。提高这些程序的可靠性,改进输入的参数,是当今大体物理学主要的问题之一。

激光驱动生产医用放射性同位素是现在讨论和发展中的一个重要应用,如 ^{11}C, ^{13}N, ^{18}F, ^{128}I 和 ^{99}T 通常用在 PET 上的医学成像。药物载体用放射性同位素标记,而后注入到人体内,它选择性地积累在体内的一定部位,如肿瘤、甲状腺或骨头处,于是身体的这些部位被放射性同位素标记,放出可以被探测到的特征 γ 射线。PET 的优点是由短寿命的 β^+ 放射性同位素放出的正电子的快速湮没产生的两个角度互为 $180°$ 的 0.511 MeV 湮没光子,可用于标记区的三维成像。短寿命的同位素对于治疗来说是有利的,因为源的活度高,所用的同位素量比较少,电离辐射的照射时间比较短。这种短寿命的同位素通常是用回旋加速器或静电加速器产生荷能质子束通过 (p,n) 和 (p,α) 反应来产生,有些同位素也可以由 (γ,n) 反应来产生。但是质子产生的反应比较有利。因为反应物和产生的同位素有不同的原子序数,可以用放射性生产中的快速化学分离来获得。此外像上面所述的,质子反应的截面要比 γ 反应的截面高。

因为回旋加速器需要大的建设厂房,价格昂贵,防护要求高,所以用它来产生 PET 同位素至今也只有几台装置。同位素送到医院必须经过一段距离,如果所需的时间为 3 h,放射性同位素的半寿期为 30 min,那么考虑到 3 h 放射性同位素的衰变,所要的活性要比实际需要的大 $2^6 = 64$ 倍。桌面的激光系统占地面积小,只要几平方米,防护可以只在激光焦斑和靶的附近,医院可以建立一个在线的激光驱动的同位素生产系统。以更好地产生质子。医院有了这样的激光系统,就能在线用激光产生放射性同位素,在价格和安装上都有利。

实验上证实,用一个高功率、高能量的单脉冲激光反应[32],通过单发激光能够生产 200 kBq 的 ^{11}C,用台式装置(1 J, 5×10^{19} W/cm^2)辐照 30 min,激光频率为 10 Hz,可以产生 134 kBq ^{11}C[33],激光在靶上产生的 ^{11}C 不断积累,积累了一段时间之后,产生的 ^{11}C 同时衰变,因此在一定的激光强度情况下产生的 ^{11}C 的活度达到饱和。对于一个标准的 10 Hz 的高强度的台式激光器,^{11}C 的积分饱和活度可达 209 kBq,^{18}F 的积分饱和活度可达 170 kBq[33]。由于当前标准医学剂量要求达到 800 MBq[32],是现在台式激光器所达不到的,因此质子流强和激光的重复频率都必须增加。激光系统的重复频率从 10 Hz 增加到 1 kHz 就可以使 ^{11}C 的活度达到 GBq 数量级[33],将达到实际应用的范围。

激光在核科学领域中的实际应用应该是它发展的第一步,激光驱动发展的核物理证实其与经典的加速器和核物理的仪器、技术的竞争力。或者必须探索自己特有的技术,如在极端的等离子体条件下,核动力学的验证,激光加速粒子或产生轫致辐射的特性,如短的脉冲宽度、高的粒子流和在质子情况下优异的发射度,这些特性开辟了核物理的新领域。

在一台装置上产生多种粒子,只要改变靶的材料就可以实现加速电子、质子、重离子和产生中子、轫致辐射,即提供多种用途,这些是小型加速器系统绝对做不到的。

更高通量的质子和粒子流,以及单能粒子束,是未来应用所必需的,靶的优化和等离子体参数的选择,以及新的加速机制的探索将是关键。必须扩展现有的激光系统性能或者更加确切地说,要适应粒子加速的要求。目前功率更高但相对小的激光系统正在设计并且部分已在加工之中[70],发展高强度激光器努力的目标是将高聚焦强度与合理的高脉冲能量(至少几个焦耳)和高重复频率结合起来,而高重复频率是在医用同位素生产等应用中所必不可少的。

上述提到的应用仅仅是提出的一个挑战,激光的发展、靶的制备与控制、等离子体性质研究为今后到来的时代要求提供了保证。高强度激光驱动发展的核物理将有很大的可能性进入医学、技术和核物理基础研究的应用中。

参 考 文 献

[1] T. Tajima, J. Dawson: Phys. Rev. Lett. 43, 267(1979).

[2] W. Leemans, D. Rodger, P. Catravas, C. Geddes, G. Fubiani, E. Esarey, B. Chadwick, R. Donahue, A. Smith: Phys. Plasmas 8, 2510(2001).

[3] G. Malka, M. Aleonard, J. Chemin, G. Claverie, M. Harston, J. Scheurer, V. Tikhonchuk, S. Fritzler, V. Malka, P. Balcou, G. Grillon, S. Moustaizis, L. Notebaert, E. Lefebvre, N. Cochet: Phys. Rev. E 66, 066402(2002).

[4] H. Schwoerer, F. Ewald, R. Sauerbrey, J. Galy, J. Magill, V. Rondinella, R. Schenkel, T. Butz: Europhys. Lett. 61, 47(2003).

[5] J. M. Yang, P. McKenna, K. W. D. Ledingham, T. McCanny, S. Shimizu, L. Robson, R. J. Clarke, D. Neely, P. A. Norreys, M. S. Wei, K. Krushelnick, P. Nilson, S. P. D. Mangles, R. P. Singhal: Appl. Phys. Lett. 84, 675(2004).

[6] K. Ledingham, I. Spencer, T. McCanny, R. Singhal, M. Santala, E. Clark, I. Watts, F. Beg, M. Zepf, K. Krushelnick, M. Tatarakis, A. Dangor, P. Norreys, R. Allot, D. Neely, R. Clark, A. Machacek, J. Wark, A. Cresswell, D. Sanderson, J. Magill: Phys. Rev. Lett. 84, 899(2000).

[7] T. Cowan, A. Hunt, T. Phillips, S. Wilks, M. Perry, C. Brown, W. Fountain, S. Hatchett, J. Johnson, M. Key, T. Parnall, D. Pennington, R. Snavely, Y. Takahashi: Phys. Rev. Lett. 84, 903(2000).

[8] R. Snavely, M. Key, S. Hatchett, T. Cowan, M. Roth, T. Phillips, M. Stoyer, E. Henry, T. Sangster, M. Singh, S. Wilks, A. MacKinnon, A. Offenberger, D. Pennington, K. Yasuike, A. Langdon, B. Lasinski, J. Johnson, M. Perry, E. Campbell: Phys. Rev. Lett. 85 (14), 2945 (2000).

[9] P. McKenna, K. Ledingham, J. Yang, L. Robson, T. McCanny, S. Shimizu, R. Clarke, D. Neely, K. Spohr, R. Chapman, R. Singhal, K. Krushelnick, M. Wei, P. Norreys: Phys. Rev. E 70, 036405(2004).

[10] G. Pretzler, A. Saemann, A. Pukhov, D. Rudolph, T. Schatz, U. Schramm, P. Thirolf, D. Habs, K. Eidmann, G. D. Tsakiris, J. Meyer-ter-Vehn, K. J. Witte: Phys. Rev. E 58, 1165

（1998）.

［11］ P. Norreys, A. Fews, F. Beg, A. Dangor, P. Lee, M. Nelson, H. Schmidt, M. Tatarakis, M. Cable：Plasma Phys. Control. Fusion 40,175（1998）.

［12］ K. Nemoto, A. Maksimchuk, S. Banerjee, K. Flippo, G. Mourou, D. Umstadter, V. Bychenkov：Appl. Phys. Lett. 78（5）,595（2001）.

［13］ G. Grillon, P. Balcou, J. P. Chambaret, D. Hulin, J. Martino, S. Moustaizis, L. Notebaert, M. Pittman, T. Pussieux, A. Rousse, J. P. Rousseau, S. Sebban, O. Sublemontier, M. Schmidt：Phys. Rev. Lett. 89,065005（2002）.

［14］ S. Karsch, S. Dusterer, H. Schwoerer, F. Ewald, D. Habs, M. Hegelich, G. Pretzler, A. Pukhov, K. Witte, R. Sauerbrey：Phys. Rev. Lett. 91（1）,015001（2003）.

［15］ J. Magill, H. Schwoerer, F. Ewald, J. Galy, R. Schenkel, R. Sauerbrey：Appl. Phys. B 77,387 （2003）.

［16］ F. Ewald, H. Schwoerer, S. Dusterer, R. Sauerbrey, J. Magill, J. Galy, R. Schenkel, S. Karsch, D. Habs, K. Witte：Plasma Phys. Control. Fusion 45, A83（2003）.

［17］ K. Ledingham, P. McKenna, J. Yang, J. Galy, J. Magill, R. Schenkel, J. Rebizant, T. McCanny, S. Shimizu, L. Robson, R. Singhal, M. Wei, S. Mangles, P. Nilson, K. Krushelnick, R. Clarke, P. Norreys：J. Phys. D：Appl. Phys. 36, L63（2003）.

［18］ V. Malka, S. Fritzler, E. Lefebvre, M. M. Aleonard, F. Burgy, J. P. Chambaret, J. F. Chemin, K. Krushelnick, G. Malka, S. P. D. Mangles, Z. Najmudin, M. Pittman, J. P. Rousseau, J. N. Scheurer, B. Walton, A. E. Dangor：Science 298,1598（2002）.

［19］ J. Faure, Y. Glinec, A. Pukhov, S. Kiselev, S. Gordienko, E. Lefebvre, J. P. Rousseau, F. Burgy, V. Malka：Nature 431,541（2004）.

［20］ C. Geddes, C. Toth, J. van Tilborg, E. Esarey, C. Schroeder, D. Bruhwiller, C. Nieter, J. Cary, W. Leemans：Nature431,538（2004）.

［21］ S. Mangles, C. Murphy, Z. Najmudin, A. Thomas, J. Collier, A. Dangor, E. Divall, P. Foster, J. Gallacher, C. Hooker, D. Jaroszynski, A. Langley, W. Mori, P. Norreys, F. Tsung, R. Viskup, B. Walton, K. Krushelnick：Nature 431,535（2004）.

［22］ M. Kaluza, J. Schreiber, M. I. K. Santala, G. D. Tsakiris, K. Eidmann, J. Meyerter Vehn, K. J. Witte：Phys. Rev. Lett. 93,045003（2004）.

［23］ T. Cowan, J. Fuchs, H. Ruhl, A. Kemp, P. Audebert, M. Roth, R. Stephens, I. Barton, A. Blazevic, E. Brambrink, J. Cobble, J. Fernandez, J. C. Gauthier, M. Geissel, M. Hegelich, J. Kaae, S. Karsch, G. P. LeSage, S. Letzring, M. Manclossi, S. Meyroneinc, A. Newkirk, H. Pepin, N. Renard - LeGalloudec：Phys. Rev. Lett. 92,204801（2004）.

［24］ A. Maksimchuk, K. Flippo, H. Krause, G. Mourou, K. Nemoto, D. Shultz, D. Umstadter, R. Vane, V. Y. Bychenkov, G. I. Dudnikova, V. F. Kovalev, K. Mima, V. N. Novikov, Y. Sentoku, S. V. Tolokonnikov：Plasma Phys. Rep. 30,473（2004）.

［25］ W. L. Kruer：*The Physics of Laser Plasma Interaction*（Addison - Wesley, Redwood - City, 1988）.

［26］ G. Malka,J. L. Miquel:Phys. Rev. Lett. 77,75(1996).

［27］ S. C. Wilks,W. L. Kruer,M. Tabak,A. B. Langdon:Phys. Rev. Lett. 69,1383(1992).

［28］ P. Gibbon,E. Forster:Plasma Phys. Control. Fusion 38,769(1996).

［29］ S. Hatchett,C. Brown,T. Cowan,E. Henry,J. Johnson,M. Key,J. Koch,A. Langdon,B. Lasinski,R. Lee,A. Mackinnon,D. Pennington,M. Perry,T. Philipps,M. Roth,T. Sangster, M. Singh,R. Snavely,M. Stoyer,S. Wilks,K. Yasuike:Phys. Plasmas 7,2076(2000).

［30］ S. C. Wilks,A. B. Langdon,T. E. Cowan,M. Roth,M. Singh,S. Hatchett,M. H. Key,D. Pennington,A. MacKinnon,R. A. Snavely:Phys. Plasmas8,542(2001).

［31］ P. Mora:Phys. Rev. Lett. 90,185002(2003).

［32］ I. Spencer,K. Ledingham,R. Singhal,T. McCanny,P. McKenna,E. Clark,K. Krushelnick, M. Zepf,F. Beg,M. Tatarakis,A. Dangor,P. Norreys,R. Clarke,R. Allott,L. Ross:Nucl. Instr. Meth. Phys. Res. B 183,449(2001).

［33］ S. Fritzler,V. Malka,G. Grillon,J. P. Rousseau,F. Burgy,E. Lefebvre,E. d'Humieres,P. McKenna,K. Ledingham:Appl. Phys. Lett. 83,3039(2003).

［34］ M. Hegelich,S. Karsch,G. Pretzler,D. Habs,K. Witte,W. Guenther,M. Allen,A. Blazevic, J. Fuchs,J. C. Gauthier,M. Geissel,P. Audebert,T. Cowan,M. Roth:Phys. Rev. Lett. 89 (8),085002(2002).

［35］ B. M. Hegelich,B. J. Albright,J. Cobble,K. Flippo,S. Letzring,M. Paffett,H. Ruhl,J. Schreiber,R. K. Schulze,J. C. Fernandez,Nature439,441 – 444(2006).

［36］ E. Clark,K. Krushelnick,M. Zepf,F. Beg,M. Tatarakis,A. Machacek,M. Santala,I. Watts, P. Norreys,A. Dangor:Phys. Rev. Lett. 85,1654(2000).

［37］ P. McKenna,K. Ledingham,T. McCanny,R. Singhal,I. Spencer,M. Santala,F. Beg,K. Krushelnick,M. Tatarakis,M. Wei,E. Clark,R. Clarke,K. Lancaster,P. Norreys,K. Spohr, R. Chapman,M. Zepf:Phys. Rev. Lett. 91,075006(2003).

［38］ E. Esarey,P. Sprangle,J. Krall,A. Ting:IEEE Transact. Plasma Sci. 24,252(1996).

［39］ A. Pukhov,J. Meyer – terVehn:Phys. Rev. Lett. 76, 3975(1996).

［40］ P. Gibbon,F. Jakober,A. Monot,T. Auguste:IEEE Transac. Plasma Sci. 24,343(1996).

［41］ G. Sarkisov,V. Bychenkov,V. Novikov,V. Tikhonchuk,A. Maksimchuk,S. Y. Chen,R. Wagner,G. Mourou,D. Umstadter:Phys. Rev. E 59,7042(1999).

［42］ R. Fedosejevs,X. Wang,G. Tsakiris:Phys. Rev. E 56,4615(1997).

［43］ A. Pukhov,Z. Sheng,J. Meyer – ter Vehn:Phys. Plasmas 6,2847(1999).

［44］ F. Amiranoff,S. Baton,D. Bernard,B. Cros,D. Descamps,F. Dorchies,Jacquet,V. Malka,J. R. Marques,G. Matthieussent,P. Mine,A. Modena,P. Mora,J. Morillio,Z. Najmudin:Phys. Rev. Lett. 81,995(1998).

［45］ A. Pukhov,J. Meyer – ter Vehn:Appl. Phys. B 74,355(2002).

［46］ B. Hidding,K. – U. Amthor,B. Liesfeld,H. Schwoerer,S. Karsch,M. Geissler,L. Veisz,K. Schmid,J. G. Gallacher,S. P. Jamison,D. Jaroszynski,G. Pretzler,R. Sauerbrey,Physical Review Letters 96,105004(2006).

［47］ H. Schwoerer, S. Pfotenhauer, O. Jackel, K. U. Amthor, B. Liesfeld, W. Ziegler, R. Sauerbrey, K. W. D. Ledingham, T. Esirkepov, Nature 439,445 – 448(2006).

［48］ G. McCall: J. Phys. D: Appl. Phys. 15,823(1982).

［49］ R. Behrens, H. Schwoerer, S. Dusterer, P. Ambrosi, G. Pretzler, S. Karsch, R. Sauerbrey: Rev. Sci. Instr. 74(2),961(2003).

［50］ R. Behrens, P. Ambrosi: Radiat. Protect. Dosim. 104,73(2002).

［51］ J. Caldwell, E. Dowdy, B. Berman, R. Alvarez, P. Meyer: Phys. Rev. C 21,1215(1980).

［52］ Centre for Photonuclear Experiments Data, Lomonosov Moscow State University. URL: http://depni. sinp. msu. ru/cdfe/muh/calc_thr. shtml. Online Database.

［53］ M. Key, M. Cable, T. Cowan, K. Estabrook, B. Hammel, S. Hatchett, E. Henry, D. Hinkel, J. Kilkenny, J. Koch, W. Kruer, A. Langdon, B. Lasinski, R. Lee, B. MacGowan, A. MacKinnon, J. Moody, J. Moran, A. Offenberger, D. Pennington, M. Perry, T. Phillips, T. Sangster, M. Singh, M. Stoyer, M. Tabak, M. Tietbohl, K. Tsukamoto, K. Wharton, S. Wilks: Phys. Plasmas 5,1966(1998).

［54］ T. W. Phillips, M. D. Cable, T. E. Cowan, S. P. Hatchett, E. A. Henry, M. H. Key, M. D. Perry, T. C. Sangster, M. A. Stoyer: Rev. Sci. Instr. 70,1213(1999).

［55］ H. Schwoerer, P. Gibbon, S. Dusterer, R. Behrens, C. Ziener, C. Reich, R. Sauerbrey: Phys. Rev. Lett. 86,2317(2001)0

［56］ IAEA, IAEA – TECDOC(2000).

［57］ Experimental Nuclear Reaction Data (EXFOR / CSISRS). URL: http://www. nndc. bnl. gov/exfor/exfor00. htm. Online Database.

［58］ The Lund/LBNL Nuclear Data Search. URL: http://nucleardata. nuclear. lu. se. Online Database.

［59］ M. Perry, J. Sefcik, T. Cowan, S. Hatchett, A. Hunt, M. Moran, D. Pennington, R. Snavely, S. Wilks: Rev. Sci. Instr. 70,265(1999).

［60］ P. Norreys, M. Santala, E. Clark, M. Zepf, I. Watts, F. Beg, K. Krushelnick, M. Tatarakis, X. Fang, P. Graham, T. McCanny, R. Singhal, K. Ledingham, A. Creswell, D. Sanderson, J. Magill, A. Machacek, J. Wark, R. Allot, B. Kennedy, D. Neely: Phys. Plasmas 6, 2150 (1999).

［61］ M. Stoyer, T. Sangster, E. Henry, M. Cable, T. Cowan, S. Hatchett, M. Key, M. Moran, D. Pennington, M. Perry, T. Phillips, M. Singh, R. Snavely, M. Tabak, S. Wilks: Rev. Sci. Instr. 72,767(2001).

［62］ I. Spencer, K. W. D. Ledingham, R. P. Singhal, T. McCanny, P. McKenna, E. L. Clark, K. Krushelnick, M. Zeph, F. N. Beg, M. Tatarakis, A. E. Dangor, R. D. Edwards, M. A. Sinclair, P. A. Norreys, R. J. Clarke, R. M. Allot: Rev. Sci. Instr. 73,3801(2002).

［63］ B. Liesfeld, K. U. Amthor, F. Ewald, H. Schwoerer, J. Magill, J. Galy, G. Lander, R. Sauerbrey: Appl. Phys. B 79,419(2004). DOI DOI: 10. 1007/s00340 – 004 – 1637 – 9.

［64］ M. Santala, M. Zepf, I. Watts, F. Beg, E. Clark, M. Tatarakis, K. Krushelnick, A. Dangor, T.

McCanny, I. Spencer, R. P. Singhal, K. Ledingham, S. Wilks, A. Machacek, J. Wark, R. Allot, R. Clarke, P. Norreys: Phys. Rev. Lett. 84(7), 1459(2000).

[65] M. Santala, M. Zepf, F. Beg, E. Clark, A. Dangor, K. Krushelnick, M. Tatarakis, I. Watts, K. Ledingham, T. McCanny, I. Spencer, A. Machacek, R. Allott, R. Clarke, P. Norreys: Appl. Phys. Lett. 78, 19(2001).

[66] J. Zweiback, R. Smith, T. Cowan, G. Hays, K. Wharton, V. Yanovsky, T. Ditmire: Phys. Rev. Lett84(12), 2634(2000).

[67] K. Ledingham, P. McKenna, R. Singhal: Science 300, 1107(2003).

[68] F. Bosch, T. Faestermann, J. Friese, F. Heine, P. Kienle, E. Wefers, K. Zeitelhack, K. Beckert, B. Franzke, O. Klepper, C. Kozhuharov, G. Menzel, R. Moshammer, F. Nolden, H. Reich, B. Schlitt, M. Steck, T. Stohlker, T. Winkler, K. Takahashi: Phys. Rev. Lett. 77, 5190 (1996).

[69] K. Kubota: Ann. Nucl. Med. 15, 471(2001).

[70] J. Hein, S. Podleska, M. Siebold, M. Hellwing, R. Bodefeld, G. Quednau, R. Sauerbrey, D. Ehrt, W. Wintzer: Appl. Phys. B 79, 419(2004).

第4章 高重复频率的全二极管泵浦的超高峰值功率激光器

J. Hein, M. C. Kaluza, R. Bödefeld, M. Siebold, S. Podleska, R. Sauerbrey

光学和量子电子学研究所,Friedrich – Schiller 大学

Max – Wien – Platz 1,07743 Jena 德国

jhein@ ioq. uni – jena. de

4.1 引 言

自从发明了啁啾放大技术(CPA)[1]以后,我们见证了在过去几年中激光发展的巨大进步。现在已经可以运用桌面激光系统产生太瓦(TW)级峰值功率的脉冲,该系统很容易安装在大学规模的实验室中,并以 10 Hz 及以上的重复频率工作。这些脉冲经过聚焦后打到靶上,峰值功率可以超过 10^{19} W/cm^2,它可以用于研究相对论性激光和等离子体相互作用的物理。然而,为了产生峰值功率为 1 拍瓦(PW)或者更高的脉冲,或者强度超过 10^{19} W/cm^2 的脉冲,人们还必须使用大型的装置,它能输出的能量在几十焦耳或者几百焦耳,这依赖于所用的激光介质。由于冷却的问题,这些拍瓦激光系统只能工作在每小时 1 炮到 3 炮的放炮率,这严重地限制了在这些激光系统中所能开展实验的多样性和复杂性。面对日益增加的应用,如激光驱动的质子束的加速[2,3](这在将来可能是治疗癌症的另一种方法),激光感生的用于医学同位素生产[4]或者基于激光加速电子的短波长 X 射线源的产生[5],这些应用都需要一个高平均通量的加速粒子,也就要求有一个驱动这些加速过程的高重复频率的激光系统。此外,加速过程[6]的基础物理研究也要求尽可能地改变研究参数,这同时也要求有高的重复频率。Jena 大学、光子和量子电子学研究所现在正在建设的拍瓦激光系统 POLARIS(Petawatt Optical Laser Amplifier for Radiation Intensive Experiments),它全部是二极管泵浦的,建成之后可以输出拍瓦级的激光脉冲,重复频率为 0. 03 Hz 或 0. 1 Hz。POLARIS 将使我们能够在一个参量的范围内开展实验研究,而这个范围是到现在为止,其他的激光系统所达不到的。这里将对 POLARIS 的关键技术和基本的设计做一个评述,同时进一步对固态激光系统最新技术的发展前景进行展望,讨论赫兹级重复频率的拍瓦激光的发展前景。

在所有工作在拍瓦级的激光系统都是基于用高能的闪光灯去泵浦铷玻璃激光器[7-9]的时候,采用铷掺杂的玻璃作为活性介质去放大啁啾的飞秒脉冲是一种可取的方法。由于放大带宽的限制,最小的脉冲宽度限制在 350 fs,于是为了达到拍瓦级的水平,脉冲能量至少要达到 350 J。另一种方法是用倍频的 Nd 玻璃激光器,它能产生一个宽度为纳秒级的脉冲,能量大于 50 J 的激光,用它去泵浦一个大直径的 Ti:sapphire 晶体,这个晶体能放大宽频带的脉冲。运用这种放大系统,脉宽短至 33 fs,脉冲可以被放大,能量高达 28 J[9]。然而,正像所有的基于大尺寸的铷玻璃激光的拍瓦级系统,它的放炮率决定于闪光灯和铷玻璃激

光中放大器圆片的冷却时间,一般都在每小时 1 ~ 3 炮。本章我们将讨论采用三种方法改进高能激光技术,增加重复频率的激光的性能,即用激光二极管作为放大器的泵浦源,按照泵浦的波长选择激光介质和一个新的压缩器的设计。

由于所有的固态激光器都要有一个高效率的光学泵浦,因此需要一个高亮度泵浦的光子源来优化激光的性能。我们现在知道的最高效率的光就是二极管激光,它的电到光的效率可以高达 74%。高功率激光二极管发射谱的宽度通常小于 3 nm,它和固态激光介质的吸收带符合得很好,然而激光二极管发射出的光束剖面并不是柱对称的,它有两个不同的发散度,它是由激光二极管本身的性质决定的,这个特性在泵浦几何结构的最佳设计时,必须很好地考虑进去。进一步说,当泵浦源包含大量的二极管棒时,泵浦束的均匀性将成为一个重要问题。

一旦选择激光二极管作为泵浦源,就必须寻找一个合适的激光介质,很自然地可能就想到了掺杂的铷玻璃放大器,并简单地将闪光灯换成激光二极管。由于二极管具有更高的泵浦效率,显著地减少了沉积在激光介质中的热能,重复频率至少可以提高一个数量级,公认地二极管价格比闪光灯高得多,因此更低的泵浦光子损失的设计是首选。

一个合适的激光介质的选择依赖于泵浦源的特性和激光器的用途。为了获得最大的峰值功率,激光发射的频带应该尽可能地宽,以使放大的激光脉冲的宽度尽可能地短。另外,在二极管激光泵浦的情况下荧光的寿命与闪光灯泵浦时相比是一个更为重要的问题,其原因是闪光灯的脉冲可以做得足够短去和铷的激发态的寿命相匹配。另外,在放大器中添加其他的闪光灯并不会使造价有很大的增加。在二极管泵浦的情况下,泵浦源的峰值功率受限于二极管的数目,增加泵浦脉冲宽度的同时又保持一定的功率将增加泵浦的光子数目,在经费一定的情况下,要求使这些光子能够在放大器中储存充分长的时间。镱(Ytterbium)作为活性的激光离子具有更好的性能,因为它的上能态的寿命比铷要长,同时发射和吸收的带宽也比铷宽,虽然激光介质的通量饱和将增加从放大器中引出能量的困难,但比较短的脉冲可以放大,同时对于二极管发射频带要求的限制也可以放宽一些。

对于 POLARIS,选择镱掺杂氟化磷酸盐玻璃作为活性的材料,作为准三能级激光介质,其量子缺陷和热能的沉积都很小。二极管激光发射出 940 nm 的光,非常适合泵浦的要求,并且能在脉冲的模式下工作,和 1.5 ms 的荧光寿命相匹配,可以实现带宽和波长向吸收带的良好重叠。二极管输出的成像要叠加在激光的介质上,使其能获得一个均匀的泵浦束的剖面,和好的空间重叠的结果。在下面的章节中将说明为了效率的原因,我们要使放大器中的激光通量到达它的极限值。为了使通量尽量高,这种激光系统需要精心设计和高质量的光学元器件。

像所有其他 CPA 系统一样,在脉冲放大以后,需要一个最终的压缩器。如果峰值功率增加了,激光束的直径、光栅尺寸和真空压缩室都必须按照破坏阈值而相应地增长。此外,需要的光栅大小取决于展宽脉冲的宽度。为了避免在放大链中的损伤,一般光栅尽量选择大些,所以最大输出功率取决于可用光栅的大小,倾斜压缩光栅可以克服这个极限[1],本章最后一节将讨论光栅调整的精度要求,以及确保这种精度的可能技术。

4.2　镱掺杂的氟化磷酸盐玻璃作为激光的活性介质

在设计一个二极管泵浦的高峰值功率激光系统时,一个最关键的问题是选择增益介质。激光二极管在现阶段可以工作在长荧光寿命状态上,这对于能量的储存是有利的,对达到最大峰值功率是有好处的。对于比较长的荧光寿命,辐射截面、增益带宽或者两者一起都会减小。为了达到有效的放大,激光的能量密度必须尽量接近增益介质的饱和通量,为了在中等脉冲能量的条件下达到高的峰值功率要求,CPA 系统要有一个大的放大频带宽度以利于短脉冲的放大。图 4-1 列举了运用现有的激光介质产生高峰值功率激光的可能性,饱和通量和最短脉冲宽度乘积的倒数指出了一种激光介质在最大的频带宽度情况下可用于高放大的能力。假定增益的频谱分布是高斯型,激光介质的辐射截面、频带宽度和荧光寿命之间有如下关系[11]:

$$\sigma_{em} = \frac{c_0^2}{4\pi n^2 \nu^2} \frac{1}{\tau_f} \frac{\sqrt{\ln2}}{\Delta\nu \sqrt{\pi}} \tag{4-1}$$

式中　c_0——真空中光速;

　　　n——折射率;

　　　ν——中心频率;

　　　τ_f——荧光寿命;

　　　$\Delta\nu$——频带宽度(FWHM)。

时间宽度(指放大的脉冲宽度)和放大介质的频带宽度的乘积是一个常数的关系(对于一个高斯型的增益频谱分布),就可以得到在相应的荧光寿命情况下,高峰值功率的产生依赖于激光的波长和折射率的一个判据[12]:

$$\frac{\tau_f}{t_p F_{sat}} \leqslant 4.26 \times 10^9 \frac{(\lambda/\mu m)^3}{n^2} cm^2 \cdot J^{-1} \tag{4-2}$$

式中,饱和通量 $F_{sat} = h\nu/\sigma_{em}$;$t_p$ 是脉冲宽度。

在图 4-1(b)中列举了适用于将激光放大到高能量水平的介质。此外在高增益和低增益之间存在着一个最佳的工作区域,在这一工作区域中或者发生了放大的自发辐射,或者激光介质受到了损伤。[译者注:这里应改为在这工作区域中既不发生放大的自发辐射,激光介质也不会受到损伤。]

氟化的磷酸盐玻璃掺杂以 Yb 的离子形成的激光介质[13],它们的制备、结构和特性依赖于它们的成分,具有良好的特性,它们的潜力也是第一次在连续波的激光中显示出来[15,16],宽的辐射带宽有利于放大超短的脉冲[17]。

氟化的磷酸盐玻璃和磷酸盐玻璃相比的一个优点是它的热特性[18]。氟化磷酸盐具有一个负的热折射率的变化,这可以部分地补偿在放大器内自聚焦的效应,这曾经由时间分辨的泵浦探针分别在泵浦波长和激光波长的测量上得到了证实[19]。

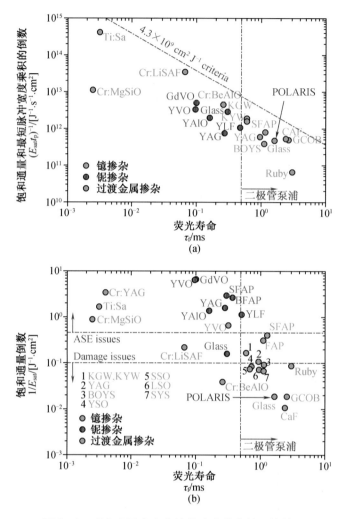

图 4-1 现有介质产生高峰值功率激光的可能性

（a）激光介质储能和产生高的峰值功率的能力，饱和通量和最短脉冲宽度乘积的倒数和荧光寿命 τ_f 的关系，不同掺杂的材料用不同的颜色表示；

（b）激光介质储能和产生高峰值功率的能力，饱和通量的倒数和荧光寿命 τ_f 的关系，对于高增益，放大的自发辐射成为一件要考虑的事，相反地对于低增益，损伤限制了能量的有效引出，如果荧光寿命超过某个限值时，二极管泵浦将很有用，限值在图中用断线和点组成的线表示

对于高功率 CPA 系统，一个重要的设计参量就是 B 积分，它描述非线性相位的积分，有

$$B = \int k n_2 I \mathrm{d}l \qquad (4-3)$$

式中 $k = 2\pi/\lambda$——波数；

　　　　l——路程的长度；

　　　　I——强度；

　　　　n_2——非线性的折射率。

为了避免和强度相关的畸变，B 值应该保持在小于 1 的范围内，通过减小在激光放大链中强度 I 的方法来减小 B 值是有限的，因为激光的强度 I 必须保持接近于饱和通量，以做到

有效地引出能量,小的非线性的折射率有助于保持小的 B 积分,用于 POLARIS 的氟化磷酸盐玻璃的 $n_2 = 2 \times 10^{-16}$ cm^2/W[20],这个值是熔融石英的 n_2 值的 75%。

　　放大器中使用的玻璃圆盘必须经过抛光和表面处理,采用离子束溅射器进行镀膜之前必须用离子束刻蚀进行表面处理,这些处理显著地提高了表面损伤阈值。在激光介质的表面喷上抗反射涂层,对于零度入射的激光可以达到低的偏振损失。采用激光二极管光的偏振耦合,而不采用布诺斯特角的设计,可以得到更高的泵浦通量,此外可以旋转激光束的偏振面,使它能够顺利地通过用以隔离的薄的偏振片,在玻璃上的涂层设计有高的破坏阈值,在激光中心波长 ±20 nm 范围内,反射率小于 0.01%,对于泵浦波长 940 nm 时的反射率小于 0.2%。

4.3　用于固态激光泵浦的二极管

　　固态激光介质的纵向泵浦需要一个高亮度的光源,它是从一定的面积源传送到一定立体角的功率,此外,如果掺杂的浓度固定,那么所需要的亮度依赖于放大器的总的输出功率。这个功率影响了束的大小。另一方面激光介质的长度应该对应于吸收的长度。这种考虑的结果就是当泵浦源的能量密度固定时,较大的放大器对泵浦源的亮度要求比较低。

　　只有增加电流,从而增加总输出功率,激光二极管棒的亮度才能增加。然而这个增加是受限制的,因为较大的二极管电流会对二极管的寿命有很大的影响。如果必须要用二极管棒作为泵浦源,这些棒在空间的位置安放要尽量地紧凑,以避免在泵浦区域内亮度降低。如果由于某种原因,二极管在空间的分布不能很紧凑,采用光学束的控制技术可以使束的亮度恢复到原来的值,空间分布不能很紧凑是冷却的要求,以及二极管和准直透镜支架的要求。一个解决的方案是采用二极管堆的方法,如图 4 - 2 所示,这种结构已用于 POLARIS 系统中。

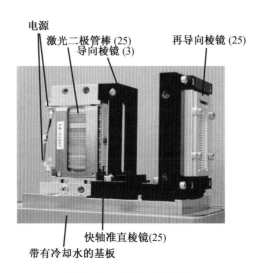

图 4 - 2　激光二极管堆

它用于泵浦 POLARIS 激光。它由 25 个二极管棒集成,具有快轴准直透镜直接安装在散热片上,还有一个具有专利的束成形的光学元件

对于连续波应用的高平均功率的激光二极管的生产已经开发得很好了,1 cm 宽的带有 500 个单独发射源的 InGaAsP/InGap 二极管棒,可以输出 50 W,在脉冲模式工作时,占空比低于 0.01,可以通过增加半导体棒上发射体的密度到 90% 使峰值功率加倍。

二极管堆包括它的容器已运用于 POLARIS,它最初是为光纤耦合设计的[21],专利的束成形装置[22]如图 4-3 所示,它将整个 25 棒出来的束通过一个由三个棱镜组成的阵列分成三个部分,并使它们在空间上重叠,然后每个束由 75 个小棱镜组成的阵列重新导向。由于散热片的存在所造成的二极管堆束之间的间隙都充满着二极管的光,亮度增加了 3 倍。所有这些元器件都整合在一个容器中,并加以密封。从二极管堆集合的输出通过像传递到激光介质上,对于各个放大器级的实际光学安排将在后面加以描述。

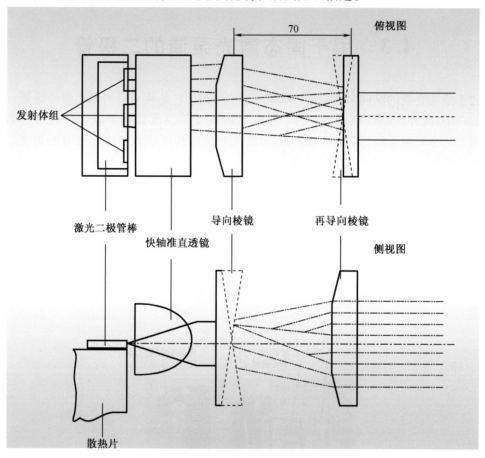

图 4-3　泵浦束的成形装置

Jenoptik 专利[22],只显示出一个棒

如果激光二极管是用脉冲模式驱动而不是连续电流模式驱动的,允许的不会对二极管的寿命产生影响的最大电流可以增加 2 倍。用于 POLARIS 上的二极管是由 2.6 ms 宽的长方形脉冲驱动,它的电流幅值为 150 A。人们都知道,激光二极管发射的波长随着它的温度而变化,对于 940 nm 的 GaAs 激光它的波长的漂移约为 0.3 nm/K,这就会造成在整个电流脉冲过程中波长的漂移,这展示在图 4-4 中,在图中测量了和时间相关的输出谱线,最后形成的积分谱以及能谱积分的输出功率也展示出来,这些数据在激光设计时都要用到。

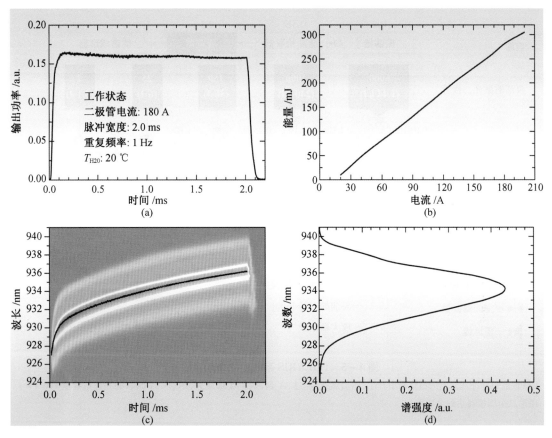

图 4 - 4　脉冲驱动激光二极管的波长漂移

(a)输出功率随时间的变化;(b)对于 2 ms 的电流脉冲,激光二极管输出能量和驱动电流的关系;
(c)对于电流脉冲为 2 ms,振幅为 180 A 时,二极管时间分辨输出的谱;(d)对于 180 A 电流脉冲时的时间积分谱

4.4　POLARIS 激光

POLARIS 激光包含一系列的放大器,前面有一个低能的超短脉冲前端。脉冲的能量通过每级放大,在到达拍瓦压缩器之前,能量达到约 150 J。POLARIS 系统的简单示意图见图 4 - 5。

前端包括脉冲源,由 10 W Verdi 泵浦的商用激光系统 Mira900 和脉冲展宽器组成。Ti:Sapphire 振荡器调谐到中心波长 1 042 nm,产生了 76 MHz 的脉冲串,每个脉冲的频宽为 20 nm,脉冲串的平均输出功率为 300 mW。

这些脉冲通过光栅展宽器展宽到 2.2 ns,在这个展宽器中脉冲 8 次通过光栅,该光栅具有32 nm 的限制频带宽度。展宽器具有 14 in[①] 的光栅,每毫米刻有 1480 条线,按照激光系统要求的频带宽度的两倍截取点的距离,以确保得到可接受的脉冲对比度。为了便于脉冲啁啾的控制,在展宽器和第一级放大器之间插入了一个亮灯(dazzler)[23]。被展宽的脉冲能

---

①　1 in = 2.54 cm

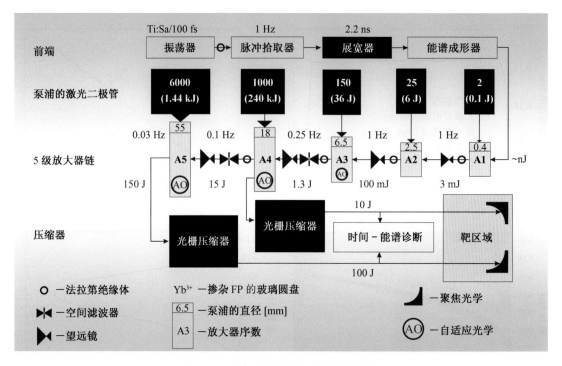

图 4 - 5　POLARIS 系统的简单示意图

100 fs 的短脉冲在商用的振荡器中产生,然后展宽,经过 A1 到 A5 的 5 级放大,用第一个倾斜的光栅压缩至 100 TW,用第二个压缩器达到全功率

量小于 0.2nJ,经过 5 个二极管泵浦放大级放大后的能量达到 150 J 的水平。这 5 级放大器分别标记为 A1 到 A5(图 4 -5)。

　　放大器 A1 和 A2 是再生放大器。根据它们的能量大小和相应的束的大小的情况,可以采用稳态腔,对于后面的放大级就不好用了。在多通放大的结构中,对于不同的通过可以考虑采用角度的或者偏振的多路技术。在所有的放大器中,泵浦以及最后的激光脉冲通量保持常数以便获得最大的能量提取。在 A4 放大器后用一个小的压缩器可以产生一个峰值功率在 100TW 量级的脉冲,一旦倾斜的光栅压缩器技术取得很好的进展,那么一个全功率的第二个压缩器的腔室就加入这个系统。

　　靶室将安置在一个隔开的靶区中,为激光靶相互作用的实验提供足够的辐射防护。

4.5　POLARIS 激光的 5 个放大级

 ### 4.5.1　两个再生放大器 A1 和 A2

　　再生放大器 A1 将振荡器出来的能量放大 10^7 倍,即将小于 1 nJ 振荡器出来的能量放大到 3 mJ。厚度为 6.5 mm 的 Yb^{3+} 掺杂的氟化磷酸盐玻璃由两个脉冲偏振耦合的激光二极管棒从一个方向进行纵向泵浦(图 4 -6)。在 2.6 ms 的脉冲中,总的泵浦能量可以达到120 mJ。

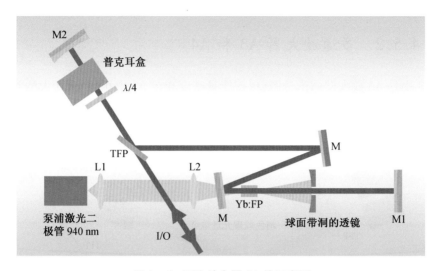

图 4 - 6　再生放大器 A1 的示意图

具有将脉冲能量从小于 1 nJ 放大到能量大于 3 mJ,并具有 13 nm 带宽的能力

由一个 1/4 波长单普克耳盒作为脉冲进入和脉冲出去的开关,这里它保持 100 次来回的路程。由于它的放大倍数为 10^7,这个放大器产生了主要的中心波长的漂移,这对于准三能阶的激光放大是正常的事情,并同时产生主要的增益窄化,带宽减小至 13 nm,中心波长漂移至 1 032 nm。两个参量在随后的放大器级中并没有发生显著的变化。

第二级再生放大器 A2 实现下一级放大。在图 4 - 7 中,放大腔的设计是去支持一个光腰为 1.8 mm 的模式,纯粹腔体的束腰处于玻璃之中,以减小热效应的影响。环形腔包含一个双色镜以透过泵浦光,一个反射的偏振器和一个球面镜,以形成一个稳态腔。放大器由 25 个棒组成的激光二极管堆来泵浦。在 2.6 ms 的脉冲中输出的能量可达 5 J,用脉冲二极管驱动器去驱动激光二极管堆,以提供稳定的直角形的脉冲,电流达 250 A,振幅 60 V,脉冲上升和下降的时间为 80 μs。A2 放大器输出的能量可达 100 mJ。

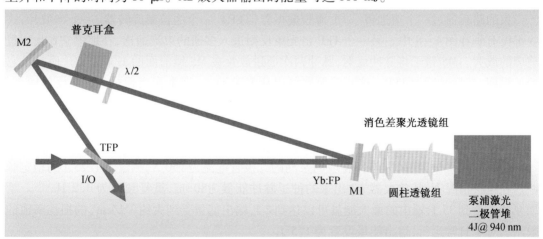

图 4 - 7　再生放大器 A2,由 25 棒的二极管堆来泵浦

4.5.2 多通放大器 A3 和 A4

图 4 – 8 中是 A3 放大器的示意图,保持能量密度和在 A2 中相同,激光束的直径进一步地扩大以去放大脉冲到焦耳级,直径 12 mm、长度 13 mm 的玻璃圆盘安装在水冷却的散热片上。

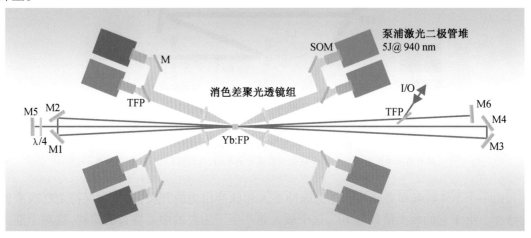

图 4 – 8   POLARIS 激光系统第三个放大器 A3

最后的稳定输出脉冲能量可达到 1. 25 J,两次 3 回通过后偏振面旋转。在一个紧凑的设计中可以做到 12 回的通过

多通放大器是由八个激光二极管堆来泵浦,正像前面所描述的,这些堆是通过偏振成对(双双的)耦合的。为了旋转偏振面,整个堆在空间的安排要旋转。这不仅会影响了偏振,同时会使激光二极管的慢轴和快轴倒转。由此在椭圆形的束的剖面中形成焦点的具有水平和垂直的取向,调节泵浦的光束以得到一个均匀的方形的泵浦的分布。

束的路程通过一个望远镜、一个薄膜偏振器(TFP)、一个法拉第旋转器、一个半波片,这些都没有画在图 4 – 8 中。另一个 TFP 将光束反射进入多通的束流通道,在那里它 6 次通过玻璃的放大。M5 镜子将脉冲反射,脉冲两次通过放置在 M5 镜前面的 1/4 波长片而转动它的偏振面,然后又回到 TFP。这时偏振器可以让光束通过,这个光束通过 M6 又反射回去,又另外 6 次通过激光介质。两次通过 1/4 波片后,它的偏振就和它原来的取向相匹配。在经过总共 12 次通过后,被放大的脉冲输出并进入原来的种子脉冲的方向,两束之间用法拉第旋转器隔离开,用第二个 TFP 再把它们加起来,这些在图 4 – 8 中没有画出。

在泵浦能量被吸收 25 J 时,相应的泵浦的二极管电流为 150 A,测量到 1.25 J 的稳定脉冲。在这种情况下,从放大器 A2 出来的种子脉冲能量为 80 mJ,重复频率为 0.2 Hz[24]。增加泵浦能量到 35 J,输出的最大能量可以达到 2 J,输出能量受到大约 3 J/cm^2 的损伤阈值的限制。对于日常运行,输出能量设置为 1.5 J。

在多通激光放大器 A4 中,频率为 940 nm 的 240 J 的光来泵浦一个直径为 28 mm,厚度为 13 mm 的激光玻璃圆盘。图 4 – 9 画出泵浦安排的示意图,其中包括二极管堆、准直和导向的光学器件、集合成两个透镜环的聚焦光学器件和激光玻璃圆盘。40 个二极管堆聚焦在圆盘的圆形区域上,每个二极管堆包含 25 个二极管棒,泵浦的面积是一个直径为18 mm 的圆,由镀膜的熔融石英的 40 个导向镜和 160 个圆柱形的准直和聚焦透镜将泵浦光从二极管堆发射的 200 cm² 的面积导出,进入面积为原来 1/80 的泵浦区。二极管堆的双面环形组件提供了一个最优化的泵浦几何结构[25]。

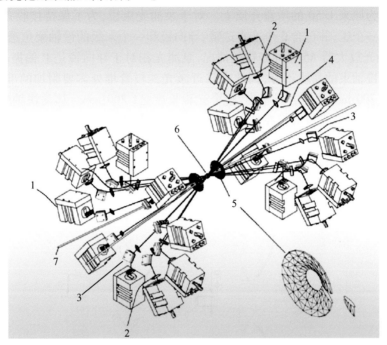

图 4 - 9　POLARIS 激光放大器 A4 的泵浦安排

1—具有 25 个激光二极管棒的堆;2—慢轴的准直透镜和快轴的聚焦透镜;

3—具有特别高反射率镀膜的可调节的导向镜;4—慢轴的准直透镜;

5—慢轴聚焦的环形透镜系统;6—Yb^{3+} 掺杂的氟化磷酸盐玻璃;7—多通的激光脉冲

由于快轴和慢轴成像的特性,激光二极管堆的聚焦可以描述为一个椭圆的高斯型的强度分布,由于机械和几何上的限制,从激光二极管到放大器介质之间的光程长度不能短于 800 mm,接收度为 21°。考虑到激光二极管慢轴低的束流品质,采用两个圆柱形的透镜进行准直,同时用一个圆柱形透镜在 200 mm 的距离上把束聚焦到玻璃上。快轴上直接用一个薄的圆柱形透镜将束直接聚焦到玻璃,透镜的焦距为 800 mm。平均说来,测量到的焦斑尺寸在慢轴上是 4 mm,快轴上是 8 mm。

为了获得一个平滑的平顶型的强度剖面分布,2×20 单个泵浦的光斑必须在所需要的的面积上均匀地分布,这是通过调节 40 个导向透镜来完成的。

到现在为止,输出的脉冲能量已达到了 8 J,脉冲的带宽为 12 nm,当末级的 A5 放大器建成时输出的脉冲能量希望为 15 ~ 20 J。

4.5.3　放大器 A5 的设计

脉冲的末级放大是由多通的放大器 A5 来完成的,从多通的 A4 放大器出来的 15 J 脉冲要达到至少 150 J 的输出。为了保证放大是在损伤阈值以下进行,并和激光放大器 A4 中的增益相当,需要聚焦到激光介质上的最小泵浦能量为 1.4 kJ。掺杂 Yb 的氟化磷酸盐玻璃圆盘的长度是 13 mm，直径为 70 mm，泵浦区域为 25 cm²。

240 个激光二极管堆每个二极管堆在 940 nm 波长上能输出 6 J 能量，安排成一个环形的组合，如同 A4 的安排，运用透镜光学元件，整个泵浦的射线是从 2 500 cm² 面积上导出并成像于面积仅为原来 1/50 的增益介质上。对于泵浦光束说，为了保持接收角最小，5 个激光二极管组成一个组，并包含 5 个准直透镜、导向镜和一个末级的慢轴聚焦透镜。在图 4 - 10 中描述了激光放大器 A5 泵浦安排的情况，泵浦光相对于导向镜是 P 偏振。因为激光二极管沿着它的慢轴束的品质不好，因此在靠近激光二极管堆处需要附加的准直，泵浦辐照的快轴成分用 700 mm 透镜进行聚焦，整个光程长度是 1 200 mm。移动快轴的焦点接近于导向镜，椭球形的泵浦光斑成像在激光玻璃上，它的平均大小为 6 mm×10 mm。

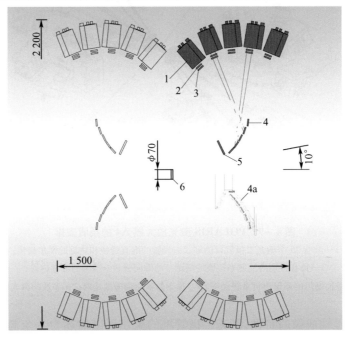

图 4 - 10　POLARIS 激光 A5 放大器泵浦二极管堆的安排

2×24 个模块单元，有 5 个激光二极管堆、5 个准直透镜、导向镜和一个慢轴聚焦透镜。图上标记的长度单位是 mm

通过单独定位每个激光二极管堆泵浦光的光斑，使激光玻璃上产生的泵浦照明均匀化，正像在放大器 A4 上做的。由计算机来控制的 480 台步进电机，放置在导向镜的后面以控制每个二极管的轴。

和 A4 激光放大器相似，A5 的共振腔也是多通的腔体，在现阶段一个泵浦单元的原型已经建成，它包括 5 个激光二极管堆和附带的光学元件。

4.6　倾斜的压缩光栅

基于啁啾放大（CPA）技术的激光系统的发展，使得激光脉冲的聚焦强度超过 10^{21} W/cm^2。在每个 CPA 激光系统中，最关键的部分就是压缩光栅，希望它的效率尽量地高。但是系统的性能经常受到压缩光栅损伤阈值的限制。为了产生 PW 级的脉冲，防止激光在放大介质中产生损伤，在进行放大之前必须将脉冲在时间上展宽 10^4 倍或更多。在 Treacy 压缩器的设计中[27]，为了压缩这种极端啁啾的脉冲，要求光栅之间的距离要保持几米，在第二光栅表面横向的束的大小要达到 1 m 左右。

在这一节中，我们要研究由两个光栅组成的折叠的压缩器，它包含两个光栅和一个高反射的终端镜子。因为超短激光脉冲的损伤阈值和可用的光栅面积的乘积限制了最大的能量输出，第一道和最后一道光栅必须设计得能够承受高的通量。第二个光栅（第 2 次通过和第 3 次通过）是对效率和衍射面积进行了优化。因为米级大小的光栅到现在为止还难以制备，所以在 CPA 激光系统中唯一的方法是压缩器的第二道和第三道光栅采用倾斜光栅。

当调整一个光栅相对于另一个光栅的倾斜程度时，必须考虑 5 个自由度，如图 4 – 11 所示。在做好光栅之间的联调后，对于所有的波长从第二个光栅出来的光束的角度应等于入射到第一个光栅光束的角度。因为没有成像的光学元件，准直的波包经过压缩器后，仍然保持着准直的状态。然而，如果压缩器的光栅对不是严格的平行[28]则情况不是这样，三个旋转的自由度的失调就会导致远场束线的角分离，它们的分离程度决定了激光的波长和束的直径。对于 A4 放大器后面接着的 100 TW 压缩器而言，束的直径为 120 mm，中心波长为 1 030 nm，假定 $M^2 = 1$，角度失调大于 10 μrad 时焦斑的成像分离了。

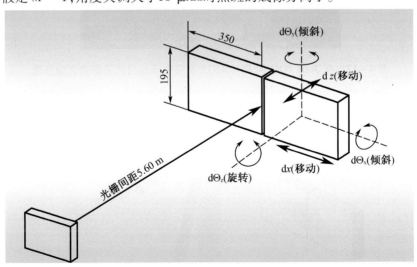

图 4 –11　倾斜压缩光栅系统中的一对光栅，对于每一个马赛克光栅，相对于参考的光栅（图中左边的光栅是参考光栅）有 5 个自由度（2 个是移动的，3 个是转动的）

　　理论上推导过,马赛克光栅相对于参考光栅转动失调 1 μrad,将会导致经过压缩器后光束的角度失调为 2.5 μrad(扭曲,见图 4 – 11),3.3 μrad(翻转)和 5 μrad(倾斜),所以调整旋转的机械精度必须好于几 μrad。在这种情况下,光程差只在几个波长的范围内,并导致非均匀时间展宽小于脉冲宽度的 2%[29]。角度失调所产生的可接受的焦斑的空间展宽决定了必要的调整精度。用来提供这样精度的机械结构见图 4 – 12。

　　在移动自由度(指漂移,活塞型,参见图 4 – 11)的失调导致来自不同光栅的光束波前相位的差别,当这种相位移动不等于零时,束的焦斑就分裂为两个部分[30]。关于漂移,倾斜光栅在邻近边界处的光栅槽之间的间隔必须有几倍的光栅常数,以避免产生相位的漂移,同时对于活塞失调,要求光程差必须几倍于波长。

　　探测所有可能类型的马赛克型光栅失调的测量装置见图 4 – 13。对于探测转动失调,用一个直径尽量大、波长尽量短的连续激光零阶反射的聚焦是足够的。对于探测活塞失调,从不同角度采用两个零阶反射是必需的。只有当两种反射都指出没有相位的移动,那么才能认为光栅的表面处在一个平面上。由移动的失调所产生的相位差别只能在衍射不等于零时探测到,于是两个零阶的反射和一个负的一阶反射是必需的,以去调整马赛克光栅的倾斜状态。

图 4 – 12　在 Jena IOQ 的 POLARIS 系统中所采用的马赛克光栅装置

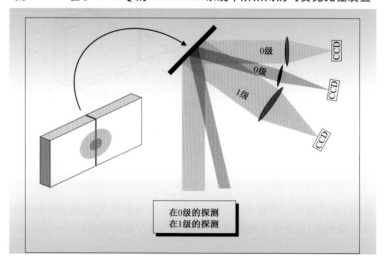

图 4 – 13　用于测量马赛克光栅相对于参考光栅失调的误差的装置

4.7　未来展望

POLARIS 计划已经显示了实现一个脉宽为 150 fs,输出能量为 10 J 的全二极管泵浦的放大器是可能的。虽然放大介质是玻璃,它具有比较小的热导率,但是在同样输出能量的情况下比现有的闪光灯泵浦的激光高许多的重复频率实现了。因此,二极管泵浦提供了在高功率的 CPA 激光系统中获得比通常用闪光灯泵浦钕玻璃激光系统显著高的重复频率激光的机会。

先进的冷却技术的应用使得可以进一步改进 CPA 激光的重复频率,这种技术的可行性已经在高平均功率二极管泵浦的激光系统中得到证实,如 MERCURY[32],HALNA[33,34],或者 LUCIA[35,36]。

此外,掺杂 Yb^{3+} 的宽带宽的激光晶体,如 $Yb:CaF_2$[37,38],$Yb:BOYS$[39],$Yb:LSO$,和 $Yb:YSO$[40,41],或者 $Yb:KGW$ 和 $Yb:KYW$[42] 可以改进从放大器中移出热能的技术。

产生非常短而又高能量激光脉冲的方法,除了 CPA 系统外还有光学参量啁啾脉冲放大(OPCPA)[43-47],现有产生 PW 级脉冲的计划[48,49]强调 OPCPA 的优势,然而对于非线性过程需要提供一个具有高光束品质、稳定同步的泵浦的激光脉冲,对于高效的泵浦源来说,二极管泵浦的高能量的激光器是很合适的候选者。然而超短脉冲直接的二极管泵浦的放大器比起非直接的 OPCPA,可以提供更高的输出能量。

基于直接放大技术的 POLARIS 系统提供了一个对于研究高强度激光和物质相互作用物理研究的一个非常有用的工具。

参 考 文 献

[1] D. Strickland and G. Mourou:Optics Communications 56,219(1985).

[2] E. L. Clark et al. :Phys. Rev. Lett. 85,1654(2000).

[3] R. Snavely et al. :Phys. Rev. Lett. 85,2945(2000).

[4] K. W. D. Ledingham:J. Physics D:Appl. Phys. 37,2341(2004).

[5] H. Schwoerer et al. :Phys. Rev. Lett. 96,014802(2006).

[6] M. Kaluza et al. :Phys. Rev. Lett. 93,045003(2004).

[7] C. B. Edwards et al. :Central Laser Facility, Annual Report, pg. 164(2001).

[8] Y. Kitagawa et al. :IEEE J. Quantum Electron. 40,281(2004).

[9] M. Aoyama et al. :Opt. Lett. 28,1594(2003).

[10] C. Palmer:*Diffraction Grating Handbook*(Richardson Grating Laboratory,2002).

[11] W. Koechner:*Solid State Laser Engineering*(Springer,1998).

[12] M. Siebold et al. :to be published.

[13] D. Ehrt:Curr. Opin. in Solid State Mater. Sci. 7(2),135(2003).

[14] D. Ehrt,T. Topfer:In:Proc. SPIE Int. Soc. Optical Engineering vol. 4102,95(2000).

[15] T. Danger,E. Mix,E. Heumann,G. Huber,D. Ehrt,W. Seeber:OSA Trends in Optics and

Photonics on Advanced Solid State Lasers pp. 23 – 25(1996).

[16] E. Mix, E. Heumann, G. Huber, D. Ehrt, W. Seeber: Advanced Solid – State Lasers Topical Meeting Proc. 1995,230(1995).

[17] V. Petrov, U. Griebner, D. Ehrt, W. Seeber: Opt. Lett. 22(6),408(1997).

[18] S. Paoloni, J. Hein, T. Topfer, H. G. Walther, R. Sauerbrey, D. Ehrt, W. Wintzer: Appl. Phys. B 78,415(2004).

[19] J. Hein, S. Paoloni, H. G. Walther: J. Phys. IV France 125,141(2005).

[20] T. Topfer, J. Hein, J. Philipps, D. Ehrt, R. Sauerbrey: Appl. Phys. Lasers Opt. B71(2),203 (2000).

[21] F. Dorsch, V. Blumel, M. Schroder, D. Lorenzen, P. Hennig, D. Wolff: Proc. SPIE 3945,43 (2000).

[22] R. Goring, S. Heinemann, M. Nickel, P. Schreiber, U. Rollig: german patent No. DE198 00 590 A1, Jenoptik AG Jena(1999).

[23] F. Verluise, V. Laude, Z. Cheng, C. Spielmann, P. Tournois: Opt. Lett. 25(8),575(2000).

[24] J. Hein, S. Podleska, M. Siebold, M. Hellwing, R. Bodefeld, R. Sauerbrey, D. Ehrt, W. Wintzer: Appl. Phys. B 79,419(2004).

[25] J. Philipps, J. Hein, R. Sauerbrey: patent No. DE 102 35 713 A1(2004).

[26] M. Siebold, S. Podleska, J. Hein, M. Hornung, R. Bodefeld, M. Schnepp, R. Sauerbrey: Appl. Phys. B(in press).

[27] E. B. Treacy: IEEE J. Quantum Electron. 5,454(1969).

[28] G. Pretzler, A. Kasper, K. J. Witte: Appl. Phys. B 70,1(2000).

[29] C. Fiorini, C. Sauteret, C. Rouyer, N. Blanchot, S. Seznec, A. Migus: IEEE J. Quantum Electron. 30,1662(1994).

[30] T. Kessler, J. Bunkenburg, H. Huang, A. Koslov, D. Meyerhofer: Opt. Lett. 29,635(2004).

[31] C. P. J. Barty: Techn. Digest(1998).

[32] J. T. Early: AIP Conf. Proc. (578),713(2001).

[33] T. Kawashima, T. Kanabe, H. Matsui, T. Eguchi, M. Yamanaka, Y. Kato, M. Nakatsuka, Y. Izawai, S. Nakai, T. Kanzaki, H. Kan: Jpn. J. Appl. Phys. Pt. 1 Regular Papers, Short Notes & Rev. Papers 40(11),6415(2001).

[34] S. Nakai, T. Kanabe, T. Kawashima, M. Yamanaka, Y. Izawa, M. Nakatuka, R. Kandasamy, H. Kan, T. Hiruma, M. Niino: Proc. SPIE Int. Soc. Opt. Eng. 4065,29(2000).

[35] J. C. Chanteloup, G. Bourdet, A. Migus: Technical Digest CLEO No. 02CH37337 515 – 516 (2002).

[36] J. C. Chanteloup, G. Bourdet, A. Migus: Technical Digest CLEO No. 02CH37337(2002).

[37] A. Lucca, G. Debourg, M. Jacquemet, F. Druon, F. Balembois, P. Georges: Opt. Lett. 29 (23),2767(2004).

[38] V. Petit, J. Doualan, P. Camy, V. Menard, R. Moncorge: Appl. Phys. B78,681(2004).

[39] F. Druon, S. Chenais, P. Raybaut, F. Balembois, P. Georges, R. Gaume, G. Aka, B. Viana, S. Mohr, D. Kopf: Opt. Lett. 27(3),197(2002).

[40] M. Jacquemet, C. Jacquemet, N. Janel, F. Druon, F. Balembois, P. Georges, J. Petit, B.

Viana,D. Vivien:Appl. Phys. B 80,171(2005).

[41] F. Druon,S. Chenais,F. Balembois,P. Georges,R. Gaume,B. Viana:Opt. Lett. 30(8),857 (2005).

[42] G. Paunescu,J. Hein,R. Sauerbrey:Appl. Phys. B 79,555(2004).

[43] P. Matousek,I. N. Ross,J. L. Collier,B. Rus:Technical Digest CLEO No. 02CH37337 p. 51 (2002).

[44] G. Cerullo,S. De – Silvestri:Rev. Sci. Instrum. 74(1),1(2003).

[45] P. Matousek,B. Rus,I. Ross:IEEE J. Quantum Electron. 36(2),158(2000).

[46] P. Matousek,I. N. Ross,J. L. Collier,B. Rus:Techn. Digest(2002).

[47] I. N. Ross,J. L. Collier,P. Matousek,C. N. Danson,D. Neely,R. M. Allott,D. A. Pepler,C. Hernandez – Gomez,K. Osvay:Appl. Opt. 39(15),2422(2000).

[48] Zhu Peng Fei,Qian Lie Jia,Xue Shao Lin,Lin Zun Qi:Acta Physica Sinica 52(3),587 (2003).

[49] M. Nakatsuka,H. Yoshida,Y. Fujimoto,K. Fujioka,H. Fujita:J. Korean Phys. Soc. 43(4), pt. 2,607(2003).

第5章 百万焦耳的激光器——一个高能量密度的物理装置

D. Besnard

CEA/DAM Ile de Frence, BP12 91680 Bruyeres le Chatel, Frence

didier. besnard@ cea. fr

法国原子能委员会(CEA)在 Bordeaux 附近的 CEA 实验室建造一台百万焦耳的激光装置(LMJ)——一个 240 束的激光装置。LMJ 是 CEA"程序模拟"的基石,法国武器库存计划的一个重要组成部分。它的设计是打到靶上能量 1.8 MJ,激光波长0.35 μm。为了开展高能量物理实验,其中包括聚变实验,LMJ 技术方案的选择通过激光集成单元(LIL)进行了验证,LIL 是在 CEA/CESTA 建造的 LMJ 束的一级原型。它输出9.5 kJ,0.35 μm 的 UV 光,脉宽小于 9 ns,在 2003 年 5 月建成。这一章我们将介绍 2003 年到 2004 年 LIL 的建设情况。法国在 2003 年就开始了 LMJ 的建造,LMJ 计划于 2011 年初建成,并在 2012 年末开始第一个聚变实验。[译者注:实际上没有按期完成。]

5.1 LMJ 的描述和特性

LMJ 是法国武器库存计划中程序模拟的一个关键部分,用于异常高温、高压的情况下,在实验室中进行材料性质的实验研究。它在天体物理、惯性约束聚变能(IFE)和基础物理方面[1]有着许多应用。它同样培养服务于法国核威胁力量领域中的物理学家。为了覆盖不同领域的诸多应用,这个装置设计成具有较大的可塑造性。它的脉冲宽度可调(从 200 ps ~25 ns),功率大小可变,等离子体诊断很容易调整,它可以根据实验的类型而变化,同时特殊诊断插件和定位器与 NIF 装置有许多共同点和兼容性[2]。

➤ 5.1.1 LMJ 的性能

LMJ 最重要的特性是它要适应聚变实验的要求,第一个聚变实验原来计划在 2012 年开始,这种激光器最主要的特点是达到激光器和聚变靶的最佳耦合(图 5–1)。聚变靶由一个 1 cm 长,通常是金制的圆柱形空腔组成,用以将激光转换为 X 射线。X 射线均匀地辐照在 2 mm 直径的靶丸上,靶丸包含高分子材料的烧蚀层和 DT 材料。激光束通过在空腔两侧的两个孔道进入空腔,激光束辐照在空腔的内壁上,激光光斑位置的选择应使转换后的 X 射线能够对靶丸进行均匀照射。为了进一步增强内爆的效率,靶丸中的 DT 大部分都以固体的形式存在,因此聚变靶丸包括一个烧蚀层、一层固态的 DT 和中间部分气态 DT 的核芯。整个靶用一个低温冷冻系统保持在 18 K 温度下,图 5–1 显示了通过热传导来冷却靶的高纯度铝靶支撑架。

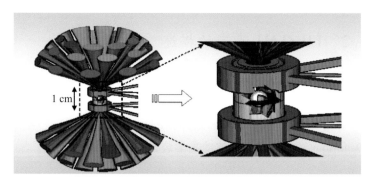

图 5-1　LMJ 冷冻靶的计算机辅助设计图

为了确定 LMJ 的性能,我们采用数字模拟的方法优化在成形激光脉冲的条件下一维靶丸的内爆过程,以给出所需要的激光功率和能量平衡。这种计算充分地考虑了空腔内激光和等离子体的相互作用,以及对称性的要求,并把富裕量也加入参考设计中,它包括参量和流体力学的不稳定性。

LMJ 将 240 束激光组成 30 束捆(每 8 束激光组成一个束捆),输出 1.8 MJ 和 0.35 μm 的激光,脉冲宽度 3.5 ns,相应的功率为 550 TW,在用间接驱动冷冻靶的情况下,得到显著的靶增益(图 5-2)。靶丸设计的基线是证明它有较好的适应性,经过大量的分析给出 19 个耦合参量的效应估计,这些参量包括束瞄准精度、束的能量,以及靶的尺寸及其工艺。为了满足设计要求,用三套模型进行了调整,并用到我们的二维模拟:一个是射线轨迹模型,它给出在空腔壁上的激光流;一个是视因子模型,给出在靶丸上的 X 射线通量,X 射线是由激光转换来的;一个内爆模型,给出了 DT 的最终半径。我们设计的基线是要求它有较好的适应性,要求热斑(在热斑内发生聚变反应)形变比热斑尺寸小很多,实际上热斑形变的幅度大约是热斑大小的 10% ~15% 。

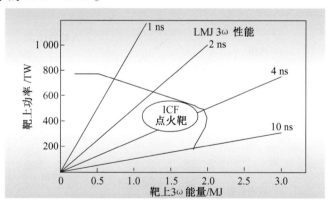

图 5-2　LMJ 能量/功率的工作区

这个装置每年可以放 400 炮,其中有一半是为物理实验用的,其中包括高产额的炮。

📝 5.1.2 LIL/LMJ 装置的描述

曾在前面的章节中对 LMJ 做过描述[4,5]，它是多通放大器的结构，如图 5 − 3 所示。18 个放大的激光玻璃片安放在两个放大器内，装在一个四通的腔体中，为了修正波前的畸变，它的末端腔镜是一个变形镜。前端输出的脉冲(能量可高达 1 J)注入传送空间滤波器上，用一个被称为"Demi-tour"(L − turn)的被动光学装置，实现四通放大。

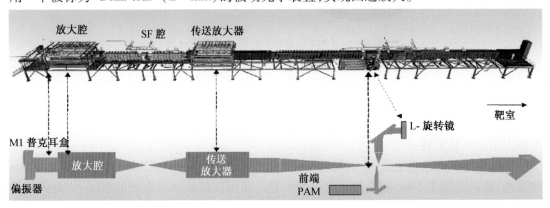

图 5 − 3 LMJ 激光装置的概图

激光室：长度 127 m，宽度 9 m，高度 12 m

为了优化激光 − 靶之间的耦合，采用了不同的束光滑技术，最开始用纵向 SSD。它由 0.5 nm 的带宽来提供，同时用光栅将束聚焦到靶。为了防止剩余的 1ω 和 2ω 的光进入靶室，通常用一个光栅对来完成聚焦(在两个变频晶体的每一边各放一个)。第二个光栅在靶室的中心偏转和聚焦 3ω 的光，并使其他波长的光在腔室的外边被吸收，如图 5 − 4 所示。

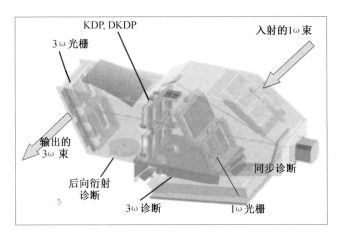

图 5 − 4 LMJ 的聚焦系统

用两个衍射光栅去过滤没有转换的 1ω 和 2ω 光，第二个光栅工作在 0.35 μm，将束聚焦到靶上

5.2　LIL 的性能

为了验证 LMJ 技术方案的选择,建造了 LMJ 一束梱的原型,称为 LIL。这个激光和带有空间滤波器的放大部分的照片见图 5 - 5,靶室和激光束线装置见图 5 - 6。

图 5 - 5　LIL 激光站

图 5 - 6　围绕着靶室 LIL 束线分布的 CAD 示意图

LIL 装置将用于开展各种束 - 等离子体实验,围绕着靶室可以有各种束的安排,可以提供对称辐照或双面 LMJ 形式的双极辐照,LIL 的第一条束线被连续两个相位(1ω 的放大段和 3ω 的转换段)激活。

步骤①　1ω 的性能

1ω 的功率实验是用一个从前置放大模块中出来的激光脉冲作为注入,通过四通主放大链,主放大器的输出能量从几百焦耳上升到1.8 kJ,脉冲宽度为700 ps(图5-7),并且产生的峰值功率为4 TW。使用安装在每个束的一个激光诊断模块,在传输空间滤波透镜的输出处进行测量。

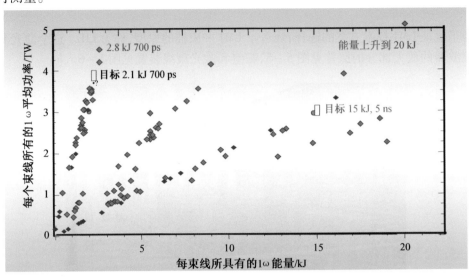

图5-7 工作在1ω时的情况

然后,2003 年在 4.2 ns 用 20 kJ 能量进行了实验[6]。

步骤② 在靶室中央靶上3ω的性能

这些实验考虑了能量、脉冲宽度、时间波形、对比度、焦斑的大小和分布,实验是用3ω的能量,脉冲宽度 700 ps,能量从几百焦耳斜线上升到 1.5 kJ(图5-8)。

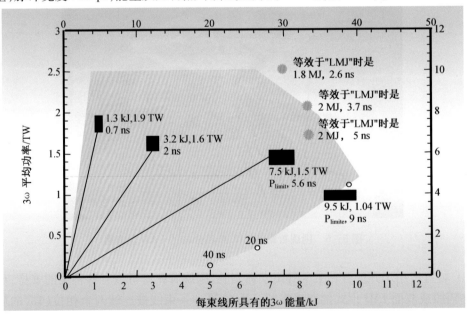

图5-8 工作在3ω时的情况

能量呈斜坡形增长,在脉冲宽度为 5 ns 时输出能量从 1 kJ 增加到 7.5 kJ,而当脉冲宽度为8.8 ns时,从 1 kJ 增加到 9.5 kJ。LIL 是第一个在 UV 波长范围内,小于 9 ns 的脉冲宽度时,单束能量达到 9.5 kJ 的装置。

3ω,1 kJ 时测量的焦斑,给出在最大强度的 3% 处的大小为 500 μm,和时间积分的 X 射线测量的结果符合得很好(X 射线小孔成像记录的尺寸小于 500 μm)。

步骤　四路束线的性能(Quadruplet performance)

2004 年开始四路束线的全运行,2004 年夏天完成了性能特性的测量,束的同步性对于 4 束来说好于 30 ps,靶室中心的远场成像是在低强度下进行的,四路束线性能从四个聚焦光斑的精确位置中显示出。

做了这些工作后,证实了 LMJ 的技术选择是正确的。

5.3　LMJ 装置

LMJ 大厅的建造是 2003 年开始的(图 5 - 9),它坐落在距离 LIL 大厅 150 m 处,有四个激光站(bay)坐落在 40 m×40 m 靶室基地的两侧。

图 5 - 9　LMJ 装置的计算机设计图

LMJ 大厅的设计要考虑到靶站的要求(图 5 - 10),如等离子体诊断和冷冻靶的要求,这些要求对于机械稳定性、温度控制和维修通道等都是重要的,靶室现在还在工艺加工中(图 5 - 11),它将在 2006 年底装入靶场。

靶室是用 10 cm 厚的铝做成的直径为 10 米的球壳,上面有 260 个洞,其中 80 个用作激光的窗口,以提供 60 束线实验安排的最大的便易性,靶室的加工见图 5 - 11。

大厅的最终设计已经完成,三通一平工作现在也已完成了(图 5 - 12),大部分的激光、靶室和水泥平台也已准备好了。靶室支撑结构的建设也在 2005 年 5 月份开始了,以便在大厅的屋顶封顶之前把靶室放入大厅之内。

在 2006 年底之前,第一个激光站将在 LMJ 激光大厅的东南角处建成。

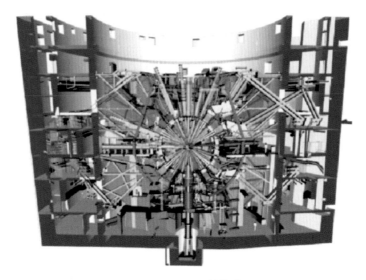

图 5 – 10　LMJ 的靶室

图 5 – 11　靶室的加工

图 5 – 12　LMJ 的厂址图

5.4　LMJ 点火和 HEDP 计划

LIL 和 LMJ 的实验规划基于对 CEA/DAM 物理模拟需求的详细分析,是由模拟计划所确认的。

LIL 首先用于试验和准备在 LMJ 装置计划开展的复杂实验,同时它也用于它自己的实验,同时它还要在一些地区和国家的经费支持下去建立几个 kJ 级的 PW 激光。

为了实现点火,在 LMJ 上制定了实验规划,先有几炮是去测量光滑技术的效果,然后将进行空腔实验,去调整辐射温度随时间的变化,对称性也同样得到最佳化,完成了冲击波的同步后,最后做靶丸内爆检验模拟计算,如果这些实验都圆满地完成了,将开始聚变的实验。

LIL 和 LMJ 是很有特色的装置,它将对科学界开放,这个装置的评估将由激光和等离子体物理研究所(ILP)组织,ILP 是 2003 年 3 月由法国研究院 CNRS, Bordeaux-1 University, Ecole Polytechnique 和 CEA 建立的。ILP 集合了在高能激光和高能量密度物理方面的 27 个实验室。

CEA 强调在这个领域的合作,例如最近建议在 LIL 上面进行的测量氢的状态方程的实验,这个建议基于之前在 VULCAN(2002)和 OMEGA 激光器[7]上做过的实验,以前的静态实验可以在密度上产生 7 倍的效应。用 LIL 束辐照一个已经压缩了的靶,可以达到附加的 4 倍。令人感兴趣的温度是在 0.3 eV 和 3 eV 之间(对应于压力在 1 Mbar 和 20 Mbar 之间),这个实验的示意图见图 5 - 13。

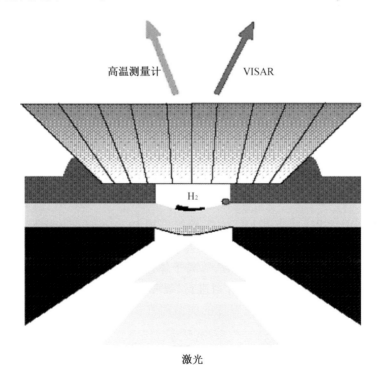

图 5 - 13　在一个预压缩的 H_2 靶中激光产生的冲击波的示意图

不稳定性的模拟同样是一个重要的研究领域,在靶丸的烧蚀前沿处的不稳定性是研究点火时一个值得关注的问题。在最坏的情况下,能够把靶烧穿,以至于无法发生任何的 DT 聚变,防止这些不稳定性的发展是通往点火道路上关键的一步,这个过程的模拟以及在低激光能量下的实验(见图 5 - 14)在好几年前就进行了,附加的高能量实验去证实之前的设计,是在正式开始聚变实验前应该做的工作。

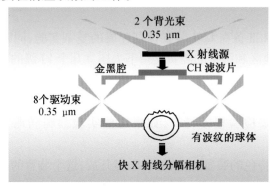

图 5 - 14   在 NOVA 激光装置上由激光诱导的不稳定性实验的示意图

用一束 2.5 kJ,1.3 ns 时间宽度的方波形激光,波长为 0.35 μm,做 X 射线照相实验,见图 5 - 15。

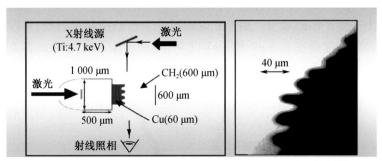

图 5 - 15   用 2.5 kJ,1.3 ns 方波形激光,波长为 0.35 μm,做 X 射线照相

5.5   总   结

LMJ 的第一步,包括建造原型 LIL,它的指标是 20 kJ,4 ns,1ω 和 9.5 kJ,8.8 ns,3ω,是方波的形状,如图 5 - 15 所示。

于 2004 年 9 月完成四个束线的任务,等离子体诊断也同时安装上,它将为第一个物理实验提供基础,LMJ 的厂房建造正按计划进行,靶室正在建造,它将于 2006 年放入大楼,LMJ 240 束将于 2011 年初投入运行,聚变的实验将在 2012 年底进行。[译者注:实际上都没有按照计划完成。]

LIL 和 LMJ 的实验计划正在准备中,这两个装置将对高能量密度物理界开放。

参 考 文 献

［1］ E. M. Campbell et al. ：Inertial fusion science and technology for the 21st century. In：*Compte Rendus de l' Académie des Sciences*，Serie Ⅳ，Tome 1，n6（2000）．

［2］ E. I. Moses：The National Ignition Facility：Status and plans. In：*Proc. Current Trends in International Fusion Research：A Review*，Washington，DC，March 12 – 16（2001）．

［3］ P. A. Holstein et al. ：Target design for the LMJ. In：*Proc. Inertial Fusion Sciences and Applications*，vol. 99，Bordeaux，（1999）．

［4］ M. L. Andre，F. Jequier：LMJ project status. In：*Proc. Current Trends in International Fusion Research：A Review*，Washington，DC，March 12 – 16（2001）．

［5］ P. Estraillier et al. ：The megajoule front end laser system overview. In：*Proc. Solid State Lasers for Application to Inertial Confinement Fusion*（ICF），Paris，October 22 – 25（1996）．

［6］ J. M. Di Nicola，J. P. Leidinger et al. ：IFSA 2003 Conference.

［7］ High Pressure Rev. 24（2004）．

第 2 篇　源

第6章 超短激光脉冲产生的电子束和质子束

V. Malka，J. Faure，S. Fritzler，and Y. Glinec

光学应用实验室——ENSTA，CNRS UMR 7639，Ecole Polytechnique Chemin de la Humiere，91761 Palaiseau，France

malka@ enstay. ensta. fr

由相对论性激光－等离子体相互作用能够产生超过 1 TV/m 的加速场，这样强的电场能够有效地加速等离子体中存在的电子和质子，依靠和靶介质的相互作用，可以产生高质量的粒子束。这里还要讨论由光学引发的带电粒子束的可能应用。

6.1 引　　言

激光加速粒子束(电子束和离子束)引起了人们极大的兴趣，也产生了各种相关的科学需求。通过延伸发展它们的某一特性(如发射度、聚束长度或能量分布)去改善这些束流的品质，经常和一些新的研究相关联，有时也会产生一些新的发现。例如，更高的亮度更有利于高能物理实验。同样地较短的粒子聚束有利于满足更高的时间分辨率的研究。对于高分辨率的射线照相实验，电子束应该具有小的像点源大小的尺寸，以增强空间分辨率，低发射度的高品质束流能够达到这些要求。最后，加速器尺寸的减小，可以减少加速器的成本，以及降低基础设施的成本。现在最有效的脉冲电子源是光注入的电子枪(Photo-injector guns)，用能量为几十微焦耳，脉冲宽度为几个皮秒的激光照射阴极并释放出电子。在这种情况下，并没有用激光来加速电子，而只是产生光电子。随着啁啾脉冲放大技术的出现[1]，产生高功率、亚皮秒级的激光成为可能，将这种激光聚焦到几个微米，强度可以超过 10^{18} W/cm^2，电场可以达到 TV/m。在这样高的激光强度下，可以产生瞬态等离子体，在靶上就可以产生这样一个区域，它包含自由的离子和电子。在等离子体内部激光的横向电场能够使等离子体中的电子做纵向振动，正像所知的等离子体波，它很适合于电子加速[2]。此外由于高的激光强度，可以产生准静电的电场，这就可以对离子进行加速。

在这一章我们将给出由相对论性激光－等离子体相互作用产生的带电粒子的理论描述。同时也给出加速电子和加速离子的最近实验，并对不久的未来要做的实验做一些描述，最后也讨论这些带电粒子源的应用。

6.2 理 论 背 景

6.2.1 在欠密等离子体中电子束的产生

电子束可以在欠密的等离子体中通过相对论性等离子体波的破裂而产生(欠密等离子体是指等离子体的密度低于临界密度,$n_e < n_c$,激光束能够在等离子体中传输必须满足这一条件)。对于功率超过几十 TW 的激光在密度超过几个 10^{18} cm^{-3} 的等离子体中传输,更准确地说,激光和等离子体满足 $P_L/P_C > 1$(这里 P_L 是激光功率,P_C 是相对论性自聚焦的临界功率,P_C(GW) $= 17 n_c/n_e$),这时激发了相对论性的等离子体波,一直可以激发到波破裂为止,在这一过程中就产生了荷能、准直和正向传播的电子束。最初被证实是用一个时间宽度为皮秒和低重复频率(一炮 20 分钟)的激光束产生的电子束[3],但是现在是用更短的激光脉冲来产生电子束,它相对所需要的能量大大减少,这时激光的重复频率为 10 Hz。运用 10 Hz,100 fs 的激光直接来加速(DLA)[4],由于等离子体的有效加速[5],得到电子束的能量可以高达 70 MeV,这可以由图 6 – 1 得到解析。当等离子体波的相速度增加时(即当电子密度减小时),电子的最大能量增加。

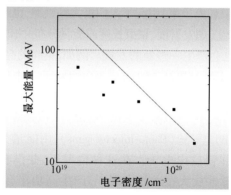

图 6 – 1 电子能量的最大值和电子密度的函数关系

用 30 cm 的离轴抛物面镜将 0.6 J,35 fs 的激光脉冲聚焦到 6 μm 大小的焦斑(激光强度约 2×10^{19} W/cm^2)。理论的电子能量的最大值是从线性理论 $W_{max} \approx 4 \gamma_p^2 (E_z/E_0) mc^2$,当 $E_z/E_0 = 0.5$ 时推导出的。这里 γ_p 是等离子体波的洛伦兹因子,电场归一化到 $E_0 = cm\omega_p/e$

此外,图 6 – 1 中连续线指出了密度低于 10^{19} cm^{-3} 时,增益的预估值低于理论值,这是由于非常强的径向电场和短于失相的瑞利长度,限制了最佳增益。要克服这个问题就需要长一些的激光 – 等离子体相互作用长度,通过运用一个比较小的光学孔径或者运用等离子体通道,这是可以达到的。用一个长的离轴抛物面镜,一个 30 fs 的激光脉冲在一个低密度的介质中传输,可以激发出一个等离子体波[6]。对于 (54 ± 1) MeV 的电子束,归一化的发射度很低,约为 (2.7 ± 0.9) π mm mrad[7],在密度更低时,激光脉冲长度 $C\tau_L$ 小于等离子体波长 λ_p,得到了具有惊人参数的电子束[8]。

强制的激光尾场(Forced laser wakefield,FLWF)区域,发生在 $P_L > P_C$ 和 $C\tau_L \approx \lambda_p$。当激

光束传输距离足够长时,非线性相互作用能够激发非线性等离子体波。运用这些条件,由于激光束的自聚焦,激光脉冲的前沿变得陡峭,等离子体波波长的相对论性增长,强迫尾场等离子体波增强[6,9]。由于在 FLWF 区域中,激光和加速电子聚束之间的相互作用减小,可以使激光和等离子体相互作用获得最高的电子能量。由于激光和等离子体波以及电子束的相互作用减小,产生的电子束具有很好的空间特性,可以得到和通常加速器一样好的发射度。

用同样的激光(脉冲宽度、激光能量和聚焦孔径),通过认真选择电子密度,我们观察到一个单能分布的电子束,它和由 A. Pukhov 教授和 J. Meyer-ter-Vehn 教授的三维 PIC 的模拟计算结果相一致[10]。当激光在一个欠密的等离子体中传输时,激光激发了相对论性的等离子体波,当这个等离子体波的功率超过了它在等离子体中自聚焦的功率时,激光的半径就减小了,约减小了 2/3,产生的激光束的参数非常适合共振激发非线性等离子体波。在这个时候,激光的有质动力势推着等离子体电子沿着径向离开,并留下了一个空穴区域(称为"等离子体空泡")。它跟随在激光的后面,然后在空泡壁上的电子注入空泡中并得加速,因为它们在相位空间中有明确的位置,它们形成了一个高品质的电子束。

6.2.2　在过密等离子体中质子束的产生

对比来看,质子束可以更有效地在过密等离子体($n_e > n_c$)中产生。虽然激光束不能穿透过密的介质,但是激光的有质动力加速了等离子体表面层的电子。这个力可以产生离子的两种加速机制包括:有质动力的加速机制和等离子体壳层加速机制。有质动力把电子从高场强区域推出去,形成了电荷不平衡,从而加速了离子。这个机制包括在固体靶被辐照的表面上产生的前向离子加速[译者注:这种离子的运动方向和等离子体密度的梯度方向相同,"前向的"应该去掉,它的运动方向和激光传输的方向相反][11],它对靶的前表面的状态,以及预脉冲的大小非常灵敏。第二个加速机制是等离子体壳层加速,其前向离子加速的性质主要和靶的后表面参数有关,因为电场的成分垂直于靶的后表面,这里电荷不平衡是通过加热一部分等离子体电子到非常高的温度来保持,这个巨大的电子热压力驱动了热电子的膨胀,建立了一个大幅度的电场(当这些热电子穿过靶真空界面时就建立了这一电场),在厚靶的后面探测到的被加速的离子[12]和从被辐照表面发出[13]的高能等离子体羽就来自这些"等离子体壳层加速"。

6.3　非线性的等离子体波所产生的电子束

在 FLWF 区域的第一个实验是在光学应用实验室(法国 Laboratoire d'optiqve Appliguee,LOA)进行的,激光频率为 10 Hz,波长为 820 nm,工作在 CPA 模式,传送到靶上能量为 1 J,30 fs 宽度(FWHM),线偏振光,对比度好于 10^{-6}[14]。用一个 f/18 离轴抛物线形透镜,把激光束聚焦到具有很陡边缘的 3 mm 的超音速 He 气喷注上。因为焦斑的光腰大小为 18 μm,形成的峰值强度可以高达 3×10^{18} W/cm²。

用一台电子能谱仪、积分电流变换器(ICT)、剂量膜和核活化技术来测量电子束的特征参数。标准的电子束能谱是在电子密度为 2.5×10^{19} cm⁻³ 附近得到的(对于能量小于

120 MeV 的电子是一个麦克斯韦形式的分布），如图 6 - 2 所示。对于更大能量的电子呈现一个平台的分布。测到的电子束的总电荷大约是 5 nC，它是由放置在气体喷注后面 20 cm 处的，直径为 10 cm 的 ICT 所探测到的。随后电子束通过一个在 4 cm 厚的不锈钢块上开一个内径为 1 cm 的洞进行准直，它放置在电子谱仪的入口处，给出了一个 $f/100$ 的收集孔径。电子能谱是由放置在电子谱仪的焦平面上 5 个加偏压的硅面垒探测器（SBD）测量的，通过改变谱仪中的磁场，从 0 到 15 T，可以测量到电子能量从 0 到 217 MeV。通过放置在电子束的路径上由剂量片和铜膜组成的夹心饼干型的探测器，积累炮数，在底片上获得可记录的信号来测量角分布。减小电子密度到一个比较低的值，我们从测量高能电子的二极管上观察到了一个很强的饱和信号。这指出了高能量的电荷有显著的增加，这个谱仪不再适合测量在这个新区域中产生的电子，因此我们改变谱仪的设计，以能够得到一个可以测量的单发、完整的电子能谱，并降低饱和值。

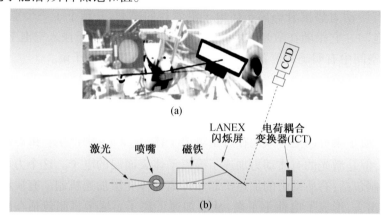

图 6 - 2　紧凑结构的单发电子束的能谱分布的实验测量装置

（a）实验装置的照片；（b）实验装置系统示意图

激光束聚焦在超音速气体喷注上，焦斑直径 3 mm，产生准直性很好的电子束

对于能量分布的测量，一个 0.45 T，5 cm 长的永久磁铁放置在气体喷注和 LANEX 屏之间。LANEX 屏放置在气体喷注后面 25 cm 处，是用 100 μm 厚的 Al 膜进行屏蔽，以避免激光直接曝光。当电子通过屏时电子束在膜上有能量沉积，并重新放出可见光的光子，然后它就被成像到 16 位电荷耦合装置（Charged coupled divice，CCD）照相机上。对于 170 MeV 和 100 MeV 能量的电子其分辨率分别是 32 MeV 和 12 MeV。电子束的电荷是由放置在 LANEX 屏后面 30 cm 处的积分电流变换器进行测量的。我们可以在不加磁场的情况下，测得总的电荷数，并在加了磁场的情况下测得能量高于 100 MeV 的电子电流。这个实验的改进可用于观察电子密度中心分布在 6×10^{18} cm^{-3} 处很窄区域，即一个高度电荷集中区（电子能量为 170 ± 20 MeV 内），在 170 MeV 处具有 500 pC 单能成分的能谱分布，这一分布也曾由数字模拟所预估过，如图 6 - 3 所示。

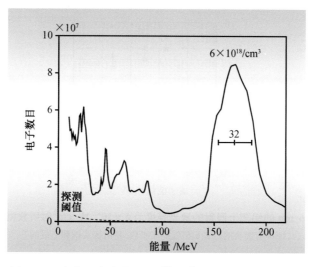

图6-3　在电子密度为 $6 \times 10^{18}/cm^3$ 时所得到的电子能谱

虚线代表估计的本底。

6.4　在固体靶上质子束的产生

正像前面所指出的,当将激光射到过密等离子体上时,同样的激光可以用来产生质子束,譬如用固体靶时,这时激光在靶上的能量为 840 mJ,FWHM 宽度为 40 fs,用 $f/3$ 离轴抛物面形透镜,焦斑束腰为 4 μm,峰值强度为 6×10^{19} W/cm^2,对比度为 10^{-6},靶是金属的 6 μm 厚的 Al 膜,激光垂直地照射在靶面上。所产生的质子束的能量、产额和张开的立体角是用 CR-39 核径迹探测来测量的,在 CR-39 上有一部分覆盖不同厚度的 Al 膜,作为能量滤片,能谱如图 6-4、图 6-5 所示。

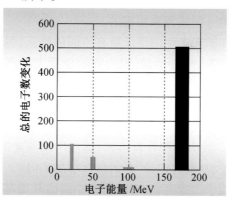

图6-4　在激光功率密度为 2×10^{19} W/cm^3（灰色）和 6×10^{19} W/cm^3（黑色）时在谱线中心 10% 的能谱带宽内的电荷

注意:电子能量在 175 MeV 处电子的总电荷有三个数量级的增加

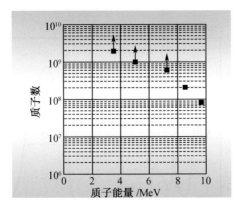

图 6 - 5 在 6 μm 的铝靶上照射的激光强度为 6×10^{19} W/cm² 时所获得的质子能谱
图中有箭头的点表示最低的质子数,是由探头饱和造成的

6.5 展　　望

由激光产生的电子束与传统加速器产生的电子束相比具有不同的性质,正因如此,它们提供了在一些领域中很有兴趣的补充应用,例如标准的电子加速器提供了时间宽度在皮秒量级的荷能电子束,同时它的能量分辨率小于 10^{-3}。要达到这些性能,这样的装置必须精确地设计,同时它只能测量固定的电子能量。即便激光 - 等离子体加速的方法不能达到这样高的能量分辨率,但激光加速的方法可以产生可调谐的、荷能的、高电荷的和高品质的电子束,并具有非常短的时间宽度。电子束的时间很短,可以在超快的辐射化学上得到一些令人感兴趣的结果。在泵浦 - 探针实验中,亚皮秒电子束通过一个含有纯净水的池产生了辐射分解。作为首例运用无时间抖动的激光探测束在 LOA 的亚皮秒区做了探测[15]。利用束的高空间分辨的优点,可以对具有空间分辨率好于400 μm 的浓密物质进行照相[16],这是通过轫致辐射产生点状的 γ 射线源来实现的。

质子加速器产生的束和激光产生的质子束有不同的性质,尽管目前由激光产生的质子束的能谱有一个宽的麦克斯韦分布,但是,因为它的能量大于产生最常用的放射性同位素所要的(p,n)反应几 MeV 的阈值,它对于产生 PET 所需的短寿命放射性元素是很令人感兴趣的。计算了用 1 kHz 重复频率,辐照 30 min 后,可以产生 PET 所要求的同位素的活性,这在不久的将来是可行的。用快化学方法[17]从没有被活化的载体中将^{11}C 和^{18}F 分离出来,可以得到约 1 GBq 的活性。数值模拟计算指出,适当增加激光的强度到8×10^{19} W/cm²,可以产生更多的高能量的质子,从而可以使^{18}F 的活性增加 7 倍。

另一个有趣的挑战是质子治疗癌症,有些研究小组已开始基于数值模拟的方法来研究用30 fs,10 Hz 的 PW 激光去达到这一目的[18-20]。质子束的能谱在做手术的剂量窗口内(在60 MeV 到 200 MeV)可调,这时有可能得到超过每分钟几戈瑞的剂量。重要的是,这种方法具有如下两个优点:

(1)装置的大小和质量可以减小,可以显著地降低造价;

　　(2)在这个"加速器"中主要的束是激光束,同时只在激光束的末端才产生质子,因此人们希望减小旋转支架和相应的辐射防护装置的大小和质量[21]。

6.6　总　　结

　　上面所提到的光诱导产生粒子束的方法,具有非常有趣的特点:

　　(1)它的加速场梯度比当前传统技术所能达到的高四个数量级,这就可以大大地缩短加速长度;

　　(2)所需要的激光器与当前的 RF 结构装置相比比较紧凑,未来它可能变得便宜;

　　(3)直至激光在靶上产生等离子体之前都不需要放射性防护;

　　(4)同样的激光既可以用来产生电子,也能用来产生质子;

　　(5)产生的粒子束具有很好的品质,发散度比传统加速器达到的水平高得多〔译者注:指质子束和离子束〕;

　　(6)粒子束时间宽度很短(时间宽度可以小于几十飞秒);

　　(7)它们是可调谐的。

致　　谢

　　作者非常感谢和高度评价"Salle Jaune"激光的质量,它是由全体 LOA 工作人员提供保证的,一些实验数据,在电子方面是和帝国学院合作在 LULI 上得到的,在质子方面是和 Strathclyde 大学合作取得的。此外,我们感谢 CEA 的 E Lefebvre,ITP 的 A Pukhov 和 CPhT 的 P Mora 在理论方面进行的富有成效的讨论。我们还感谢 FP6"构建欧洲研究领域"计划的欧洲共同体研究基础设施活动的支持(CARE,合同号 R113 - CT - 2003 - 506395)。

参 考 文 献

[1] D. Strickland,G. Mourou:Opt. Commun. 56(3),219(1985).

[2] T. Tajima,J. M. Dawson:Phys. Rev. Lett. 43,267(1979).

[3] A. Modena, Z. Najmudin, A. Dangor, C. Clayton, K. Marsh, C. Joshi, V. Malka, B. Darrow, Danson, N. N. , F. Walsh:Nature 377,606(1995).

[4] C. Gahn, G. Tsakiris, A. Pukhov, J. Meyer-ter-Vehn, G. Pretzler, P. Thirolf, D. Habs, K. Witte:Phys. Rev. Lett. 83,4772(1999).

[5] V. Malka, J. Faure, J. Marques, F. Amiranoff, J. Rousseau, S. Ranc, J. Chambaret, Z. Najmudin,B. Walton,P. Mora,A. Solodov:Phys. Plasmas 8,2605(2001).

[6] V. Malka,S. Fritzler, E. Levebre, M. Aleonard, F. Burgy, J. P. Chambaret, J. F. Chemin, K. Krushelnik,G. Malka, S. Mangles, Z. Najimudin, M. Pittman, J. Rousseau, J. Scheurer, B. Walton,A. Dangor:Science 298,1596(2002).

[7] S. Fritzler, E. Lefebvre, V. Malka, F. Burgy, A. Dangor, K. Krushelnick, S. Mangles, Z. Najmudin,J. P. Rousseau,B. Walton:Phys. Rev. Lett. 92(16),165006(2004).

［8］ J. Faure, Y. Glinec, A. Pukhov, S. Kiselev, S. Gordienko, E. Lefebvre, J. P. Rousseau, F. Burgy, V. Malka：Nature 431,541(2004).

［9］ Z. Najmudin, K. Krushelnick, E. L. Clark, S. P. D. Mangles, B. Walton, A. E. Dangor, S. Fritzler, V. Malka, E. Lefebvre, D. Gordon, F. S. Tsung, C. Joshi：Phys. of Plasmas10(5), 2071(2003). URL：http://link. aip. org/link/? PHP/10/2071/1.

［10］ A. Pukhov, J. Meyer-ter-Vehn：Appl. Phys. B 74,355(2002).

［11］ S. C. Wilks, W. L. Kruer, M. Tabak, A. B. Langdon：Phys. Rev. Lett. 69,1383(1992).

［12］ R. A. Snavely, M. H. Key, S. P. Hatchett, T. E. Cowan, M. Roth, T. W. Phillips, M. A. Stoyer, E. A. Henry, T. C. Sangster, M. S. Singh, S. C. Wilks, A. MacKinnon, A. Offenberger, D. M. Pennington, K. Yasuike, A. B. Langdon, B. F. Lasnski, J. Johnson, M. D. Perry, E. M. Campbell：Phys. Rev. Lett. 85(14),2945(2000).

［13］ E. Clark, K. Krushelnik, J. Davies, M. Zepf, M. Tatarakis, F. Beg, A. Machacek, P. Norreys, M. Santala, I. Watts, A. Dangor：Phys. Rev. Lett. 85,1654(2000).

［14］ M. Pittman, S. Ferre, J. Rousseau, L. Notebaert, J. Chambaret, G. Cheriaux：Appl. Phys. B Lasers Opt. 74(6),529(2002).

［15］ B. Brozek Pluska, D. Gliger, A. Hallou, V. Malka, A. Gauduel：Radiat. Phys. Chem. 72,149 (2005).

［16］ Y. Glinec, J. Faure, L. LeDain, S. Darbon, T. Hosokai, J. Santos, E. Lefebvre, J. Rousseau, F. Burgy, B. Mercier, V. Malka：Phys. Rev. Lett. 95,025003(2005).

［17］ S. Fritzler, V. Malka, G. Grillon, J. Rousseau, F. Burgy, E. Lefebvre, E. d'Humieres, P. McKenna, K. Ledingham：Appl. Phys. Lett. 83(15),3039(2003).

［18］ S. Bulanov, V. Khoroshkov：Plasma Phys. Rep. 28(5),453(2002).

［19］ E. Fourkal, B. Shahine, M. Ding, J. Li, T. Tajima, C. Ma, Med. Phys. 29(12),2788(2002).

［20］ E. Fourkal, J. Li, M. Ding, T. Tajima, C. Ma, Med. Phys. 30(7),1660(2003).

［21］ V. Malka, S. Fritzler, E. Lefebvre, E. d'Humieres, R. Ferrand, G. Grillon, C. Albaret, S. Meyroneinc, J. P. Chambaret, A. Antonetti, D. Hulins：Med. Phys. 31(6),1587(2004). URL：http://link. aip. org/link/? MPH/31/1587/1.

第7章 激光驱动的离子 加速和核活化

P. McKenna, K. W. D. Ledingham[#] and L. Robson[#]

SUPA, Department of Physics, University of Strathclyde, Glasgow, G4 0NG, UK.

[#]Also at AWE plc, Aldermaston, Reading, RG7 4PR, UK

p. mckenna@ phys. strath. ac. uk

7.1 引 言

由强激光－等离子体相互作用驱动的离子加速的研究从20世纪70年代就开始了。在早期的实验中是用长脉冲(ns)的二氧化碳激光,激光强度在10^{16} W/cm^{2}的量级,质子的能量被加速到几万电子伏特。质子束的品质很差,包括很高的横向温度。质子的来源是激光照射靶表面所吸附的碳氢化合物和水分。Gitomer等人对这项工作进行了总结[1]时这项工作由于采用了CPA技术,在20世纪80年代就可以产生皮秒级时间宽度的高强度激光脉冲。激光－等离子体相互作用的相对论性阈值是10^{18} W/cm^2,因为达到这个强度时在等离子体中就会产生集体效应,并且在离子加速中引起了一个更新的兴趣点。最近在短脉冲激光和等离子体的相互作用中Clark等人[2]和Snavely等人[3]观察到了质子的加速,测量到了能量大于50 MeV和高品质、低发散角的质子束,这种激光驱动的几兆电子伏特能量的新的离子源同样曾用来引发核反应。这种潜在的紧凑离子源的发展迅速,为包括医学成像所要用的同位素生产、离子放射性治疗[5]、基于离子的快点火系统[6]和下一代离子加速器的注入器[7]等应用提供了可能性。

在这一章中将讨论由高强度的激光所驱动的离子加速和由离子产生的活化的最新情况,重点放在实验工作上,特别是Rutherford Appleton实验室VULCAN激光Pata Watt(简称PW)装置上的研究结果。对那里工作的两个方面进行了回顾:首先是离子产生的核活化可以用于诊断基于激光的离子加速;其次激光产生的离子诱导核反应在传统核物理和加速器物理领域中的应用。

本章是这样安排的:7.2节描述由高强度的激光等离子体相互作用的基本物理概念;7.3节讨论实验的安排;7.4节回顾最近的实验结果;7.5节讨论将其应用于核物理和加速器物理;7.6节讨论未来的前景。

7.2 激光等离子体离子加速的
基本物理概念

在激光等离子体的实验中证实了离子的加速,这些实验运用了各种形式的靶,包括欠密的气体靶、水滴团簇靶和过密的靶,也包括薄膜靶和较厚的固体靶[8]。最高品质的离子束是在薄膜靶时得到的。

在一个过密的等离子体中,等离子体的频率(由集体的电子相对于等离子体离子本底的运动所产生)足够高,足以阻止电磁波的传播。激光与靶的相互作用开始于激光和预先形成的次临界密度的等离子体(欠密等离子体)的相互作用,激光只能传播到临界等离子体密度处(近似为 10^{21} cm^{-3})。主激光与等离子体相互作用发生在临界密度处。聚焦的激光脉冲有一个有质动力势作用在等离子体的电子上,它的一个效应是推着电子从激光强度高的区域到激光强度低的区域,于是电子被加速了。激光强度的峰值超过 10^{18} W/cm^2 时,作用在电子上的洛伦兹力变得重要,它加速电子沿激光传播的方向进入靶内。相对论性激光和等离子体相互作用的阈值可以用一个无量纲的量 $a_0(=eE/\omega m_e c)$ 来描述,这里 e 是电子的电荷,E 和 ω 分别是激光的电场幅值和频率。$a_0 > 1$ 时,电子质量的相对论性变化导致了在等离子体中的集体效应。激光有质动力势导致电子能量分布呈准麦克斯韦型,它的温度(K)在兆电子伏特的量级。

对比来看,离子的加速并不是直接由激光有质动力的压力造成的,但是等离子体过程是它的中间媒介。电子加速导致电子和等离子体中的离子分离,从而产生一个电场,这个电场会加速离子。在这个过程中激光加热等离子体导致离子加速,实验的结果和计算模拟证实了至少两种主要的加速机制是由静电场形成的,主要的加速机制见图 7-1。在一种情况下,静电场在激光辐照的表面上形成,这就导致在靶的前表面上的离子加速,形成的快离子是被拖着通过靶,形成了一个向前方向的束流[2]。另一种情况就是靶法线鞘层加速(TNSA)模型[9]。被加速的电子群进入靶,且延伸通过没有被辐照的表面,在后表面上形成了一个静电的鞘层,可以产生离子加速。这个鞘层的电场强度 E 正比于 $KT_{hot}/e\lambda_D$,这里 λ_D = Debye 长度,E 能够达到 10^{12} V/m。这个离子垂直于靶的后表面加速,由于存在同时传播的电子群,离子束被空间电荷中和。除了这两种主要的机制之外,前表面的等离子体膨胀同样导致在向后方向的离子加速。[10] 离子束的性质取决于电荷分离的参数。在靶的辐照表面上,激光脉冲的前沿部分(或者放大的自发辐射)电离了靶(在约 10^{12} W/cm^2 时),形成了膨胀的等离子体。一般说来,在靶的后表面上不存在预等离子体,除非靶非常薄,或者 ASE 的水平在主脉冲到达之前的足够长的时间内是很强的。加速场的定标率反比于等离子体的定标长度,因此在靶前面的场是低的(相对于靶的后表面而言),所以前表面加速出来的离子能量是较低的(相对于靶的后表面而言)。

上面所论述的模型在描述高温激光等离子体相互作用产生离子加速的过程中得到发展。这些模型在描述质子加速时很有效,但对重离子的加速要产生附加的电荷态电离,加速场的动力学更加复杂。

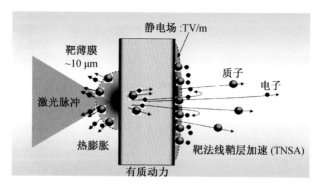

图 7 - 1　当一个高强度的激光照射在薄膜靶上时,主要的质子加速过程的示意图

激光脉冲从左边聚焦在靶的前表面上,产生和加热了等离子体,电子受有质动力的驱动,沿着激光前进的方向进入并穿过靶,在靶的前表面和后表面形成电场,从而产生离子加速

7.3　实　验　安　排

基于激光等离子体的离子加速,最近在大功率、高能量、单次脉冲装置和紧凑型短脉冲高重复频率的激光器上进行研究[8]。在 Rutherford Appleton Lab VULCAN 的单次大型的 Nd 玻璃激光的拍瓦装置上可以提供 500 J,0.5 ps,每 20 分钟可以发射 1 炮的激光脉冲[11];同时还在紧凑型掺 Ti 宝石的小型激光器上,发送几十 fs 和重复频率在几赫兹的脉冲。对于这两种激光,都将它们聚焦到一个薄靶的表面上,焦斑尺寸小于 10 μm,以使峰值强度大于 10^{18} W/cm^2。

在图 7 - 2(a)中画出了 Rutherford Appleton Lab 的 VULCAN 拍瓦靶区的图,图中显示了激光压缩室和靶室。在激光强度为 5×10^{20} W/cm^2 时,做了一些离子加速和活化的实验。在这一节中,我们将讨论这些实验。将薄膜厚度大约为 10 μm 的靶装在一个被加热的靶架上,使靶加热到 1 000 ℃以上,照射靶的角度是 45°,这些都描述在图 7 - 2(b)中。关于离子的诊断将在下面描述。

7.3.1　离子的诊断

这些实验通常是诊断离子加速的参数。汤姆孙抛物线离子谱仪、CR - 39 核径迹探测器(对离子和中子灵敏)、剂量片(对光子、电子和离子灵敏)、中子飞行时间诊断和核活化技术等都经常被用到。叠层剂量测定薄膜和 CR - 39 常用来测量在不同离子能量情况下离子束的空间截面分布。汤姆孙抛物线离子谱仪已经成功地用于测量快质子的能量[2,12]和比较重的离子的能量[12-14],以及它们的荷质比。这项技术包括对加速离子束的小立体角(通常是 10^{-7} sr)进行取样。

核活化技术用来测量在一个大的立体角范围内(通常为1′sr)被加速离子的能量分布。因为离子束的空间分布会受其自身产生的电场和磁场的影响,所以测量整个离子束的能量分布是重要的[2]。核活化的样品放置在沿着靶面的法线的方向。有的放在靶的前面,有的放在靶的后面,见图 7 - 3。

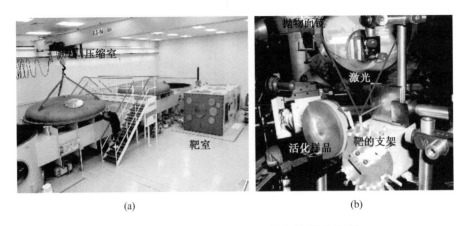

图7-2 Rutherford Appleton Lab 的 VULCAN

(a)英国 RAL 的 VULCAN 装置上的拍瓦靶区;(b)离子加速和核活化实验时靶室内的实验安排,激光脉冲能量可以高达 500 J,用焦长为 1.8 m 的离轴抛物面镜聚焦(已标出),45°入射到装在靶飞轮上薄的靶面上,记录加速离子的活化样品围绕着靶摆放

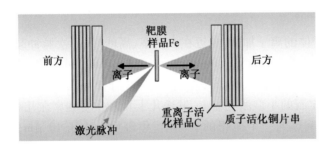

图7-3 用活化样品围绕着靶,以测量离子加速度的示意图

质子的加速诊断通常是通过在 Cu 中产生质子的反应进行的。叠层铜薄膜片($50\ mm \times 50$ mm,厚度在 $100\ \mu m$ 到 1 mm 之间)被放置在靶前后,如图7-3所示。在辐照后,由于在 ^{63}Cu 上的(p,n)反应产生 ^{63}Zn,^{63}Zn 是正电子发射体,它的每一薄片活性都用 NaI 晶体的符合计数法进行测量。NaI 晶体用来测量正电子湮灭所放出的 511 keV γ 射线[10],可以通过观察在一个薄 Cu 片上的核反应数来推导质子谱[15],其他技术现在还在发展中,包括在高 Z 靶中(p,xn)反应的测量,这些反应的优点在于 x 在 $1 \sim 6$ 的范围内,反应的截面相对比较高。在图7-4中画着 $^{206}Pb(p,xn)$,$x = 2 \sim 5$ 的反应截面[16]。

更重的离子加速是通过在每一串样品的第一个活化样品中离子产生的反应来进行诊断的,见图7-3,样品材料的选择依赖于如何更好地探测离子。在最近的实验中用融合蒸发反应来表征离子束。虽然从原则上说任何重离子反应都可以用[17],Mckenna 等人[18]用 C 活化样品,通过 $^{56}Fe + ^{12}C$ 形成复合核,然后蒸发出质子、中子和 α 粒子,去诊断从 Fe 靶中被加速出来的离子。在激光辐照后,用一个刻度好的锗探测器对活化样品进行分析,在样品中所产生的剩余核数目是通过测量 γ 射线的能量、强度和半寿期并通过对探测效率的修正,γ 射线发射概率和半寿期而确定下来的。

质子和重离子能谱的确定是通过对测量的感生反应数目、反应截面和当离子进入活化靶的能量损失进行卷积。反应数由下式给出:

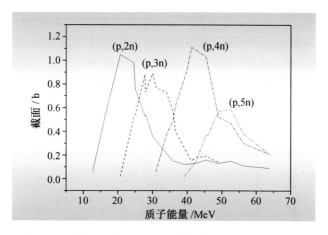

图 7 − 4　在 ^{206} Pb 上（p，xn）反应实验的截面值 $x = 2 \sim 5$

$$N = D \int_{E_{\text{Thres}}}^{\infty} \sigma(E) I(E) l(E) \mathrm{d}E \qquad (7-1)$$

式中　$l(E)$ ——能量为 E 的离子在原子密度为 D 的靶中的射程；

$\quad\quad\ E_{\text{Thres}}$ ——反应的阈值；

$\quad\quad\ I(E)$ ——要测量的离子的能谱。

质子诱导反应的反应截面 $\sigma(E)$ 是众所周知的，由重离子产生的融合蒸发反应的截面通常可以用 Monte Carlo 程序如 PACE − 2 来进行计算（PACE 是 Projection Angular-momentum Coupled Evaporation 的简称）[19]。Mckenna 等人[17,18] 提供了一个运用 PACE − 2 程序和计算截面来诊断重离子能谱的更全面的描述。

7.4　最近的实验结果

关于激光加速离子的性质，特别是关于质子的加速，已经进行了大量的实验和理论研究。正如引言中讨论的那样，质子的来源是靶的表面的碳氢化合物和水。实验大部分是在压力为 10^{-5} mbar 的真空中进行的，重离子是由电离在靶上所含的元素而得到的，但是加速离子的效率相对于质子是比较低的。这是由于质子和其他离子相比具有高的荷质比，并且有效屏蔽了静电加速场。

7.4.1　质子加速

在图 7 − 5 中画出用 VULCAN Peta Watt 的激光装置，400 J 激光，从 10 μm 厚的 Al 膜上加速得到质子的能谱分布。质子能谱通过堆叠 Cu 薄片的质子活化进行测量。聚焦的激光强度是 2×10^{20} W/cm^2，在靶片的前方和后方测到的能谱分布近似于指数分布，平均的质子能量在 3 ~ 5 MeV。在靶的后表面，加速的方向是向前方，能谱的分布有一个陡峭的切断能量，最大的能量为 45 MeV。最大的质子能量依赖于 $I\lambda^2$，这里的 I 是激光强度，λ 是激光波长，在 $I\lambda^2$ 值高到 10^{18} W/cm^2 · μm^2 时和 $I\lambda^2$ 的关系是 $(I\lambda^2)^{0.4}$ [2]。对于更高强度的激光是成$(I\lambda^2)^{0.5}$的关系。质子能量的分布对靶的一些参数是敏感的,如靶厚。Mackinnon 等人[20]曾经指出,当激光和薄靶相互作用时,被加速的电子在薄片中做反复循环的运动,当靶的厚度超过由反复循环运动的时间所对应的厚度时,质子的平均和最大能量减小。对于薄靶,靶后表面加速鞘层形成得比较早,结果加速场形成的加速时间比较长。

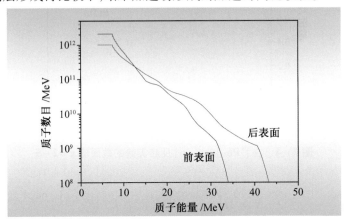

图 7 - 5 在 Al 靶上照射 2×10^{20} W/cm^2 的激光,在靶的前方和后方所测得的质子能谱,比较高能量的质子谱是在靶后面测得的(在向前的方向)

对加速质子空间分布的测量表明,从金属薄膜出发的质子是一个靶上发出的质子数准直束,从而绝缘材料的靶上发出的质子束准直的情况就差一些[21],如聚乙烯。靶上发出的质子数准直束的角发散度随着质子能量的增加而减小,这种结果曾经运用空间分辨的探测技术被证实,包括 CR - 39 和剂量薄膜[3]。也曾运用影像板 IP(Imaging plates)对加速质子的空间分布[22]进行测量。将板暴露于被活化的 Cu 薄膜中约 1 小时,然后扫描给出束 - 能微分活化分析。将 Cu 薄膜放置在靶的前方和后方所测量到的活性分布的结果见图 7 - 6,并且给出了随着质子能量增加时质子束的剖面分布。

同时由于激光加速离子的方向垂直于靶的后表面法线方向,因此表面的结构形状会影响加速离子束的空间分布。因此得出结论,如果将靶的后表面变成半球面的形状,质子束就可以被聚焦[23],这曾经在实验上[23]和理论上[9]被证实过。更进一步,在 Lund 激光中心的实验曾证实,他们发现发射的质子束有点偏离于靶的法线方向,并向着激光的前进方向[24],发现偏离角度相对于主激光脉冲的 ASE 基座大小和时间的情况而变化。并且重要的是,偏离角的大小随着质子能量的增加而增加。这个结果指出质子束的空间分离是可控的,对激光质子源的潜在应用具有重要意义[24]。

这种新型质子源的一个重要特性是它的束流品质。在一个冷的、原始未被扰动的表面上,当在靶的后表面发生离子加速时,产生了一个低发射度的束。Cowan 等人在靶面测量被加速的质子分布[25]的实验中指出,对于能量达到 10 MeV 的质子,横向的发射度低至0.004 mm mrad,这比由 RF 加速器所产生的束品质好 100 倍。激光产生质子束的另一个重要特点是激光加速质子是在短的聚束中产生的,离子被加速的时间也就是激光驱动等离子体中空间电荷分离所维持的时间,因此质子源的束流脉冲时间宽度和激光脉冲的时间宽度同一数量级。

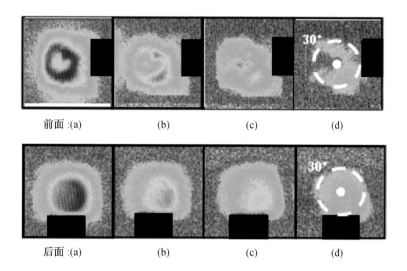

前面:(a)　　　(b)　　　(c)　　　(d)

后面:(a)　　　(b)　　　(c)　　　(d)

图 7 - 6　10 μm 厚的 Al 靶照射 170 J 的 VULCAN 激光,在靶的前、后面放置 Cu 的活化片串,所测得的质子感生活性的空间分布

IP 板对活化的 Cu 片曝光 1 小时,活性水平用颜色来标志:其顺序为红(最高)、橘黄、黄、青、蓝(最低)。测量的活性来自质子感生的核反应,主要是 $^{63}Cu(p,n)^{63}Zn$,因此它代表阻止在每一个 Cu 片中在不同能量范围内质子束的空间分布。

(a)4.0(反应阈值)~5.8 MeV;(b)5.8~9.0 MeV;(c)9.0~14.5 MeV;(d)14.5~18.5 MeV

在(d)中的标志对于从(a)到(d)都是适用的。白点代表靶的法线方向,圆环代表 30°立体角的方向。在靶后表面空间分布的均匀性比前表面空间分布要好。环状的结构可能是在等离子体中磁场偏转的结果,估计在等离子体中有 10^7 高斯量级

 ## 7.4.2　重离子加速

除了几 MeV 质子加速以外,研究人员同时对重离子加速做了研究[7,12,13,17]。用 10^{19} ~ 10^{20} W/cm² 的激光辐照薄膜而得到碳、铝、氟和铅的离子,并观察到它们的能量高达每核子 5 MeV。Hegelich 等人[12]指出,场电离是主要的电离机制,复合和碰撞电离的贡献是次要的。最近的实验证明,当在靶的薄膜上除去表面污染的含氢物质后,例如通过加热,重离子的加速效率更高[12,14,26]。由于重离子具有大量的电荷态,测量不同种类离子的能谱可以提供一些有关加速场的空间时间演化的知识,而这些在测量质子的信号[12]时是无法得到的。

用于测量激光 - 等离子体驱动重离子加速的核活化技术[17]在最近有了发展,这是通过测量融合蒸发反应而实现的。正像上面讨论的,这个技术不仅有助于重离子能量的空间积分测量,而且通过自动的放射性照相法,它也可以用于空间分辨的测量。

上面所描述的核活化技术,曾经在质子和重离子加速中用于比较同一激光照射在加热和不加热的靶上的实验结果[18],实验的安排见图 7 - 3。在 Cu 叠薄片的活性测量用来诊断质子的加速,通过 C 样品中[Fe + C]的聚合蒸发反应来测量 Fe 离子的加速。将靶薄片上的阻性加热超过 850 ℃,可有效去除氢的表面污染。从放置于靶前方的碳样品所发出的 γ 辐射能谱的一部分画在图 7 - 7 上,这时所用的激光强度约为 $3×10^{20}$ W/cm²。

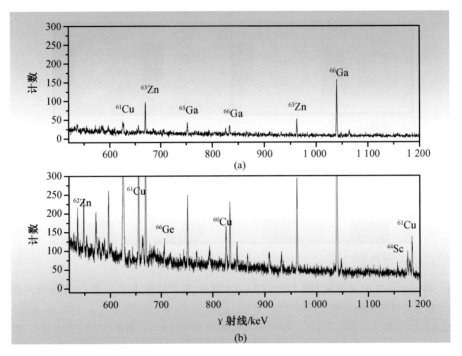

图 7-7　碳样品所发出的 γ 辐射能谱(部分)
(a)冷靶;(b)在激光照射前 30 分钟将靶加热到 850 °C,加热是为了去除氢的表面污染

　　正像前面所讨论的,由所观察到的每一个反应数,在样品中的阻止射程和计算截面的卷积所推导出来的离子能谱,画在图 7-8 中。在未加热 Fe 薄膜靶的情况下,Fe 离子被加速到 450 MeV。从激光能量转变为 Fe 离子的能量效率(对于能量高于 150 MeV 以上计算)约为 0.8%。当靶片被加热,通过观察得知被加速的 Fe 离子数目比没有加热时要高一个数量级左右,Fe 离子加速的能量大于 600 MeV,能量转换效率约为 4.2%。这些空间积分离子通量的测量有力地解释了用加热的方法去除靶上污染物,可有效增加重离子加速的效率[12,14]。

　　在相同的激光辐照的情况下,将加热和未加热的 Fe 薄靶,在靶的前表面和后表面质子的加速情况也做了诊断,见图 7-8。通过加热靶的方法可以抑制质子的加速,对于未加热靶,每一炮可以产生最大能量大于 40 MeV 的质子数目大于 10^{12} 个,能量转换成质子的效率为 7%,加热后每炮的快质子数目减少至 10^9 个。

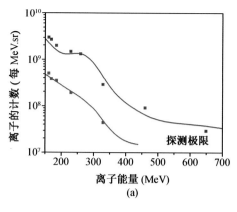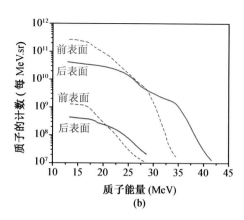

图 7 - 8　离子能谱

（a）从 Fe 靶产生的 Fe 离子在 C 活化样品中的活化测量所推导出来的 Fe 离子能谱；蓝色曲线对应于 Fe
靶没有加热，红色曲线相应于有加热；

（b）用 Cu 的质子活化测量同样的未加热和加热的靶上的质子能谱，未加热为蓝色，加热为红色
靶的加热是为了减小质子流，以使得离子加速更为有效

7.5　应用于核物理和加速器物理

核的活化技术除了运用于离子加速的诊断应用之外，由激光－等离子体相互作用所产生的离子束还可以用于研究核和加速器科学传统领域中人们感兴趣的核反应。这种新型的、紧凑的、由激光产生的 MeV 级的离子束，可能对于通常的离子加速技术的许多用户来说是很有帮助的。

一些应用的要求，例如医用同位素的生产[4,10]是去产生能量高于靶反应阈能的足够高通量的离子束流。还有一些应用，如离子放射治疗[5]，要求产生单能的离子束。可能还有其他的应用要求产生有一定能量分布的离子束。在下面将讨论，要求有比较宽的质子能谱，以用于研究加速器驱动核系统中人们感兴趣的核反应。

散裂靶中剩余同位素的产生

建议发展加速器驱动核系统作为一个中子源，它是基于散裂反应的物理学[28]。当一个能量约为 1 GeV 的质子在高 Z 的靶核上发生非弹性碰撞时，质子诱导的散裂反应就发生了，发生散裂或者从中敲出质子、中子和介子。在散裂过程的第一阶段，这些高能量的次级粒子通常还会通过核内的级联进一步产生散裂反应。在散裂过程的第二阶段许多粒子被敲出去，处于激发的核通过蒸发大量的低能粒子或者通过裂变而退激发。两级散裂反应示于图 7 - 9 中。因为在散裂反应中放出的总质子通量中有很大一部分（约 60%）所具有的能量小于 50 MeV，同时这些低能质子产生次级反应的截面比较大，所以它们对于在散裂靶中产生的剩余放射性有很大贡献。因为活度定义为在靶上放射性的沉存物的量，同时它也决定了散裂靶装卸量的极限，所以这些次级反应研究对加速器驱动系统的发展具有重要意义。基于激光的 MeV 级质子源最近应用于研究散裂靶中剩余同位素生成[29]。

在铅散裂靶上三种入射质子的能量为 0.8 GeV，1.2 GeV 和 2.5 GeV[30]，通过核内级联和蒸发过程产生的低能质子截面见图 7 – 10。从中子倍增考虑,散裂反应最佳的入射质子能量应该为 1.1 GeV。1.2 GeV p + Pb 反应所放出的质子能谱的形状和由 VULCAN 激光脉冲(300 J,0.7 ps,3×10^{20} W/cm²)与 10 μm 的 Al 靶相互作用所产生的质子能谱的比较见图 7 – 10。

Mckenna 等人[29]观察到在能量高于 12 MeV 测量到的激光 – 等离子体质子能谱和由计算得到的散裂蒸发反应所放出的质子能谱符合得很好。同时,占主导反应的低能量阈值约为 12 MeV。因此利用 VULCAN 拍瓦激光加速质子所得到特有的能量分布的特性对在 Pb 靶(一种典型的散裂靶)上产生剩余放射性同位素的分布进行了实验建模[29]。

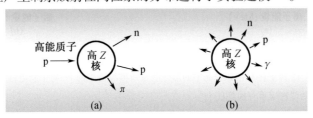

图 7 – 9　散裂反应的示意图

(a)第一阶段:核内级联;(b)第二阶段:蒸发

一个高能(GeV)的质子从一个高 Z 的核上打出质子、中子和介子。剩余的激发核蒸发出大量的粒子,包括能量为几十 MeV 的质子和中子。这些次级粒子进一步产生核反应在散裂靶上产生剩余放射性

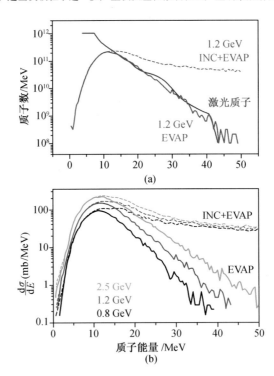

图 7 – 10　通过核内级联和蒸发过程序产生的低能质子截面

(a)用 VULCAN PW 激光产生的质子加速能谱(红线);(b)通过散裂 – 蒸发计算的质子产生截面,EVAP(实线),散裂 – 核内级联加蒸发,INC + EVAP(虚线),反应是 0.8,1.2 和 2.5 GeV 的质子和铅相互作用[30]。在(a)图中计算的 1.2 GeV 的谱(蓝线)是用激光产生的谱归一化,能量大于 12 MeV 时,和 EVAP 计算的谱符合得很好

这个工作证实了高温激光－等离子体相互作用中所产生的加速质子具有宽的能谱分布特性,可用于研究在高 Z 靶中由散裂蒸发反应产生的质子在靶中所产生的剩余核,所产生的同位素分布的数据可以用于建立低能区(兆电子伏特范围)核程序的试验平台。

7.6　结论和未来前景

在这一节中,对高强度激光驱动下的离子加速以及由离子所产生的核反应做了回顾。在激光等离子体中所产生的加速场要比现在已有传统加速器的加速场大几个数量级,几MeV 离子的皮秒脉冲具有低的横向和纵向的束流发射角。这些特性是那些传统加速器得不到的,使得对于它的应用人们产生了很大的兴趣。

离子产生的核活化已被证明可对激光等离子体中相互作用产生的加速质子能量和空间分布进行诊断,同时核活化技术也被发展对加速的重离子空间积分进行测量。这些技术同时也证实了,当靶加热到超过 850 ℃时,加速的质子通量减小了约两个数量级,同时显著地提高了重离子加速的效率。核活化技术可以有大的动态范围,对激光等离子体相互作用产生的电噪声不敏感,因为它的计数可以离线进行。

除了为激光等离子体物理提供新的诊断能力外,由激光驱动的核活化还促进了在没有核反应堆和通常加速器的情况下对核反应的研究,一个宽能量分布的质子束已用于研究在散裂靶中由低能反应所产生的剩余核。基于高强度激光的中子和 γ 射线源也被用来产生核反应,测量和嬗变物理相关的截面[31,32]。

近年来,激光技术有了显著的进步。TW 级激光器的重复频率显著增加,脉冲宽度也在减小。由于引入了变形镜等自适应光学器件,可以将激光聚焦至几乎接近于衍射极限(一个单波长)。激光强度继续增加,所产生的离子能量也将随之增大。当激光强度达到 10^{24} W/cm^2,质子将被加速到相对论性速度,能量在 100 MeV 到 1 GeV 范围的质子束将促进质子裂变和散裂反应的研究。当激光的强度增加,以致激光脉冲聚焦处的电场足够高,可以直接去影响核,这将使激光成为研究核物理的有意义的工具。

在靶的设计和工程方面的进步,同样可以改善离子束的品质。Esirkepov 等人[33]用三维 PIC 模拟了激光辐照双层靶,该双层靶包含一个相对厚的高 Z 材料的第一层靶,然后在上面镀上一层非常薄的低 Z 原子的薄膜,并认为由此加速出来的质子能量分布是准单能的。通过改变靶薄片的几何形状,或者用预先已成形的靶或者通过控制低温的冲击波去改变靶的条件,可以影响加速离子的方向和特性[24]。

最后,强激光不仅可以产生快离子脉冲,还能产生高能的中子、电子和 γ 射线束。此外这些粒子和辐射的脉冲可以在皮秒的时间尺度上同步,这将使得激光在非常短寿命的同位素的产生和研究方面找到一些独特的应用。

致　　谢

作者高度欣赏 Strathclyde 大学,Rutherford－Appleton 实验室的中心激光装置,Paisley 大学,Belfast 皇后大学,Glasgow 大学,Karlsruhe 的超铀元素研究所和伦敦帝国学院的同事们所做的贡献。PMcK 非常感谢爱丁堡皇家协会授予的个人会员奖。我们非常感谢 D. Hilscher 和 C. M. Herbach 有关散裂过程的截面的具有成效的交流。

参 考 文 献

［1］ S. Gitomer，R. Jones，F. Begay，A. Ehler，J. Kephart，R. Kristal：Phys. Fluids 29，2679
（1986）.

［2］ E. Clark，K. Krushelnick，J. Davies，M. Zepf，M. Tatarakis，F. Beg，A. Machacek，P. Norreys，
M. Santala，I. Watts，A. Dangor：Phys. Rev. Lett. 84，670（2000）.

［3］ R. Snavely，S. Hatchett，T. Cowan，M. Roth，T. Phillips，M. Stoyer，E. Henry，C. Sangster，M.
Singh，S. Wilks，A. Mackinnon，A. Offenberger，D. Pennington，K. Yasuike，A. Langdon，B.
Lasinski，J. Johnson，M. Perry，E. Campbell：Phys. Rev. Lett. 85，2945（2000）.

［4］ K. Ledingham，P. McKenna，T. McCanny，S. Shimizu，J. Yang，L. Robson，J. Zweit，J. Gillies，
J. Bailey，G. Chimon，R. Singhal，M. Wei，S. Mangles，P. Nilson，K. Krushelnick，M. Zepf，R.
Clarke，P. Norreys：J. Phys. D Appl. Phys. 37，2341（2004）.

［5］ S. V. Bulanov，T. Esirkepov，V. Khoroshkov，A. Kunetsov，F. Pegoraro：Phys. Lett. A 299，240
（2002）.

［6］ M. Roth，T. Cowan，M. Key，S. Hatchett，C. Brown，W. Fountain，J. Johnson，D. Pennington，
R. Snavely，S. Wilks，K. Yasuike，H. Ruhl，F. Pegoraro，C. Bula，E. Campbell，M. Perry，H.
Powell：Phys. Rev. Lett. 86，436（2001）.

［7］ K. Krushelnick，E. Clark，R. Allott，F. Beg，C. Danson，A. Machacek，V. Malka，Z. Najmudin，
D. Neely，P. Norreys，M. Salvati，M. Santala，M. Tatarakis，I. Watts，M. Zepf，A. Dangor：
IEEE Transact. Plasma Sci. 28，1184（2000）.

［8］ J. T. Mendonca，J. R. Davies，M. Eloy：Meas. Sci. Technol. 12，1801（2001）.

［9］ S. C. Wilks，A. Langdon，T. Cowan，M. Roth，M. Singh，S. Hatchett，M. Key，D. Pennington，
A. Mackinnon，R. Snavely：Phys. Plasmas8，542（2001）.

［10］ I. Spencer，K. Ledingham，R. Singhal，T. McCanny，P. McKenna，E. Clark，K. Krushelnick，
M. Zepf，F. Beg，M. Tatarakis，A. Dangor，P. Norreys，R. Clarke，R. Allott，I. Ross：Nucl.
Instrum. Methods Phys. Res. B 183，449（2001）.

［11］ C. Danson，P. Brummitt，R. Clarke，J. Collier，B. Fell，A. Frackiewicz，S. Hancock，S.
Hawkes，C. Hernandez － Gomez，P. Holligan，M. Hutchinson，A. Kidd，W. Lester，I.
Musgrave，D. Neely，D. Neville，P. Norreys，D. Pepler，C. Reason，W. Shaikh，T. Winstone，
R. Wyatt，B. Wyborn：IAEA J. Nucl. Fusion，44，239（2004）.

［12］ M. Hegelich，S. Karsch，G. Pretzler，D. Habs，K. Witte，W. Guenther，M. Allen，A. Blazevic，
J. Fuchs，J. Gauthier，M. Geissel，P. Audebert，T. Cowan，M. Roth：Phys. Rev. Lett. 89，
085002（2002）.

［13］ E. L. Clark，K. Krushelnick，M. Zepf，F. Beg，M. Tatarakis，A. Machacek，M. Santala，I.
Watts，P. Norreys，A. Dangor：Phys. Rev. Lett. 85，1654（2000）.

［14］ M. Zepf，E. Clark，F. Beg，R. Clarke，A. Dangor，A. Gopal，K. Krushelnick，P. Norreys，M.

Tatarakis, U. Wagner, M. Wei：Phys. Rev. Lett. 90,064801 - 1（2003）.

［15］ J. Yang, P. McKenna, K. Ledingham, T. McCanny, S. Shimizu, L. Robson, R. Clarke, D. Neely, P. Norreys, M. Wei, K. Krushelnick, P. Nilson, S. Mangles, R. Singhal：Appl. Phys. Lett. 84,675（2004）.

［16］ R. E. Bell, H. M. Skarsgard：Can. J. Phys. 34,745（1956）.

［17］ P. McKenna, K. Ledingham, T. McCanny, R. Singhal, I. Spencer, M. Santala, F. Beg, A. Dangor, K. Krushelnick, M. Takarakis, M. Wei, E. Clark, R. Clarke, K. Lancaster, P. Norreys, K. Spohr, R. Chapman, M. Zepf：Phys. Rev. Lett. 91,075006（2003）.

［18］ P. McKenna, K. Ledingham, J. Yang, L. Robson, T. McCanny, S. Shimizu, R. Clarke, D. Neely, K. Krushelnick, M. Wei, P. Norreys, K. Spohr, R. Chapman, R. Singhal：Phys. Rev. E,70,036405（2004）.

［19］ A. Gavron：Phys. Rev. C 21,230（1980）.

［20］ A. J. Mackinnon, Y. Sentoku, P. Patel, D. Price, S. Hatchett, M. Key, C. Andersen, R. Snavely, R. Freeman：Phys. Rev. Lett. 88,215006（2002）.

［21］ J. Fuchs, T. Cowan, P. Audebert, H. Ruhl, L. Gremillet, A. Kemp, M. Allen, A. Blazevic, J. C. Gauthier, M. Geissel, M. Hegelich, S. Karsch, P. Parks, M. Roth, Y. Sentoku, R. Stephens, E. Campbell：Phys. Rev. Lett. 91,255002（2003）.

［22］ Imaging Plates：details online at http://home. fujifilm. com/products/science/ip/.

［23］ M. Roth, M. Allen, P. Audebert, A. Blazevic, E. Brambrink, T. Cowan, J. Fuchs, J. C. Gauthier, M. Geissel, M. Hegelich, S. Karsch, J. Meyer-ter-Vehn, H. Ruhl, T. Schlegel, R. Stephens：Plasma Phys. Control. Fusion 44,B99（2002）.

［24］ F. Lindau, O. Lundh, A. Persson, P. McKenna, K. Osvay, D. Batani, and C. G. Wahlstrom：Physical Review Letters,95,175002（2005）.

［25］ T. Cowan, J. Fuchs, H. Ruhl, A. Kemp, P. Audebert, M. Roth, R. Stephens, I. Barton, A. Blazevic, E. Brambrink, J. Cobble, J. Fernandez, J. C. Gauthier, M. Geissel, M. Hegelich, J. Kaae, S. Karsch, G. Le Sage, S. Letzring, M. Manclossi, S. Meyroneinc, A. Newkirk, H. Pepin, N. Renard LeGalloudec：Phys. Rev. Lett. 92,204801（2004）.

［26］ P. McKenna, K. Ledingham, T. McCanny, R. Singhal, I. Spencer, E. Clark, F. Beg, K. Krushelnick, M. Wei, R. Clarke, K. Lancaster, P. Norreys, J. Galy, J. Magill：Appl. Phys. Lett. 83,2763（2003）.

［27］ C. Rubbia, J. Rubio, S. Buono, F. Carminati, N. Fietier, J. Galvez, C. Geles, Y. Kadi, R. Klapisch, P. Mandrillon, J. Revol, C. Roche：CERN/AT/95 - 44（ET）.

［28］ N. Watanabe：Rep. Prog. Phys. 66,339（2003）.

［29］ P. McKenna, K. Ledingham, S. Shimizu, J. Yang, L. Robson, T. McCanny, J. Galy, J. Magill, R. Clarke, D. Neely, P. Norreys, R. Singhal, K. Krushelnick, M. Wei：Phys. Rev. Lett. 94,084801（2005）.

［30］ D. Hilscher, C. M. Herbach：private communication.

［31］ K. Ledingham, J. Magill, P. McKenna, J. Yang, J. Galy, R. Schenkel, J. Rebizant, T.

McCanny, S. Shimizu, L. Robson, R. Singhal, M. Wei, S. Mangles, P. Nilson, K. Krushelnick, R. Clarke, P. Norreys: J. Phys. D Appl. Phys. 36, L79(2003).

[32] J. Magill, H. Schwoerer, F. Ewald, J. Galy, R. Schenkel, R. Sauerbrey: Appl. Phys. B Lasers Opt. 77, 387(2003).

[33] T. Z. Esirkepov, S. Bulanov, K. Nishihara, T. Tajima, F. Pegoraro, V. Khoroshkov, K. Mima, H. Daido, Y. Kato, Y. Kitagawa, K. Nagai, S. Sakabe: Phys. Rev. Lett. 89, 175003(2002).

第8章 基于台式激光加速质子的脉冲中子源

T. Zagar[1], J. Galy[2], and J. Magill[2]

1. Jožef Stefan Institute, Jamova 39, 1000 Ljubljana, Slovenia

tomaz. zagar@ ijs. si

2. European Commission, Joint Research Centre, Institute for Transuranium Elements, Postfach 2340, 76125 Karlsruhe, Germany

Joseph. Magill@ cec. eu. int

这章比较从高能量的单次激光(大型的脉冲激光)和低能量高重复频率的台式激光运用激光加速质子来产生中子,这两种方法的中子产生率,用 VULCAN 大型的脉冲激光器通过铅的(p,xn)反应产生每炮大于 10^9 个中子,脉冲的时间宽度在纳秒量级。目前最先进的台式激光器理论上每秒能产生 $10^6 \sim 10^7$ 个中子,是重复频率的纳秒脉冲。目前在建设中的下一代台式激光有能力产生每秒 10^{10} 中子的纳秒级脉冲。

8.1 引 言

运用高强度的激光产生各种核反应已经在许多实验室中得到证实[1,2]。在没有使用反应堆和大型加速器的情况下,激光产生活化、裂变、聚变和嬗变[3-9]都实现了。这些惊人的结果是在 20 世纪激光高强度场的技术突破之后得到的, CPA (Chirped pulse amplification)[10]就是其中一个例子,使得激光在聚焦斑点上的强度可以超过 10^{19} W/cm^2。在许多实验室都观察到,将高强度的激光聚焦到一个固体薄片靶的表面上时,能够产生一个准直的喷流的高能电子束、质子束或重离子束。早在 1994 年在卢瑟福实验室的 VULCAN 激光器上首次测量到能量高于 1 MeV 的质子[1]。现在许多实验室如 LLNL (Lawrence Livermore National Laboratory)[12]、LULI (Laboratoire Poar l' Utilisatlion des Lasers Palaiseau)[13]、CUOS (Center for Ultrafast Optical Science, Michigan)[14]、LOA (Laboratoire d' Optique Applique'e Palaiseau)[15]都得到了这样的质子源。

快质子有许多很好的应用。快质子可以用于射线照相,产生接近于单能的高能 γ 射线源,产生极短寿命的同位素,等等。这一节的目的是阐明用加速质子的方法去产生中子,而不提供用高强度的激光加速质子的全部图像。考虑到高质子能量和高的激光到质子能量的转换效率,对这个新的紧凑型中子源来说(p,xn)反应是一个好的选择[16]。用高强度激光产生中子的方法中(p,xn)反应并不是唯一的渠道,其他产生中子的可能方法是用激光产生氘等离子体源,用激光辐照氘的原子团簇,驱动由邻近团簇的库仑爆炸所放出的热氘离子之间的聚合,得到接近单能的聚变中子谱。团簇聚变源反应给出高达每焦耳 10^5 聚变中子[17],在这里指出用激光加速的质子和固体靶相互作用得到的中子产额更高。

我们不需要去说中子源有非常广泛的应用,它的应用始于 20 世纪中叶,经过半个多世纪的发展,它的应用十分广泛,从中子活化分析[18,19]到核地质物理[20],核医学,中子照相和用于国土安全的中子活化[21,22],在所有的这些领域中脉冲的、紧凑的、强的和可移动的中子源有很大的优势,激光驱动的中子源相比基于加速器的中子源在紧凑性和可携带性方面具有更大的潜力。

8.2　最近的质子加速实验

激光驱动的离子加速是一个级联过程,对于非常强的激光场,靶原子的电离很快,将靶物质转化为等离子体,高强度的激光束(强度超过 100^{19} W/cm²)聚焦在一个薄的固体靶的表面,产生温度高于 10 亿度(10^{10} K)的等离子体。一旦电子变为自由电子,并在激光场下加速,离子加速的第二个过程就发生了。两种电磁力作用在自由电子上:电场力和有质动力。电场力是电场直接作用在自由电子上,驱动电子在初始位置快速振动从而使电子发热;另一方面是辐射压力,或者说是有质动力推着电子离开激光最开始所占据的位置[23],对于非常短的脉冲,有质动力变得非常重要,它形成的加速趋向于推动处于激光脉冲前面的电子。因此在激光脉冲通过之后,等离子体区域带正电,在初始电荷分离后,根据激光的强度、激光脉冲的特性和靶的特性,几种质子加速的机制就发生了,这些加速机制将在下面做简要的描述。

自 20 世纪 60 年代以来曾经做过许多测量从固体靶(薄片)发射快质子的实验,在此期间,用于产生离子的激光强度是在很宽的范围之内(从 10^{14} 到 10^{20} W/cm²,或者在最近一两年强度达到更高)。在激光强度为 $10^{14} \sim 10^{16}$ W/cm²时将纳秒脉冲聚焦在固体靶上,产生的质子和离子以一个大的立体角发射出去。它们存在很强的轨道交差和很宽的能谱分布,具有典型的离子温度为 100 keV。当用飞秒激光脉冲来加速离子时,在激光聚焦在薄片靶上的强度超过 10^{19} W/cm²时,状态完全改变。观察到的质子束具有两个显著的特点:第一,这些质子的温度是几 MeV,每个核子的最大能量处于 $5 \sim 50$ MeV;第二,质子束具有比较好的准直特性,它的张角小于 20°,在靶薄膜的前表面和后表面上都产生,并沿着靶的法线方向。

最近的实验研究证实,用波长约 1 μm,强度约 3×10^{20} W/cm²的激光产生的质子最高能量可以达 58 MeV[24]。特别有趣的是不仅产生的质子能量高,而且激光到质子的能量转换效率也高。在同样的实验中,激光到质子的能量转换效率可以达到 12%。

探测到的质子来源于靶膜表面所吸收的水和碳氢化合物的分子,这是由于靶表面有水分和真空泵的油蒸气,对于荷能质子加速机制的完全了解现在还存在一些争议,然而人们普遍认为,两个一般的加速情况可以解析准直的 MeV 质子束的产生[25],它们可能来自靶的前表面,或者来自靶的后表面,或者二者同时发生。即使对加速机制的物理还没有完全了解,但从存在的实验数据通过经验公式的推导可以得到激光强度和质子最高能量之间的关系。在图 8-1 中画了测量到的质子最大能量在对数坐标中与激光强度 I 和波长 λ 平方乘积的线性关系。这个关系能够写成和($I\lambda^2$)$^\alpha$ 的形式,这里 I 是激光强度,单位为 W/cm²,λ 是激光波长,单位为 μm;α 在 0.3 和 0.6 之间。在图 8-1 中所有点的数据来自我们的结果和由 Mendonca[23],Clark[26]和 Spencer[27]文章中数据的分析。可以很清楚地看出,炮和炮之间的涨落很大,这是由不同的测量技术、不同的激光对比度、不同的脉冲宽度和不同的靶厚度所造成的。

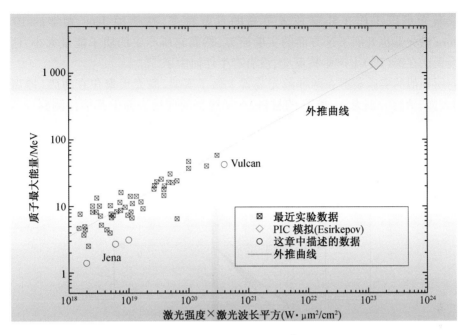

图 8 – 1　质子最大能量与 $I_L\lambda^2$ 的关系

最近发表的实验数据用正方形中加 × 号表示,它们落在接近于由 Clark[26] 和 Mendonca[23] 外推的直线上,这些数据点是包括世界上单发和台式激光装置上的实验结果,Esirkepov[28] 的 PIC 模拟结果(用宝石型表示)落在外推的线上。作者的实验数据用圆表示

正像前面所描述的,Clark,Mendonca 和 Spencer 得到的结果,质子最大能量定标为

$$E_{max} = \sqrt{I_L\lambda^2} \times 3.5(\pm 0.5) \times 10^{-9} \tag{8 – 1}$$

式中　E_{max}——质子最大能量,单位是 MeV;

　　$I_L\lambda^2$——激光强度和波长平方的乘积,单位是 $W \cdot \mu m^2/cm^2$。

在激光强度为 10^{18} W/cm² 到 4×10^{20} W/cm² 范围内,有许多的实验结果证明了它的正确性。这个更高强度关系式的外推,如图 8 – 1 所表达的,目前只能从数值模拟的计算得到支持。Esirkepov[28] 运用 PIC 模拟了等离子体和强度为 10^{23} W/cm² 激光相互作用,他的"激光活塞"原理的模拟可以加速离子能量高于 1.4 GeV,正像可以看到的这个数据点落在关联最大的质子能量和激光强度的外推的线上,这些激光强度是目前我们在实验上还达不到的,但是在未来有可能达到,参见 Tajima 的建议[29]。

8.3　由激光加速质子束产生中子

在两种不同的激光系统上开展实验以研究用激光驱动一个脉冲中子源的可能性,在卢瑟福实验室的 VULCAN Nd 玻璃激光的拍瓦装置上进行了实验,测量了质子加速和通过在铅上的(p,xn)反应产生的中子。然而由于它的重复频率低,大型的脉冲激光并不完全适合于驱动脉冲中子源的应用,高能量单发激光能够提供的脉冲重复频率是几小时一发到 30 分钟一发。

台式激光可以工作在几赫兹或更高的重复频率,在德国 Jena 大学的 10 TW 的 Ti. Sapphire 激光器也开展了这方面的实验研究,然而它所产生的质子能量太小,这种低能的质子束无法在铅(Pb)上产生核反应,没有产生任何中子[30]。

我们用相似的实验装置在两种激光装置上做了实验,激光束聚焦在薄膜(厚度为几十微米)的表面,薄膜分别为 Al 和 Ti 的材料,在初级靶的前后表面上都能探测到加速的质子(实验安排见图 8-2)。

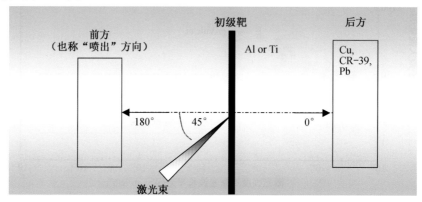

图 8-2 用高强度激光产生质子的实验安排

激光聚焦在初级靶上,在 VULCAN 和 Jena 的实验中所用的初级靶分别为 Al 和 Ti。从后表面和前表面加速的质子由厚的次级靶所捕获。图中用大方块代表次级靶,在 VULCAN 实验中次级靶是铜(Cu)和铅(Pb),Jena 实验室用 CR-39 径迹探测器

VULCAN Nd 玻璃激光的拍瓦装置,波长 1 μm,脉冲平均宽度 0.7 ps,聚焦到一个初级靶上(10 μm 的 Al 膜)。激光脉冲的能量为 400 J,焦斑直径为 7 μm(在压缩之前激光的能量为 600 J),在焦点上激光的峰值强度为 4×10^{20} W/cm²。用 Cu 片串曝光的方法测得的激光加速的质子具有宽的能谱分布,描述在文献[31,32]中。将 50 μm×50 μm,总的厚度为 3.7 mm 的两串 Cu 片,放置在离初级靶 38 mm 的距离上,初级靶的前后方分别放置了一串 Cu 片。在一串中不同层上 Cu 片所测到的 ^{63}Zn 的活性,通过运用质子在铜中的阻止能力和已知的 ^{63}Cu(p,n)^{63}Zn 反应的截面来得到质子的能谱分布。在图 8-3 中画出了从初始靶的前表面和后表面所加速出来的质子能谱分布。两种能谱都显示出了 Boltzmann 型分布,但分别具有不同的温度和不同的高能切断值(High-energy Cut-off Value)。在靶前方的质子谱,其温度为 2.5 MeV,最大能量为 35 MeV。在靶后方的质子谱,其温度为 4.2 MeV,最大能量为 42 MeV。我们计算了能量大于 10 MeV 的质子数目,在靶的前方约为 7×10^{11},在靶的后方为 5×10^{11}。[译者注:从图 8-3 看能量大于 10 MeV 的质子数,在靶的后方应大于靶的前方。]

在 Jena JETI(台式,10 TW,10 Hz)Ti:Sapphire 795 nm,平均脉宽在 80 fs~100 fs,一个脉冲的能量约为 900 mJ,聚焦在 Ti 靶(5 μm 厚)表面上的焦斑直径为 4 μm(在压缩前激光的能量为 1.2 J)。在焦斑上激光强度的峰值为 2×10^{19} W/cm²,发散角和激光加速质子的最大能量是用 50 mm×50 mm 的 CR-39 径迹探测器来进行测量,它放置在初级靶后 3 mm 处[33]。CR-39 塑料体前面盖有不同厚度的铝膜(5~95 μm)以确定质子的最大能量和束流的发散角,用不同的激光放大器,我们可以测量在不同的激光强度下激光加速质子的特性,这些实验的总结见表 8-1。

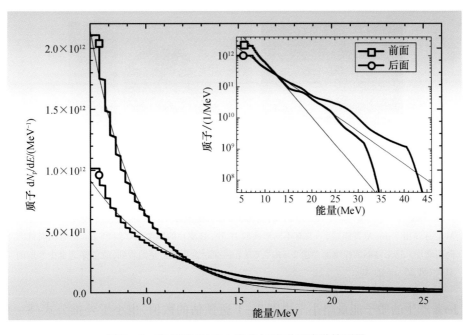

图 8 - 3　在 VULCAN 上激光加速质子能谱的测量

质子的能量和在单位能量间隔中的质子数是由铜片串中 $^{11}Cu(p,n)^{11}Zn$ 反应数和已知的质子在铜中的阻止本领（质子的射程）来求得。激光照射 Al 靶的厚度为 $10\mu m$。两串分别独立的铜片串放置在靶的前、后方。拟合的 Boltzmann 谱对两种情况用两条细线表示，对于靶前、后表面产生的质子的温度分别为 2.5 MeV 和 4.2 MeV。加速能量高于 10 MeV 的质子数目在前表面为 7×10^{11}，对于后表面为 5×10^{11}。

表 8 - 1　在 Jena 大学的激光装置上，三种不同的激光强度下，所得到的最大的加速质子的能量

Al 片串和 CR - 39 放置在靶的后面，Ti 靶的厚度为 5　μm，质子的能量由质子穿过 Al 片的厚度决定，VULCAN 实验数据的一个例子也列在表的最后一行以进行比较。

激光强度(I_L) /(W/cm^2)	$I_L\lambda^2$ / (W $\cdot$ μm^2/cm^2)	穿透最大的 Al 片厚度 /μm	最大的质子能量 /MeV
4×10^{18}	2×10^{18}	25	1.6 ± 0.1
10^{19}	6×10^{18}	65	2.7 ± 0.1
2×10^{19}	10^{19}	80	3.1 ± 0.1
*4×10^{20}	4×10^{20}	—	42

*VULCAN 实验数据表达在这一行。

　　在曝光的探测器上扫描的质子成像表示在图 8 - 4 上。CR - 39 是一种常用的固态核径迹探测器（SSNTD），由于它的灵敏度高，特别适合用于探测低能的具有小和中等质量的带电粒子[34]。曝光之后在 CR - 39 上的径迹在 NaOH 溶液中显影，从径迹探测器上的阴影的面积我们就可以决定穿透过 Al 片的质子的数目，同时也可以定出质子的最大动能。图 8 - 4 上为白颜色的面积表示高于饱和水平的质子的径迹密度。从在这种刻蚀条件下 CR - 39 上质子径迹已知的饱和密度，我们就能够计算出能量大于 3 MeV 的质子最小数目为单位立体角 10^8/炮。

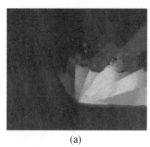

(a)   (b)

图 8 – 4 在曝光和刻蚀的 **CR – 39** 扫描的质子成像的一个例子和所用的 **Al** 滤片的照片

(a)实例;(b)Al 滤片的照片

Al 滤片是由 5 μm Al 片组成,一共有不同形状的 19 片,Al 滤片的厚度从 0 到 95 μm 沿着逆时针方向而增加。这个特制的探测器照射 2×10^{18} W · μm²/cm²。可以清楚地看到,质子穿透至少 5 层的 Al 片(即 25 μm 的 Al)

在 Jena 产生的质子能量略小于由图 8 – 1 所预估的数值,也小于外推公式(8 – 1)的估计值。然而通过合适的优化实验,这些质子的能量可以得到增加,正如 Mackinnon[35] 所指出的,可以提高到公式(8 – 1)的估计值。即使是这样,在 Jena 实验室中在那样辐照的情况下,所产生的质子的能量远低于在高 Z 材料上如铅上通过(p,xn)反应产生中子所要求的能量。然而可以通过在低 Z 材料,如铍上的(p,xn)反应来产生中子,正像在后面所指出的,即使在这样的能量下也可以产生中子。

8.3.1 在 VULCAN 激光上通过在铅上(p,xn)反应实现质子到中子的转化

VULCAN 激光产生的质子脉冲在 1 mm 厚的 5 cm × 5 cm 的天然铅的样品上转化为中子脉冲,这个样品放在初级靶后面 5 cm 的位置上,沿着靶的法线方向,对靶的立体角为 1 sr。在天然铅上通过许多的(p,xn)反应产生了许多铋的同位素,所产生的快中子总数可以由两个独立的方法来决定:第一种方法是从已知的入射的质子能谱来计算产生的中子数目;第二种方法是实验测量剩余的铋的同位素,因此放出的中子数也就可以计算求得。

在第一种情况下,用已知的入射质子谱、质子的阻止能力和合适的截面(见图 8 – 5[36])去计算中子能谱(见图 8 – 6)。我们只考虑了在 ^{206}Pb, ^{207}Pb,和 ^{208}Pb 上最重要的(p,xn)反应,这些反应给出了各种铋的同位素(总共有 12 种反应,列于表 8 – 2 中),注意到天然铅含有四种同位素:1.4% ^{204}Pb,24.1% ^{206}Pb,22.1% ^{207}Pb 和 52.4% ^{208}Pb[37]。我们可以看到,中子谱有一个峰值约在 2 MeV 处(见图 8 – 5),并且有一个长的小的尾巴一直延伸到高的能量,它延伸到 U 裂变能谱之外,从计算的中子能谱我们看到,放出的中子总数大约为 2×10^9 中子/激光脉冲。

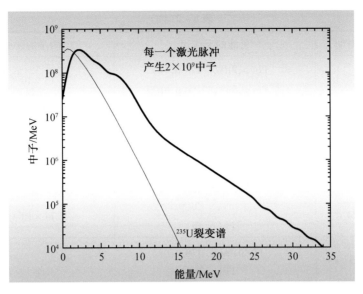

图 8 - 5　在 VULCAN 实验中计算的由天然 Pb(p,xn)Bi 反应所放出的中子谱

所产生的中子数的总和可以从铅靶中剩余的铋的核数中求得。为了进行比较,标准的铀瞬发裂变谱也列在图中。注意这^{235}U 的裂变谱是归一化了,即它的最大值和由激光产生中子谱的最大值相一致

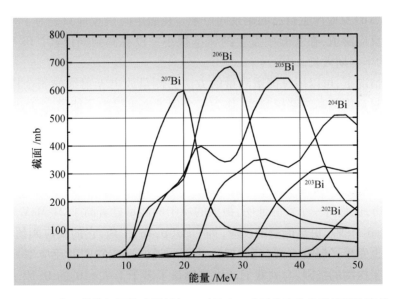

图 8 - 6　由天然的铅同位素通过(p,xn)和(p,γ)反应产生各种铋同位素的截面(截面的误差约为 20%)

表 8 - 2　在铅上由质子诱导的反应产生的反应产物

同位素	半寿期	可能的反应道	测量的铋原子数目
^{202}Bi	1.67 h	^{204}Pb(p,3n),{^{206}Pb(p,5n) ^{207}Pb(p,6n),^{208}Pb(p,7n)}	$1.94 \times 10^{6}(1 \pm 0.06)$

表 8 - 2（续）

同位素	半寿期	可能的反应道	测量的铋原子数目
^{203}Bi	11.76 h	^{204}Pb$(p,2n)$, ^{206}Pb$(p,4n)$ $\{^{207}$Pb$(p,5n)$, ^{208}Pb$(p,6n)\}$	$2.13 \times 10^7 (1 \pm 0.05)$
^{204}Bi	11.22 h	^{204}Pb(p,n), ^{206}Pb$(p,3n)$ ^{207}Pb$(p,4n)$, $\{^{208}$Pb$(p,5n)\}$	$6.42 \times 10^7 (1 \pm 0.05)$
^{205}Bi	15.31 d	^{204}Pb(p,γ), ^{206}Pb$(p,2n)$ ^{207}Pb$(p,3n)$, ^{208}Pb$(p,4n)$	$5.44 \times 10^8 (1 \pm 0.05)$
^{206}Bi	6.24 d	^{206}Pb(p,n), ^{207}Pb$(p,2n)$ ^{208}Pb$(p,3n)$	$5.74 \times 10^8 (1 \pm 0.05)$
^{207}Bi	31.57 a	^{206}Pb(p,γ), ^{207}Pb(p,n) ^{208}Pb$(p,2n)$	
^{208}Bi	3.7×10^5 a	^{207}Pb(p,γ), ^{206}Pb(p,n)	
^{209}Bi	稳定	^{208}Pb(p,γ)	

在表中所列出的每一个核至少有 6 个主要的发射线，因为铅有几个稳定的同位素，可以通过不同的(p,xn)反应产生自己的剩余同位素。在表中的$\{\}$反应只是为了完整性，因为它们具有很高的反应阈值，在实验中发生的概率很小。没有测到同位素^{207}Bi 和^{208}Bi 的 γ 谱线，因为它们的半寿期太长。

在第二种情况下，可以用 γ 能谱测量的方法去测量放出 γ 射线的剩余核的数目，所用的 γ 谱仪是经过刻度的高纯锗探测器（作为一个例子来求得中子能谱[32]）。基于测量 γ 能量和半寿期，可以把 γ 峰确定下来，净的峰的面积是用来计算在激光脉冲的时间中产生的每种剩余核的数目（考虑到探测效率、衰变分支比、γ 射线发射的概率和半寿期），发现主要生成核接近于靶核，即^{206}Bi 和^{205}Bi。在表 8 - 2 中列出了所有的 Bi 的反应产物，我们同时也发现一些少量的远亲（distant）的同位素^{204}Bi，^{203}Bi，^{202}Bi 和^{203}Pb。观察到的$(p,3n)$在^{204}Pb的反应产生^{202}Bi，这是另一个实验证明，最大的质子的能量显著高于 21 MeV，因为这个反应的阈值约为 21.3 MeV。更高能量的反应，如^{204}Pb$(p,4n)^{201}$Bi，它的反应阈值为 28.8 MeV，这些反应虽然也发生了但没有观察到，但比前面所说的反应它们的反应率显著降低，因此生成的活度低于探测的极限，总共我们产生和测量了多于 1.7×10^9 的 Bi 原子，这个数值和预计的在(p,xn)反应中放出的快中子数是相符合的，并且实验证实了在每一发激光放出的中子数的计算值为 2×10^9。由于我们没有测量到长寿命的^{207}Bi 和^{208}Bi 的同位素，我们只能说 2×10^9 总的中子释放数一定是一个保守估计。我们必须指出中子脉冲一定不是各向同性的，而是向前方向的，因为由于质子束的动量主要是向前的，即动量守恒的原因。

正像前面所说的，天然铅含有四种同位素，质子将和所有的同位素发生(p,xn)或者(p,γ)反应，因此产生的 Bi 同位素是由铅的各种同位素上的各种不同的反应所产生，例如，^{204}Bi 可以通过^{208}Bi$(p,5n)^{204}$Bi，^{207}Pb$(p,4n)^{204}$Bi，^{206}Pb$(p,3n)^{204}$Bi 和^{204}Pb$(p,n)^{204}$Bi 反应而产生，类似地^{207}Bi 能够从^{208}Bi$(p,2n)^{207}$Bi，^{207}Pb$(p,n)^{207}$Bi 和^{206}Pb$(p,\gamma)^{207}$Bi 三种反应中产生。运用后照射（Post-irradiation）γ 谱仪系统去测量 Bi 的同位素，如果不知道准确的光

子的能量分布,我们不能区分每一个反应道所占的分量。在另一方面,对于每一个铅的同位素上的每一道反应的截面是已知的,可以将它们组合起来去建立 Bi 产生的截面,对于各种同位素的反应道的截面都画在图 8－7 中。如果我们分别取这些截面,再加上这些铅同位素的天然丰度,我们就能得到对于天然铅通过(p,xn)反应产生铋同位素的截面,并画在图 8－6 中。

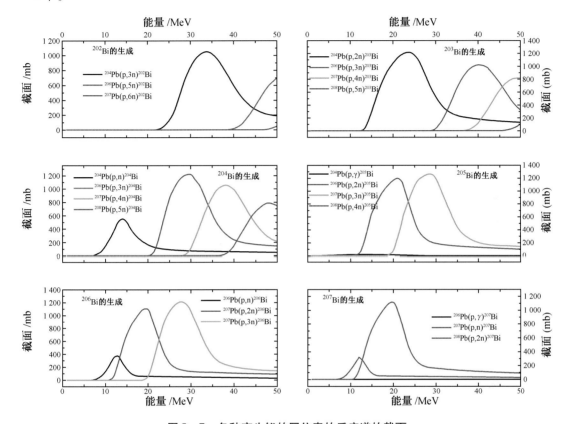

图 8－7　各种产生铋的同位素的反应道的截面

每一张图上产生一种铋的同位素的所有反应道都画上了[36]

8.4　激光作为一个中子源

将前面所说的激光产生的中子源和现在存在的传统的中子源做一个比较是有趣的,传统的中子源一般说来可以分为两种(见表 8－3),第一种包含大的中子辐照装置,如反应堆和质子驱动的散裂反应以产生高中子通量,这些装置都是固定式的,并且需要一些受过训练的人员来运行和维修,而且需要严格的辐射防护。第二种是小一些的紧凑装置,它们又能分为两类:一类是由放射性物质发射的中子源;另一类是小型等离子体驱动的中子发生器。由放射性物质发射中子可以是较高 Z 物质的自发裂变或者是放射性物质和附加的低 Z 物质的混合,通过(γ,n)或者(α,n)反应而放出中子,这些中子源是不能关掉的,因为它要放出辐射,因此它们必须很好地防护,同时这些中子源的强度是很有限的。等离子体驱动的中子源是基于 D,T 的聚变反应[42]，它们通常发射单能的聚变中子。但它们工作的寿命是很有限的，因为要消耗氘(氚)靶。基于 D - D 或者 D - T 的聚变反应中子源可以由小型的静电加速器来驱动，并有可能做成可携带式[43]，紧凑的中子源比大型设备装置的中子源能产生的中子数量小，但是比较容易维修。由于紧凑的装置通常发射的中子是各向同性的，所以中子通量随着离源的距离成平方反比地减小。我们还应指出也可以通过电子加速器来产生中子，电子的动能转化为轫致辐射，轫致辐射的光子和核相互作用，通过(γ,n)反应产生中子。

表 8 - 3 目前可以达到的中子源的强度和最近实验上激光产生的中子源的比较

大型固定的中子源

	通量/$cm^{-2} \cdot s^{-1}$
传统的反应堆	从 10^7 到 10^{13}
高通量研究堆	到 10^{15a}
加速器驱动的散裂反应	到 10^{14b}

紧凑和可携带的中子源

	标准的源强/s^{-1}
放射性中子源c	$10^5 \sim 10^7$
自发裂变源d	到 10^{10}
台式中子发生器e	$10^8 \sim 10^{10}$

激光

参考文献	运用的反应	测量的源强度(每炮)	每炮的能量/J
Hartke et al[17]	D - D	2×10^3	0.2
Lancaster et al[40]	$^7Li(p,n)^7Be$	$2 \times 10^8 \, sr^{-1}$	69
Yang et al[41]	$^{nat}Zn(p,xn)Ga$	$\approx 10^{10}$	230
Yang et al[41]	$^7Li(p,n)^7Be$	5×10^{10f}	230
这项工作	$^{nat}Pb(p,xn)Bi$	2×10^9	400

a 先进的高通量堆如在 TU - München[38] 的 FRM - II 能达到这么高的热中子通量。

b 在 Paul Scherrer 研究所的 SINQ 是当今世界上最高功率的散裂中子源。

c 用(α,n)反应(即$^{226}Ra - \alpha - Be$)产生的中子源和放射性的光中子源(即$^{54}Mn - \gamma - D$)。

d 自发裂变中子源，它通常比较小(几 mg)以比较高的速率(每克^{252}Cf放出 2.3×10^{12}中子)放出中子，中子能谱是标准的裂变谱。

e 基于 D - D,D - T,或 T - T 反应的轻便式中子发生器，是用 RF 加速器加热等离体作为快离子源。

f 这个数值是只由 MC 模拟计算得到的，没有得到实验的证实。

激光产生中子可以分为两类，第一类是 D 或 T 的团簇聚变反应而产生中子，这种团簇聚变源对于入射 1 J 的激光能量，通过纯粹氘的团簇的聚变反应[17]能够给出 10^5 聚变中子，这种中子源的一个例子见表 8 - 3。另外一种中子源就是这文章要描述的中子源。然而，相对于氘聚变产生中子,它需要显著高的激光强度去产生中子,激光强度在 10^{17} W/cm² 就足够通过 D – D 团簇的聚变而产生中子,相比之下,这种中子源要达到 10^{19} W/cm² 的强度才能去驱动(p,n)反应。但另一方面对于中子产额,第二类要比第一类大多了,我们可以看到入射 1 J 的激光可以产生 10^7 中子。

按照我们的实验和最近其他实验室发表的数据(表 8 – 3),现在的大型脉冲激光系统(即 VULCAN)能够产生 10^{10} 中子/炮,和其他的大型的中子源(指反应堆中子源)相比,这个数值是小的,但是它可以和紧凑的中子源直接相比,即使我们考虑到低重复频率的大型脉冲激光系统(也就是说几个小时一炮)。此外激光产生的中子源不是各向同性的,出来的中子通量是向前方向更强,这种方向性对于某些应用是非常有意义的(如对中子照相、BNCT等)。当对激光产生的中子源和传统的中子源进行比较时,必须提到由激光产生的中子源的时间宽度非常短,脉冲时间宽度小于纳秒是很容易得到的。

8.5　中子源的最佳化——未来激光系统的核应用

我们曾证实激光中子源产生的可能性,但是它们的强度可能略低于中子源的有效应用所需的强度,当然中子的强度可以通过在中子源的周围加上一层薄的裂变层以得到增加,这就像中子增殖器的概念[44]。通常增加 10 倍可以通过中子在裂变物质中的倍增而得到实现,但是更为完善的是研究不引入任何裂变物质的条件下,激光中子源的优化问题,因为引入裂变物质就会产生辐射防护和临界控制的问题。我们将指出高强度激光技术的进步将直接导致激光产生中子的强度的提高。现在质子到中子的转换效率和激光的重复频率都低,但随着激光技术的发展将得到增加。在我们的实验中,当激光的辐照强度为 4×10^{20} W · μm²/cm² 和在靶上激光能量为 400 J 时,能量高于 10 MeV 的总的进入到铅样品的质子数为 5×10^{11},这些质子产生了 2×10^9 中子,给出了质子到中子的转换效率 ε_{pn} 的量级为 4×10^{-3},得到质子到中子的转换效率是低的。

8.5.1　激光到质子和质子到中子的转换效率

中子产生的效率是激光到质子的效率(ε_{LP})和质子转化到中子的效率(ε_{pn})的乘积。正像前面所说的,在现在的激光强度的条件下,ε_{pn} 是小的。如果我们去研究这个转换中的基本过程,那么这个事实是比较容易理解的,要产生中子,质子必须作用于靶核,发生一个产生中子的核反应。产生核反应的概率可以用平均自由程(Λ)参数来描述,即

$$\Lambda = 1/\Sigma = 1/N\sigma \qquad\qquad (8-2)$$

式中　Σ——宏观截面;

　　　σ——微观截面;

　　　N——物质的原子核密度,对于质子可以粗略地认为质子在两次碰撞之间的速度没有什么变化;

Λ——表达质子在两次碰撞间所走过的距离（即发生一次（p，n）反应所相应走过的距离）。

然而带电粒子，如质子经过物质时连续地损失能量，所以它在固体中有一个射程（R），对于能量在几百 MeV 以下的质子，R 要比 Λ 小几个数量级，我们取 R/Λ 最简单描述质子到中子的转换效率

$$\varepsilon_{pn} \approx \frac{R}{\Lambda} \tag{8-3}$$

Li，Pb 和 U 的 ε_{pn} 的计算同时也包括 Λ 和 R 的数据见图 8-8。

由图 8-8 我们能看到，对于 5 MeV 的质子在 Li 中的射程约为 1 mm，而对于 Li(p，n)反应的自由程 Λ 约为 50 cm，于是我们能够估计 500 个质子大约将产生 1 个（p，n）反应，即 ε_{pn} 约为 0.002。我们能看到质子的能量小于 10 MeV 时，在 Li 中的 ε_{pn} 大于在 Pb 中的 ε_{pn}，但是在能量高于 10 MeV 时在 Pb 上 ε_{pn} 是很高的，这个事实在激光驱动的中子源的研究中被人们所熟知了，即为了有效地产生中子，我们需要比较高的质子能量。在这一章中，我们能够看到，质子能量在 20 MeV 和 40 MeV 时在铅上 ε_{pn} 是在 10^{-3} 到 10^{-2} 之间，这个数值和实验测量的 4×10^{-3} 的转换效率符合得很好。

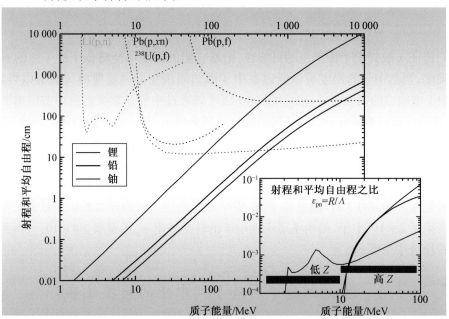

图 8-8　在三种不同的金属中质子的射程（R 表示为实线）和平均自由程（Λ 表示为虚线）和入射质子能量的关系

在图中插入的小图给出了 R/Λ 和入射质子能量的关系。这个比值和质子转化为中子的效率 ε_{pn} 相关。Li 和 Pb 是两种产生中子的标准材料。图中把标准的裂变物质 U 也列入了，因为质子嬗变 U 是人们一直关注的。质子的射程用 SRIM - 2003[45] 计算而得。质子产生反应的截面数据来自 IAEA - NDS 数据库[46]

关于激光转换为质子的效率问题比较特殊一些，到现在还没有一个很好的回答，关于激光加速质子发表的大部分文章都仅仅集中于质子可以达到的最大能量，这个主题的少数研究者[47]指出 ε_{LP} 和激光脉冲能量 E、激光辐照量 $I\lambda^2$ 之间的关系。对于脉冲能量为 100 J，

$I\lambda^2 = 10^{20}$ W·μm^2/cm^2,时 ε_{LP} 约为 10% ,对于比较小的 E 和 $I\lambda^2$,ε_{LP} 值就小。对于 $E \approx 1$ J 和 $I\lambda^2 \approx 10^{18}$ W·μm^2/cm^2 时,ε_{LP} 低到约为 0.001% ,这些结果可以从文献[47]中查到。然而在实验数据方面,从实验到实验之间存在大的偏离,可以发现这种偏离产生的原因是 ε_{LP} 的定义不同,和在实验中所采用的不同的实验技术,不同的激光对比度和不同的脉冲宽度。此外,ε_{LP} 还依赖于靶的厚度。

8.5.2　高强度激光的发展

台式激光器工作在 10 Hz 重复频率,靶上的激光能量为 1 J,聚焦的 $I\lambda^2$ 值为 10^{19} W·μm^2/cm^2,能将质子加速到几 MeV,在 Li 上能产生(p,n)反应,这种激光的 ε_{LP} 至少为 10^{-5}[47]。对于质子能量在 1~3 MeV 范围内质子到中子的转换效率 ε_{pn} 大约为 5×10^{-4}。对于这样的台式激光系统,当用一个厚的 Li 靶时,能产生多于 10^5 中子/发和 10^6 中子/秒,这样的中子强度可以和锎中子源和 Ra-Be 中子源相比,并且比用飞秒激光和氘团簇相互作用[17,48]产生的中子强度大一个数量级。

由于在 U 上(p,f)反应截面相对比较高,同时对于质子的最大能量约 100 MeV,由(p,xn)反应在铅上产生的 ε_{pn} 将达到 1% ,按照 E_{max} 和 $I\lambda^2$ 的关系式,要得到 100 MeV 质子就必须使 $I\lambda^2$ 达到 10^{21} W·μm^2/cm^2,这个数值是目前大型激光脉冲刚刚可以达到的极限值。Yang 曾指出[41],在这种 $I\lambda^2$ 值的情况下,至少 5×10^{10} 中子/炮有可能达到。

这种激光强度的水平,在不远的将来,在二极管泵浦的台式激光系统中是可以达到的,POLARIS[49,50]是一个二极管泵浦的高功率激光系统,Jena 大学正在建设中,它可以提供一个 150 fs 的超短脉冲的激光,计划在 2007 年建成,能量可以达到 200 J,$\lambda = 1030$ nm,0.1 Hz,将聚焦到 10 μm 大小的光斑,$I\lambda^2$ 达到 10^{21} W·μm^2/cm^2,可以产生中子数至少为 5×10^{10} 中子/脉冲,即 5×10^9/秒。即使我们没有考虑到在比较高的 $I\lambda^2$ 和脉冲能量下 ε_{LP} 的增加,并假定它为常数,我们能够期望由于质子到中子转换效率 ε_{pn} 的增加,中子源的强度增加了。我们可以总结出,台式拍瓦激光装置将可能产生脉冲的中子源为 10^{11} 中子/脉冲,时间宽度为纳秒,这种激光源的中子活化能力是可以和 10^{10} 中子/秒连续的中子源的活化能力相比较的。这样中子通量的水平将需要防护和剂量控制的基础设施,就像一个小的核装置一样。对于约为 1 mm 尺寸的小样品,这个中子源可以提供 10^{12}(cm^2·s)$^{-1}$ 的中子通量。这样中子源的强度对于核地质学和中子成像领域中的一些应用是很有意义的。非常短的中子脉冲宽度,使得这种中子源对于超快的中子成像和超快中子活化分析是很有用的。

随着激光技术的快速发展,具有更高重复频率和更高强度的激光将问世,一个靶上强度达到 10^{21} W/cm^2 和重复频率为 100 Hz 的台式激光器,理论上可以产生 10^{13} 中子/秒强度的中子。

一些研究者[29]指出,未来激光系统的激光强度将超过 10^{21} W/cm^2[译者注:实际上现在已超过 10^{22} W/cm^2],甚至可以高达 10^{24} W/cm^2。在今后的十年中,我们能够看到有更强的中子源可以实现,在激光强度达到 10^{22} W/cm^2,可以加速质子高达 350 MeV 能量,这时在铀中质子产生裂变的平均自由程可以和质子在铀中的射程相比,这时激光产生裂变的效率非常高,在这个质子的能量范围内,散裂反应在高 Z 固体靶中将开始占主导作用。它们甚至比裂变反应更有效地产生中子,我们可以期望产生 10^{13} 中子/秒。在另一方面,就像在核装置上所采用的,对于这样高强度激光系统的激光靶区域将需要很好的屏蔽防护,以防护 γ 射线和快中子。

8.6 总 结

激光辐照在薄的固体靶上,由激光转换到质子的效率是高的,这就开辟产生脉冲中子源的完全新的一种途径。这些中子源是基于在厚的转换材料上质子到中子的转换。我们曾指出用低 Z 材料,如锂,在现在的激光系统的强度情况下来作为质子到中子的转换体。然而高 Z 物质,如铅,在不久的将来在激光强度提高后,用铅作为有效的质子 – 中子的转换体是很好的选择。这些中子源有一个向前方向峰值分布的中子通量、连续的能谱分布和很短的时间宽度。

我们在实验上证实了,在 VULCAN 激光上用在铅上的质子 – 中子转换产生了 2×10^9 中子/发,在台式的激光器上用在锂上的质子 – 中子转换,在理论上估算可以产生 10^6 到 10^7 中子/秒,这比用飞秒激光和氘团簇相互作用产生的中子源的强度大一个数量级。这同样也证实了用正在建造的台式激光器(指 Jena 大学的激光器)可以产生 10^{10} 快中子/秒,同时可以得到中子脉冲宽度小于 1 ns,非常短的中子脉冲时间宽度对于超快中子活化和超快中子辐照材料损伤的研究是非常有兴趣的。对于需要热化或慢化中子谱的应用,也是同样可以用这种中子源,但对于准直的热化的中子,它的强度还小几个数量级。然而随着激光技术的快速发展,我们能看到未来的激光系统将能够支持去产生脉冲中子源达到 10^{13} 中子/秒[译者注:原文是说连续通量强度,但很难],一个快的、廉价的、灵活性大的脉冲中子源是可以建成的,而没有涉及用核反应堆和大型加速器,即使就是现今所能达到的激光强度所产生的激光中子源强度,也完全可以和锎源(自发裂变源)或者 Ra – Be 中子源相比较。

参 考 文 献

[1] D. Umstadter:Nature 404,239(2000).

[2] K. Ledingham,P. McKenna,R. P. Singhal:Science 300,1107(2003).

[3] J. Galy et al.:Central Laser Facility Annual Report 2001/2002,29,(2002)http://www. clf. rl. ac. uk/Reports/.

[4] F. Ewald et al.:Plasma Phys. Control. Fusion 45,A83(2003).

[5] J. Magill,H. Schwoerer,F. Ewald,J. Galy,R. Schenkel,R. Sauerbrey:Appl. Phys. B 77,387 (2003).

[6] H. Schwoerer,F. Ewald,R. Sauerbrey,J. Galy,J. Magill,V. Rondinella,R. Schenkel,T. Butz:Europhys. Lett. 61,47(2003).

[7] B. Liesfeld et al.:Appl. Phys. B 79,1047(2004).

[8] S. Karsch et al.:Phys. Rev. Lett.,91,015001(2003).

[9] K. Ledingham et al.:Phys. Rev. Lett.,84,899(2000).

[10] P. Main et al.:IEEE J. Quant. Electr.,24,398(1988).

［11］ RAL,Chilton,Didcot,UK,http://www. clf. rl. ac. uk/Reports/.

［12］ LLNL,Livermore,CA,http://www. llnl. gov/.

［13］ LULI,Palaiseau,France,http://www. luli. polytechnique. fr/.

［14］ CUOS,Ann Arbor,MC,http://www. eecs. umich. edu/USL/.

［15］ LOA,Palaiseau,France,http://wwwy. ensta. fr/loa/.

［16］ Y. Sentoku et al. ;Phys. Plasmas 10,2009(2003).

［17］ R. Hartke,D. R. Symes et al. ;Nucl. Instrum. Methods Phys. Res. A 540,464(2005).

［18］ S. J. Parry:*Activation Spectrometry in Chemical Analysis* (John Wiley and Sons,New York, 1991).

［19］ M. D. Glascock:University of Missouri Research Reactor (MURR),Columbia,An Overview of Neutron Activation Analysis (2005) http://www. missouri. edu/≈ glascock/naa _ over. htm.

［20］ Nuclear Geophysics and Its Applications. IAEA Technical Reports Series 393,IAEA, Vienna,Austria(1999).

［21］ J. C. Domanus:*Practical Neutron Radiography* (Kluwer Academic Publishers,1992).

［22］ E. Lehmann:*What Is Neutron Radiography?* (Paul Scherrer Institute,Villigen,Switzerland) http://neutra. web. psi. ch/What/index. html.

［23］ J. T. Mendonca et al. ;Meas. Sci. Technol. 12,1801(2001).

［24］ R. A. Snavely et al. ;Phys. Rev. Lett. 85,2945(2000).

［25］ M. Kaluza et al. ;Phys. Rev. Lett. 93,045003(2004).

［26］ E. L. Clark et al. ;Phys. Rev. Lett. 85,1654(2000).

［27］ I. Spencer et al. ;Nucl. Instrum. Methods Phys. Res. B 183,449(2001).

［28］ T. Esirkepov et al. ;Phys. Rev. Lett. 92,175003(2004).

［29］ T. Tajima,C. Mourou:Phys. Rev. Spec. Topics 5,031301(2002).

［30］ T. Žagar,J. Galy,J. Magill and M. Kellett:N. J. Phys. 7,253(2005).

［31］ J. M. Yang,P. McKenna et al. ;Appl. Phys. Lett. 84,675(2004).

［32］ P. McKenna et al. ;Phys. Rev. Lett. 94,084801(2005).

［33］ T. Žagar et al. ;Characterization of Laser Accelerated Protons with CR39 Track Detectors: Jena August 2004. S. P. /K. 04. 224,EC – JRC – ITU,Karlsruhe(2004).

［34］ R. Ilić,S. A. Durrani:Solid state nuclear track detectors In:*M. F. L' Annunziata*,*Handbook of Radioactivity Analysis*,2nd edn(Academic Press,Amsterdam,2003),pp. 179 – 237.

［35］ A. J. Mackinnon et al. ;Phys. Rev. Lett. 88,215006(2002).

［36］ A. J. Koning,S. Hilaire,and M. C. Duijvestijn:AIP Conf. Proc. 769,1154(2005).

［37］ J. Magill:Nuclides. net. Springer – Verlag,Berlin(2002)http://www. nuclides. net/.

［38］ Forschungsneutronenquelle Heinz Maier – Leibnitz (FRM II),TU – München,Garching, Deutchland. http://www. frm2. tum. de/.

［39］ Paul Scherrer Institut,Villigen,Schweiz. http://www. psi. ch/.

［40］ K. Lancaster et al. ;Phys. Plasmas 11,3404(2004).

［41］ J. Yang et al. ;J. Appl. Phys. 96,6912(2004).

［42］ J. Byrne:*Neutrons*,*Nuclei and Matter*,*an Exploration of the Physics of Slow Neutrons*

（Institute of Physics,London,1995）.

［43］ Portable Neutron Generators,Del Mar Ventures,San Diego, CA. http://www. sciner. com/ Neutron/Neutron_Generators_Basics. htm.

［44］ J. Galy et al. :Nucl. Instrum. Methods Phys. Res. A 485 ,739（2002）.

［45］ J. Ziegler, J. Biersack:SRIM – 2003:The Stopping and Range of Ions in Matter（2003） http://www. srim. org/.

［46］ International Atomic Energy Agency Nuclear Data Section,Vienna,Austria（2004）http:// www – nds. iaea. org/.

［47］ P. McKenna et al. :Rev. Sci. Instrum. 73 ,4176（2002）.

［48］ J. Zweiback et al. :Phys. Rev. Lett. 85 ,3640（2000）.

［49］ R. Sauerbrey et al. :POLARIS a Compact, Diode Pumped Laser System in the Petawatt Regime. International Workshop Lasers & Nuclei, Karlsruhe,13 – 15 September 2004 S. P. /K. 04. 173 ,EC – JRC – ITU,Karlsruhe（2004）.

［50］ J. Hein et al. :POLARIS:An All Diode – Pumped Ultrahigh Peak Power Laser for High Repetition Rate. *Lasers and Nuclei* （Springer – Verlag,Berlin,in press）.

第３篇　嬗变

第9章　激光嬗变核物质

J. Magill[1], J'. Galy[1], and T. Žagar[2]

[1]European Commission, Joint Research Centre, Institute for Transuranium Elements, Postfach 2340, 76125 Karlsruhe, Germany

Joseph. Magill@ cec. eu. int.

[2]Institute Jozef Stefan, Reacto Physics Department, Jamova 39, 1000 Ljubljana, Slovenia

tomaz. zagar@ ijs. si.

9.1　引　　言

紧随着贝可勒尔在 1896 年发现放射性,后来两位年轻的科学家 Frederic Soddy 和 Ernest Rutherford 在加拿大 McGill 大学,决定要去研究最近发现的现象。在 1901 年 24 岁的化学家 Soddy(见图 9 – 1)和 Rutherford 试图去确认从氧化钍放射性样品中放出的一种气体,他们相信这种气体是和放射性的钍样品有关,他们称它为"射气"(emanation)。为了研究这种气体的性能,Soddy 将这种气体进行了一系列的强烈的化学反应,把它加热到白炽,没有反应发生,几年以后,他在自传中写道:

图 9 – 1　Frederic Soddy
(1877—1956)

我十分清楚地记得,因为这个事情非常重要,我站在那里仿佛惊呆了,并且脱口而出,"Rutherford 这是嬗变,钍自身分解和嬗变为氩气体"。Rutherford 更了解实际的意义,他回答说:"为了 Mike 的原因,Soddy,不要称它为嬗变,它将会使我们的头脑发晕,如同炼金术的人一样。"

在这个发现之后,Rutherford 和 Soddy 在 1902 年到 1903 年之间,在他们很有创造力的研究期间,共同发表了 9 篇文章[2]。在 1902 年,他们描述他们的放射性理论,如当一个放射性元素自发地解离时,它们通过放出一些粒子,最终有一些新的元素形成,这就是古代炼金术者嬗变之梦的最后一步,如图 9 – 2 所示。

嬗变——从一个元素变化到另一个元素的思想,这和古老时的思想一样,在中世纪,炼金术的人企图将金属变成金。然而,在 20 世纪由于反应堆和加速器的进步,才使得嬗变变成现实。

现今嬗变令人感兴趣的方向之一是在核废料的处置领域中。核的乏燃料是一种放射性副产物,它是在反应堆运行时,通过中子和燃料或容器物质的相互作用而产生。这些放射性的副产品具有非常长的半寿期,必须将它们处理掉再进行地下处理和处置,长时间地和生物圈进行隔离。各种嬗变的概念正在世界范围内进行研究,要研究如何从乏燃料中将长寿命的放射性核素分离出来(partition),然后将它们转化为短寿命的放射性核素或稳定

图 9 – 2　"在点金石寻求中的炼金术士们"Jaseph Wright(1734—1797)

的核素,从而减小这些乏燃料和生物圈隔离的时间。

在下面的章节中,对企图去改变衰变常数的简短历史和增强嬗变率做个描述;接着介绍一种新的技术——激光嬗变,这种方法是用高强度的激光去产生高能的光子和粒子,以用于嬗变研究;最后,介绍一些"国土安全"方面潜在的应用。

9.2　为何衰减常数是不变的?

在放射性发现以后,通过改变温度、压力、磁场和引力场去改变 α 衰变率(实验是在矿山和山顶上用离心力来做)有很多的尝试。在一个实验中,Rutherford[3]用了一个爆炸,在一个短暂的时间内产生 2 500 ℃的温度和 1 000 bar 的压力,但是探测到的结果是对衰变常数没有影响。

只有通过 Gamow 的 α 衰变理论,人们可以理解为什么上面的那些实验去改变衰变常数的想法都得到负面的结果。Gamow 指出,量子力学库伦位垒的隧穿是针对 α 发射的,即使核外面的全部电子云都被移去,它所产生的位垒的变化仅仅是一个非常小的因子,变化的大小 $\delta K/K \approx 10^{-7}$,这里 K 是衰变常数。

在 1947 年,Segre[4]建议可以用不同的化学组成成分,通过电子俘获(EC),使原子衰变的常数得到改变。不同的化合物有不同的电子结构,这将导致 EC 衰变率的微小的差别。这个想法在 ^7Be 实验上得到证实,这个核的半寿期为 53.3 天,通过电子俘获而衰变,同时伴随着发射一个 477.6 keV 的 γ 光子。比较 BeF_2 和 Be 在衰变率的差别 $\dfrac{\delta K}{K} = 7 \times 10^{-4}$,由于化学成分的差别造成衰变常数的变化是很小的,但是还是可以测量到。同样也希望由于改变压力来改变衰变常数。

当压力增加时,核附近的电子密度增加了,这样也就增加了衰变的概率(相对于 EC),在^{99m}Tc,^{7}Be,^{131}Ba 和^{90m}Nb 的实验[5,6]都说明这是真实的,衰变常数的改变$\frac{\delta K}{K} \approx 10^{-8}$/bar。在压力为 100 kbar 时$\frac{\delta K}{K} = 10^{-3}$,这种压力在实验室中是比较容易做到的,这时衰变常数的变化还是太小。在外推至非常高压力,1 Gbar 时,$\frac{\delta K}{K} = 1$,100 Gbar 时,$\frac{\delta K}{K} = 10^{3}$,这时的变化就相当大了。关于 β 衰变也同样期望屏蔽的效应能够同样改变衰变常数[7,8]。最近证明可以用高功率激光辐照实现^{238}U 的裂变,通过激光引发裂变人们能够显著地改变裂变速率,但是要想通过改变它的环境来改变^{238}U 的裂变速率是达不到的。激光引发的裂变的出现是间接地通过轫致辐射和电子引发的核相互作用来实现。在焦斑区域,束的直径约为 1 μm,穿透的深度为 20 nm,在这个区域中^{238}U 的原子约为 10^{9} 个,平均说每十年这些原子中有一个将通过发射 α 粒子而衰变。自发裂变大约要在比这个数值长 6 个数量级的时间尺度上发生,即 10^{7} 年,在激光辐照下,每脉冲产生了 8 000 裂变。

9.3　激　光　嬗　变

最近,激光技术的进步使得现在有可能用光束去引发核反应[9-11]。当激光聚焦到几十平方微米大小时,激光的强度达到 10^{20} W/cm^2。将这样的激光聚焦在靶上,可以产生10^{10} K 的等离子体温度(百亿度的温度)。它相当于大爆炸后 1 秒钟时发生的情况。

由于近期紧凑型的高强度激光的帮助(图 9 - 3),现在有可能去产生高度相对论性的等离子体。在这等离子体中的核反应如聚变、光核反应和核裂变发生了。20 年前由激光束引发这些核反应是很难想象的,这些新的发展打开了一个很有兴趣的应用。这些应用的实现需要在理论、实验方面继续对基本过程开展研究。在聚焦的激光场中加速电子的可能性第一次是由 Feldman 和 Chiao[12]在 1971 年提出的。带电粒子在强的电磁场中的相互作用机制,譬如在太阳的冕区,在天体物理的很早期作为宇宙线的起源曾考虑过,在这个早期的工作中曾经指出一个电子单次地通过一个激光功率为 10^{12} W 的衍射极限的焦点时,电子可以在一个光学的周期内被加速到 30 MeV,达到相对论性。具有一个非常高的横向速度,光波的磁场通过 $v \times B$ 的洛伦兹力将粒子偏转到前进波的方向,在非常强的场的情况下,粒子的速度趋于光速,电子将随着波运动,并获得能量。

自 1984 年以来,激光技术显著进步,使得高功率激光技术有了革命性的变化,如图 9 - 4 所示[13]。运用啁啾脉冲放大技术[14,15],激光的强度超过 10^{19} W/cm^2。在 1985 年 Rhodes 等人[16]讨论了用 0.1 ps,1 J 的激光可能使激光强度达到 10^{21} W/cm^2,在这种激光强度下电场达到 10^{12} V/cm。超过氢原子中电子所受库伦场的 100 倍,在这样的场强下,在很短的脉冲时间内 U 原子的 82 个外层电子被剥离,所形成的能量密度相当于 10 keV 的黑体(对应的光压 ≈ 300 Gbar),并且和热核反应的条件可以比较(DT 热核点火发生在 4 keV)。

在 1988 年,Boyer 等人[17]研究了将激光聚焦在固体表面,并产生核的跃迁,特别辐照在 U 靶上时,在焦斑处,可以引发电子和光的裂变,这就开辟了一种可能性,可以用高强度的紫外激光去打开(switching on)或关闭(switching off)核反应,并且提供了一个裂变产物和中子的高亮度的点源。

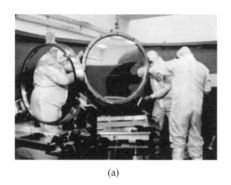 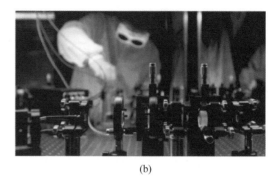

(a)   (b)

图 9 - 3　紧凑高强度激光

（a）大型的脉冲的 VULCAN 激光器，坐落于英国 Rutherford Appleton 实验室，（b）高强度的 Jena 激光器 JETI，坐落于 Jena，Friedrich Schiller 大学

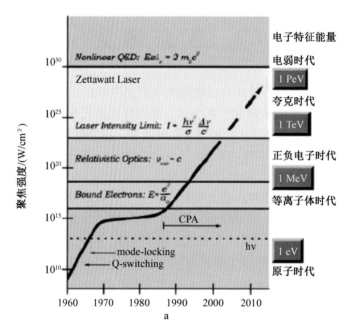

图 9 - 4　在过去的几十年中，台式系统的激光器的聚焦强度有了显著的提高[13]

在 20 世纪 80 年代中叶由于 CPA（Chirped Pulse Amplification）技术的发展，开辟了激光和物质相互作用的新纪元

9.3.1　激光感生的放射性

当一个强度为 10^{19} W/cm^2 的激光脉冲和固体靶相互作用时，就产生了能量为几十 MeV 的电子，在 Ta 靶内这些电子产生一个高度方向性的 γ 射线可以用来进行光核反应。曾用 VULCAN 的激光束产生（γ,n）反应来生产同位素^{11}C，^{38}K，^{62,64}Cu，^{63}Zn，^{106}Ag，^{140}Pr，和^{180}Ta。

9.3.2 激光引发的 Ac(锕)–铀(U)和 Th(钍)的光致裂变

第一次演示光致裂变是在英国大型的脉冲 VULCAN 激光器上,激光打在铀的金属靶,和在德国 Jena 大学使用高重复频率的激光,用 Th 样品(实验装置见图 9–5)。两个实验都是与德国 Karlsruhe 的超铀元素研究所合作,运用激光加速的电子产生的高能轫致辐射在 U 和 Th 上得到锕系的光致裂变,用时间分辨的 γ 谱仪确认了裂变产物,具体见图 9–6,图 9–7。

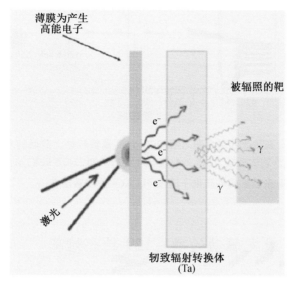

图 9–5 激光实验的装置图

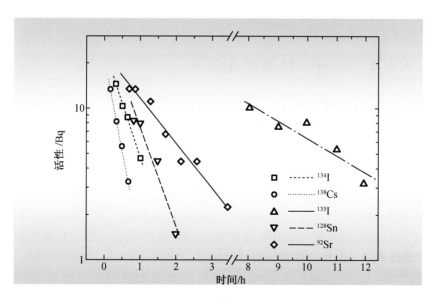

图 9–6 由轫致辐射产生的^{232}Th 的裂变产物的衰变特性

推算出来的半寿期和文献上报道的值符合得很好,实验的数据见文献[11]

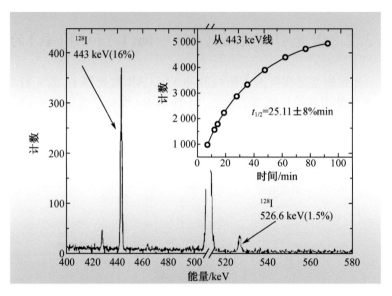

图 9-7 在激光照射金靶之前和之后,测量碘样品上放出的 γ 射线能谱,清楚地观察到碘 -128 的特征线 443 keV 和 526.6 keV,这两个特征线和 ^{125}Sb 杂质的峰和正电子湮没 511 keV 的峰紧挨着

9.3.3 激光驱动的碘 - 129 的光嬗变

第一个成功实现激光诱导的 ^{129}I 嬗变发表在文献[18,19,20]。^{129}I 是核燃料循环中一个关键的放射性核素,^{129}I 的半寿期为 15.7 百万年。通过激光产生的轫致辐射,产生(γ,n)反应,嬗变为 ^{128}I,它的半寿期为 25 min。

9.3.4 放射性样品的囊状包

放射性样品囊状包技术(图 9-8)的设计方面,ITU(Institute of Transuranium Elements,超铀元素研究所)的核燃料单位有着很长的历史。囊状包技术使人们可以在安全和灵活的状态下安装、储存、输运和利用它进行实验,同时避免产生任何污染。最早的技术之一是为 Mossbauer 能谱研究开发用的锌样品的铝囊状包。从 1996 年开始,延伸到癌的放射治疗(α - 免疫放疗,α - immunotherapy)用的镭 -226 的银囊状包,生产了多达 40 个含量从 6 μg 到 30 μg(从 2.2×10^5 到 1.1×10^9 Bq)的镭 -226 囊状包小丸,铝的特殊的容器是在基础研究所的帮助下设计的,用于保存放射性的 β 源,如碘 -129 和锝 -99。在碘的情况下,用有机玻璃的胶囊作为一个附加的防护辐射的保护层。

氯化镭(^{226}RaCl$_2$)样品封装在银中,在回旋加速器上进行质子辐照,通过在镭上的(p,2n)反应产生医学应用所需要的 ^{225}Ac。辐照以后,将靶溶解,然后按照通常的方式(如离子交换)进行处理,从镭中将 Ac 分离出来。下面的装置是用于封装:

(1)直流钨惰性气体焊接装置,运用脉冲电流去焊接 0.25 mm 银的小丸。

(2)交流/直流钨惰性气体焊接装置,用于铝(纯度 0.99.99)的焊接。

在ITU几种囊状包的设计和建造，从左边开始，第二个用于Tc，是铝的囊状包，第三和第四个是银制造的用于^{226}Ra的囊状包，最近又用于质子引发裂变的激光实验中用的^{238}U和^{232}Th

钨惰性气体的焊接设备，装在手套箱的联结处

图 9-8　在超铀元素研究所的放射性样品的囊状包

（3）专用的手套箱容器，它是活动的，它可以使焊接装置在配各种不同手套箱工作时，不会由于辐照而受到污染。

（4）特殊开发的装卸装置，它可以快速、精确地装配和固定要焊接的小丸，从而使暴露于高剂量率的时间最短，尤其对镭-226。

（5）用辐射照相的质量控制和氦检漏。

（6）对于多种材料和几何形状的小丸组件的生产装置，这些包括高纯度铝组件的冷压，这是通常的机械加过程很难生产的。

 ### 9.3.5　激光引发的重离子聚合

在最近的 VULCAN 激光的系列实验中，在 10^{19} W/cm^2 的强度下，将激光打在初级靶上产生高能量的离子束，然后所形成的高能量离子束和次级靶相互作用，如果离子具有足够高的动能，离子和次级靶中的原子就有可能产生聚合。重离子束是由初级靶产生的，初级靶含有 Al 或 C，次级靶含有铝、钛、铁、铌化锌和银。喷出（"blow-off"）的重离子和次级靶的原子聚合，产生了高激发态的复合核，在次级靶中复合核的退激发就产生了聚合产物。这个薄膜就放在高效率的锗探测器上去测量短寿命的聚合生成核的放射性衰变，典型的谱

见图9-9。图9-9中展示了包含冷靶和热靶的实验结果,这里靶是Al,次级靶是Ti。蓝颜色的谱线是Al靶在室温时得到的,红颜色的谱线是Al靶在加热到391 ℃时得到的。相对于冷靶观察到了更多聚合的产物,这是因为靶加热后,去除了一些含氢的杂质,因此比较重的离子就可以得到更多的加速,并加速到更高的能量。

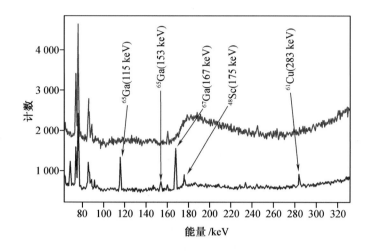

图9-9　由Al靶"喷出"的离子照射Ti靶形成聚合物,主要反应产物可以从测量它们的特征γ射线来确认

9.3.6　激光产生中子和质子

用高强度的激光在铅上产生(p,xn)反应,在文献[21,22]上都描述过,将激光射线聚焦在一个薄膜上,强度为10^{20} W/cm²,产生一个高能的质子束,这个高能的质子束和铅靶相互作用产生(p,xn)反应,这个(p,xn)过程在天然铅靶上产生的各种铋的同位素可以清楚地探测到,这些实验可以提供能量在20~250 MeV范围内对于嬗变非常有用的核数据,而不必用大型的加速器。

在低能区(小于50 MeV)质子的德布罗意波长大于单个原子核的大小,质子和整个原子核发生作用,于是就形成一个复合核。在高质子能量时(大于50 MeV)质子的德布罗意波长和核子的尺度是相同量级大小,这时质子能够和一个单个核子和少数几个核子发生直接的相互作用。这后者的作用和散裂核反应有关,和由一个高能量粒子所产生的非弹性相互作用有关,在这个相互作用中主要的有轻的带电粒子或者中子从核中直接地被踢出来,跟随着的是激发核被加热,低能的粒子蒸发。最近有关在铅和相似材料上的质子产生散裂反应的测量集中围绕和ADS有关核反应截面的测量,希望用于核乏燃料中长寿命放射性产物的嬗变,由散裂反应所产生的中子对于确定质子束能量和靶的要求是重要的。然而,这些测量需要高功率的加速器去产生质子束,在现在的工作中质子束由高强度的激光所产生,而不用加速器。

英国Rutherford Appleton实验室的VULCAN Nd:glass激光装置上的PW激光用来从事这方面的实验。P偏振的激光,能量可以达到400 J,波长1.06 μm,平均宽度0.7 ps,45°入射角聚焦在靶上,靶上功率密度$4×10^{20}$ W/cm²,在图9-10中画出了由铅的质子活化产生的铋同位素的能谱(其相当的核素图见图 9 - 11)。

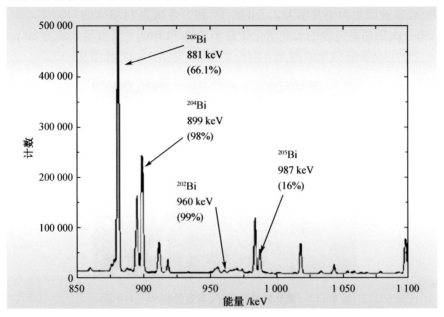

图 9 - 10　通过(p,xn)反应在铅靶上产生铋同位素的初步鉴定

Po203 36.7 m	Po204 3.53 h	Po205 1.66 h	Po206 8.8 d	Po207 5.8 h	Po208 2.9 y	Po209 1.0 E2 y	Po210 1.4 E2 d
Bi202 1.72 h	Bi203 11.76 h	Bi204 11.22 h	Bi205 15.31 d	Bi206 6.24 d	Bi207 31.57 y	Bi208 3.7 E5 y	Bi209 stable 100%
Pb201 9.33 h	Pb202 5.3 E4 y	Pb203 2.16 d	Pb204 stable 1.4%	Pb205 1.5 E7 y	Pb206 stable 24.1%	Pb207 stable 22.1%	Pb208 stable 52.4%
Tl200 1.09 d	Tl201 3.04 d	Tl202 12.23 d	Tl203 stable 28.524%	Tl204 3.78 y	Tl205 stable 70.474%	Tl206 4.2 m	Tl207 4.77 m
Hg199 stable 16.87%	Hg200 stable 99.1%	Hg201 stable 19.18%	Hg202 stable 29.06%	Hg203 46.61 d	Hg204 stable 6.87%	Hg205 5.2 m	Hg206 6.15 m

图 9 - 11　核素图[26]指出铅和铋同位素所处的位置

　　质子是由固体靶表面所含有的水分和氢的污染物所产生,次级的捕集活化的样品放置在靶的前方(等离子体喷出的方向),由靶膜加速的荷能质子能够在活化靶上产生核反应,由质子在铅上就产生了$^{202-206}$Bi反应,并且可以用它们的主要发射特征线得到确认。

9.3.7　由激光产生的微球活化

　　化学药剂的纳米胶囊在药物学中是熟知的。纳米的放射化学疗法是一种新技术,这一技术是把纳米粒子活化,然后用于癌症的治疗[23,24]。纳米球制备相对容易,同位素活化的选择是依赖于肿瘤组织的种类和大小,粒子的活化是用反应堆上中子辐照来产生,坚实的陶瓷的微球中包含大量的镱和磷,它对现场放射性治疗癌症很有用,因为稳定的^{89}Y 和^{31}P(在微球中)可以被活化为半寿期为 2.7 d 的 Y^{89}和半寿期为 14.3 d 的^{31}P。

最近,第一次用超高强度的激光活化微粒子 ZrO$_2$ 和 HfO$_2$[25],直径大约为 80 μm 的微粒子,在 Jena 大学的高重复频率的激光上进行了辐照,见图 9 - 12 和图 9 - 13。

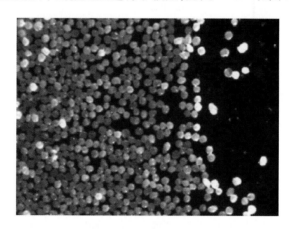

图 9 - 12   氧化锆微颗粒子,其直径在 95 ~ 110 μm

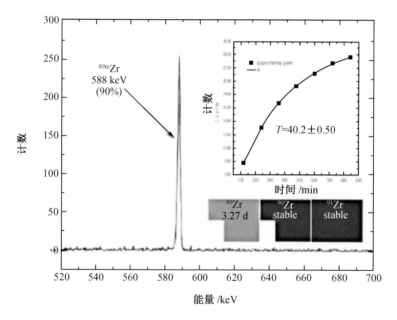

图 9 - 13   锆辐照 10 分钟后,由^{90}Zr(γ,n)^{89m}Zr 所产生的^{89m}Zr 所放出的主线的能谱。插入图表示产生的同位素在核素图中的位置(Nuclides. net[26])

将激光聚焦在气体的喷流上,形成一个高温等离子体,电子束的相对论性自聚焦产生了一个方向性的脉冲的高能电子束,这个电子束和原来的靶相互作用,产生高能的韧致辐射,这个韧致辐射可以用于粒子活化,这个结果可用于锆和铪微球的活化,其结果见图 9 - 13。

9.3.8 台式激光应用于"国土安全"

最近由于一些应用的引导,研究人员对光核过程的兴趣又提升了,这些应用包括电子加速、防护研究、放射性核素的产生、核乏燃料的嬗变、废桶的无损探测,以及通过光裂变探测核材料。为了 CINDER'90 的计算程序,CEA 和 LLNL 合作建立一个光核数据库。IAEA 和 NEA 也推动这个活动,同时质子的反应也有很大的实际应用。

1. 爆炸物的探测

具有能量为 1.75 MeV 的质子通过反应 $^{13}C(p,\gamma)^{14}N$ 可以用来产生单能的 9.17 MeV 的 γ 射线,产生的复合核 ^{14}N 处在激发态,它退激时会放出一个特征 γ 射线,可以通过测量这种共振的 9.17 MeV γ 光子的穿透或散射来监测爆炸物(爆炸物中含有 ^{14}N)(图 9 – 14)

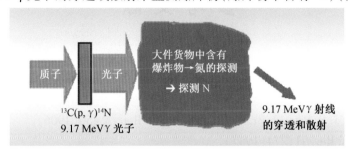

图 9 – 14 用于爆炸物探测的 γ 共振技术

(P. oblozinsky,CSEWG – USNDP Meeting:国土安全的核数据[27])

2. 探测裂变材料

中子和高能量的 γ 射线能够用于有效地探知在容器内含有的特殊核材料(图 9 – 15),这一技术是基于由裂变碎片的 β 衰变放出的大于 3 MeV 的高能量的 γ 射线。这个 γ 射线产额比 β 缓发中子要高 10 倍,同时 γ 射线从含氢的货物中逃脱出来比中子要容易得多。

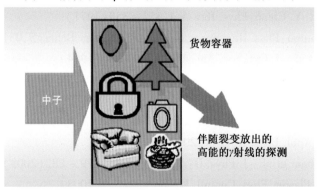

图 9.15 放射性的(中子和 γ 射线)裂变物质检查

(E. Norman. CSEWG – USNDP Meeting 国土安全的核数据[27])

3. 探测核材料

用低能的质子(小于 5 MeV)去探测 U,Pu,Be,D,^{6}Li,通过低能质子 $^{19}F(p,\alpha\gamma)^{16}O$ 反应,可以产生 6 ~ 7 MeV 的 γ 射线,这些单能 γ 射线高于光致裂变和光核反应的阈值。

9.4 总 结

激光嬗变领域的未来发展,将从高强度激光技术最近迅速的发展中受益,在未来几年之内,紧凑的、高效的激光系统将诞生,有能力去产生超过 10^{22} W/cm^2,重复频率为每分钟一炮或更高,这些激光将产生电子和 γ 光子,它的能量处于巨偶极共振的范围内。同时开辟了在这一区域内获得核数据的可能性。这些实验能在中性和带电粒子的辐照下研究材料的行为提供一个新的途径,而不用反应堆和加速器。

参 考 文 献

［1］M. Howarth：*Poiner Research on the Atom.*（London,1958）,pp. 3 - 84.

［2］A. Fleck："Frederic Soddy" in Biographical Memoirs of Fellows of the Royal Society 3,203 - 216（1957）.

［3］E. Rutherford,J. E. Petavel：Br. Assoc. Advan. Sci. Rep. A 456（1906）.

［4］E. Segre：Phys. Rev. 71,274（1947）.

［5］G. T. Emery：Ann. Rev. Nucl. Sci. 22,165（1972）.

［6］H. Mazaki：J. Phys. E,Sci. Instrum. 11,739 - 741（1978）.

［7］K. Ader,G. Bauer,V. Raff：Helv. Phys. Acta 44,514（1971）.

［8］W. Rubinson,M. L. Perlman：Phys. Lett. B 40,352（1972）.

［9］K. W. D. Ledingham et al. ：Science 300,1107 - 1111（2003）.

［10］K. W. D. Ledingham et al. ：Phys. Rev. Lett. 84,899（2000）.

［11］H. Schwoerer et al. ：Europhys. Lett. 61,47（2003）.

［12］M. J. Feldman,R. Y. Chiao：Phys. Rev A 4,352 - 358（1971）.

［13］T. Tajima,G. Mourou：Phys. Rev. Spec. Topics Accelerators Beams 5,031301 - 1（2002）.

［14］O. E. Martinez et al. ：J. Opt. Soc. Am. A1 1003 - 1006（1984）.

［15］P. Main et al. ：IEEE J. Quant. Electr. 24,398 - 403（1988）.

［16］C. K. Rhodes：Science 229,1345 - 1351（1985）.

［17］K. Boyer,T. S. Luk,C. K. Rhodes：Phys. Rev. Lett. 60,557 - 560（1988）.

［18］J. Magill et al. ：Appl. Phys. B,1 - 4（2003）.

［19］K. W. D. Ledingham et al. ：J. Phys. D：Appl. Phys. 36,L79 - L82（2003）.

［20］F. Ewald et al. ：Plasma Phys. Control. Fusion 45,1 - 9（2003）.

［21］P. McKenna et al. ：Phys. Rev. Lett. 94,084801（2005）.

［22］T. Žagar et al. ：New J. Phys. 7,253（2005）.

［23］See http：//www. ualberta. ca/ ~ csps/JPPS3（2）/M. Kumar/particles. htm.

［24］See http：//www. nea. fr/html/pt/docs/iem/madrid00/Proceedings/Paper41. pdf.

［25］J. Magill et al. ：Joint Research Centre Technical Report JRC - ITU - TN - 2003/08（March 2003）.

［26］J. Magill：*Nuclides. net*：*An Integrated Environment for Computations on Radionuclides and their Radiation*. （Springer，Heidelberg 2003），http：//www. nuclides. net. .

［27］Proceedings of the CSEWG – USNDP 2004 Meetings，November 2 – 5,2004；http：//www. nndc. bnl. gov/proceedings/2004csewgusndp/.

第10章 用于核嬗变的高亮度 γ射线的产生

K. Imasaki[1], D. Li[2], S. Amano[2], and T. Mochizuki[2]

1. Institute for Laser Technology, 2 – 6, Yamada – Oka Suita, Osaka, 565 – 0871 Japan

2. Laboratory of Advanced Science and Technology for Industry, University of Hyogo, Ako, Hyogo Japan

kzoimsk@ ile. osaka – u. ac. jp

本章将要讨论高亮度的 γ 源的产生和应用这些源去嬗变核的乏燃料。激光和光学技术的最新发展使我们能够将光子储存在一个光腔中。由一个电子束和储存的光子相互作用,产生一个增强的 γ 射线,这样的 γ 源可以期望具有高效率。我们研究了用于核的乏燃料(包括长寿命的裂变产物(FP)和超铀元素)嬗变的一个完整系统的概念设计,并讨论了这个系统的能量平衡。我们进行了一个低能电子束和储存光子在一个超级腔内的小规模实验,这些结果与腔的储存效率和电子束的能量的预估符合得很好,核嬗变的初步实验在 New Subaru 的 1.5 GeV 电子储存环上进行,这个装置建在 Hyogo 大学。

10.1 引　　言

长寿命裂变产物(FP)和超铀元素嬗变的任务是减少在地质储存的核废料中含有的那些长寿命的裂变产物和锕系元素。对于这种核嬗变的前景,曾有过许多不同的建议,曾经提出过运用 γ 射线去激发核的巨共振的方法,这种方法是用电子束和靶相互作用产生轫致辐射。然而,由电子束转化为 γ 射线的效率不高,而且产生的 γ 射线的能谱是宽的,落在巨共振能区的 γ 射线强度只是整个 γ 射线强度的一部分,这就造成了耦合到用于嬗变的巨共振能量的效率很低,这里我们提出了一个用于 γ 射线核嬗变的新方法[1]。

最近激光和光学技术的发展,使得将光子储存在一个腔内成为可能,可以期望依靠在腔内积累的光子和高能电子的康普顿散射产生高亮度的辐射是可能的,同时这样的辐射可以用于核嬗变,此外这个方法的优点在于从电能转化为 γ 射线的总效率足够高,达到在进行核嬗变时的能量平衡,电子加速器是紧凑型,同时效率也是高的,这些事实使得核嬗变具有良好的价格性能[2,3]。

在 10.2 节中说明了这个系统的原理,进行了光子的储存和它与电子束相互作用的初步实验,讨论了 γ 射线和靶的相互作用。在 10.3 节中描述了在 New Subaru 的储存环上产生 17 MeV 的激光康普顿 γ 射线,并做了核嬗变实验。在 10.4 节中我们考虑嬗变的应用,提出了产生高亮度的 γ 射线的概念设计。它具有高效率,并且在嬗变中具有能量的恢复能力。10.5 节是总结。

10.2　系统的原理

系统的原理见图 10-1,运用一个具有高反射率和低损耗的一对镜子组成的一个稳定的超级腔来储存光子。一个具有旁路的电子储存环提供了一个具有高平均电流的高能的高亮度电子束。在所谓的超级腔中,高效率的康普顿散射产生高亮度的 γ 射线。γ 射线的能量是由电子束的能量和激光光子的能量转移而来的。γ 射线的能量和 E_1 巨共振峰的能量相符合,在这个过程中也产生了中子,它同样可以用于嬗变。

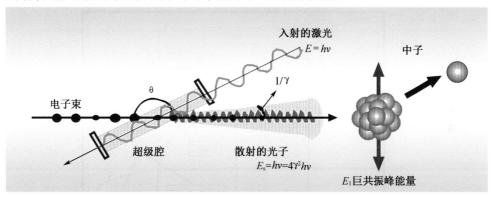

图 10-1　系统的原理

10.2.1　激光光子储存腔

进行了一个实验来证实光子储存,以及它与电子的相互作用。图 10-2 画出了在这个实验中所采用的超级腔和它的结构[4]。

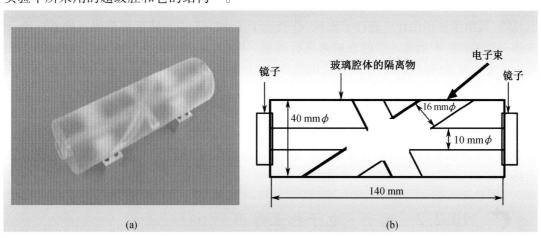

（a）　　　　　　　　　　　　（b）

图 10-2　光子储存腔及其结构

（a）超级腔;（b）腔的结构

激光光子储存腔是具有高质量的一对镜片组成的 Fabry – Perot 干涉仪,两个镜片不仅需要高的反射率($R = 99\% \sim 99.999\%$),而且要很小的损耗 $10^{-6} \sim 10^{-5}$。评估光学腔的特性,反射率 R、透过率 T 和损耗 A 是非常重要的参数,它们之间的关系是 $R + T + A = 1$,腔的穿透率和反射率可以用下面的公式来表达:

$$\eta_{\mathrm{T}} = \left(\frac{T}{A + T}\right)^2 , \eta_{\mathrm{R}} = \left(\frac{A}{A + T}\right)^2$$

估计在腔中的储存率是 η_{T}/T,表示在图 10 – 3 中,我们可以期望当运用高质量的镜子时光子的储存率可以达到 10^5。

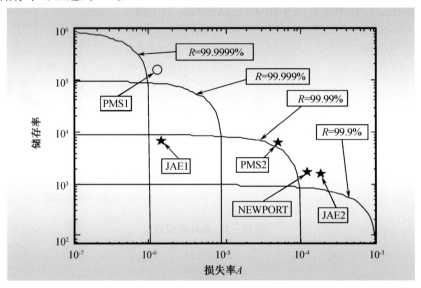

图 10 – 3   腔内光子储存率的理论计算曲线和实验的结果

PMS 和 JAE 等是镜片制造商的名称

我们用了各种不同的镜子在带有玻璃和金属间隔的腔上做了光子储存的实验,并测量其性能,其结果和理论计算进行了比较,都表达于图 10 – 3 中。储存率是用一种 ring down 方法去监测在腔中激光光子的衰减来进行测量。图中,★ 表示由几种不同类型的镜片对、用带有玻璃或金属间隔的腔上所测得的结果,见图 10 – 3 中。"〇"点表示用比较小的腔体所得到的结果。

腔内部的场可以由穿透的功率除以穿透率而得到,我们得到储存率约为 10 000,见图 10 – 3。多于 10 个小时的实验是稳定的。我们同时测量了由康普顿散射所产生的散射光子的数目,去估计腔内激光的强度,见图 10 – 4。两种关于储存率的实验结果相互符合得很好[5]。

➤ 10.2.2   光子 – 电子相互作用

光子和电子发生康普顿散射的相互作用的截面是很小的,所以用于嬗变所需的康普顿散射要求所用的激光具有非常高的功率和几十 GJ 的平均能量,而这种激光现在还做不出来。但是在具有高储存率的腔内,如前所述,就有可能用一般的激光去得到那样高的激

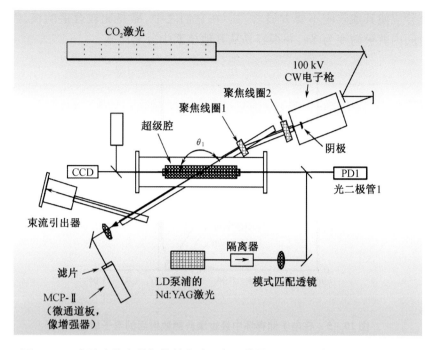

图 10 - 4　在腔中的康普顿散射实验。电子能量 100 keV，电子是由激光加热阴极而发射，超级腔用以储存光子，激光器是 LD 泵浦的 Nd：YAG 激光器

光强度。所以可以考虑应用这种新的激光技术[2] 去产生用于嬗变的 γ 射线。

图 10 - 1 给出在这种超级腔中康普顿散射的示意图。散射的光子的能量变为原来入射光子能量 $h\nu$ 的 $4\gamma^2$ 倍，立体角为 $1/\gamma$。相互作用角 θ 取为接近 2π，以获得最大的相互作用。散射光子的方向是由电子束的方向所决定的，嬗变靶的直径小于 1 cm。

腔内激光强度是如此的高，康普顿散射成为非线性，并多次发生散射。对于 1 μm 波长的激光，非线性康普顿散射的阈值是 10^{22} W/cm^2[3]。尽量做到不去超过这个值，以避免在储存环中电子的能散太大。但是在各种激光强度的条件下，腔中产生了多次散射，对于在经过散射后，计算得到的电子束的标准能谱见图 10 - 5。如果原来的电子能量是 1 GeV，激光波长为 1 μm，激光强度大于 10^{18} W/m^2 后，清楚地观察到了多次散射的效应[4]。

对于储存环来说，为了能达到能量的平衡，保持电子束在稳定的轨道上是很重要的，因此我们用一个旁路系统进行多次散射。电子束在这个旁路系统中和光子发生多次散射后，它就被转移到正常轨道上，让它几次通过正常轨道，而没有发生什么相互作用，能量恢复到1 GeV。然后引入旁路，再和光子发生相互作用，系统不断地重复这一过程，以使电子一直停留在环中。正在进行一个详细的模拟，去设计一个用于嬗变系统的电子储存环。

 ## 10.2.3　靶的相互作用

1. 对于 γ 射线的直接靶

表 10 - 1 中列出了需要嬗变的核素，这些核素是 1 GW 的反应堆运行 1 年后所产生的[7]。γ 射线将在靶上产生许多反应，电子对的产生占主导地位，并且它随着 Z^2 的增加而增加。所以对于巨共振而言，低原子序数的核，如 FP 的核更为合适[译者注：要使巨共振的

作用发挥充分应使其他效应不要太显著。]。在它们之中,碘是比较合适的核,因为它在几十分钟的时间内就被嬗变为 Xe,并很容易从其他核素中分离出来。

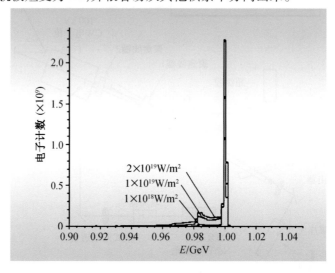

图 10－5　在电子储存环中经过康普顿散射后的电子能谱

（激光功率密度为 10^{18} W/m^2 ~ 2×10^{18} W/m^2）

表 10－1　1 GW 的反应堆运行一年产生的核废料

	核	半衰期/a	中子截面/b	产额/(Ci/a)	数量/(kg/a)
FP	^{85}Kr	11	1.7	3.0×10^5	0.79
	^{90}Sr	29	0.014	25×10^6	17.8
	^{93}Zr	1.5×10^6	2.6	61	24.0
	^{99}Tc	2.1×10^5	20	433	25.5
	^{107}Pd	6.5×10^6	1.8	3.6	7.0
	^{129}I	1.6×10^7	27	1.0	5.8
	^{135}Cs	2.3×10^6	8.7	13.5	11.7
	^{137}Cs	30	0.25	3.5×10^6	39.5
	^{151}Sm	90	15 000	1.1×10^4	0.4
TRU	^{237}Np	2.1×10^6	181	11	14.4
	^{241}Am	432	603	5.0×10^3	1.46
	^{243}Am	7 380	79	601	3.03
	^{243}Cm	285	720	55	0.01
	^{244}Cm	18	15	5.8×10^4	0.72
	^{245}Cm	8 500	2 347	4.1×10^3	0.03

由 γ 光子产生嬗变的同时也放出了中子,这些中子有高的通量,它可以引起放置在直

接靶周围的超轴元素和长寿命的裂变产物的次级反应。碳是另一种直接靶和中子源的候选者,碳通过(γ,n)反应嬗变到硼,再通过(γ,n)反应硼衰变为几个 α 粒子和几个质子。碳靶中反应率得到更大的增强是可能的,这将在下面进行讨论。

2. 反应率

正电子湮没放出光子,对于很多核 E_1 模的核巨共振的截面都曾进行过精确的测量[6],总截面的定标率和反应的峰值能量的研究将在下面进行,我们用它们去计算嬗变的反应率并设计嬗变系统。对于 γ 射线的嬗变反应率 R_{rea} 可以写为

$$R_{rea} = \langle \sigma_{gr}(E_p) \rangle / \langle \sigma_{pa}(E_p) + \sigma_{gr}(E_p) + \sigma_{co}(E_p) + \sigma_{pe}(E_p) \rangle \qquad (10-1)$$

式中　$\sigma_{pa}(E_p)$——能量为 E_p 的 γ 光子产生电子对的截面;

　　　$\sigma_{gr}(E_p)$——产生巨共振的截面;

　　　$\sigma_{co}(E_p)$——和靶中的电子产生康普顿散射的截面;

　　　σ_{pe}——产生光电反应的截面。

对于 FP 靶和一个标准 γ 射线能谱,上面几种过程的截面见图 10-6[8]。

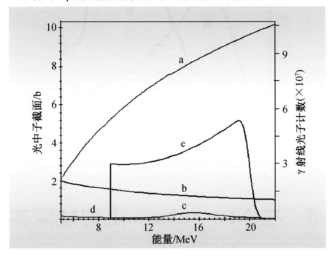

图 10-6　在直接靶相互作用中各种过程的反应截面曲线

a 是产生电子对截面;b 是产生康普顿散射截面;c 是巨共振截面;d 是光电效应截面;
e 是电子束和激光相互作用所产生的标准的 γ 射线能谱

[译者注:图 10-6 中纵坐标是光中子截面是不合适的,公式(10.1)和图 10-6 之间没有直接的联系,不能把 γ 射线产生的电子对、康普顿散射和光电效应的截面曲线直接地画在产生光中子的截面和 γ 射线的能量关系的图上,然后去和 γ 射线产生的巨共振效应直接相比。实际上电子对中、高能量的电子产生的轫致辐射的高能量段仍然有可能落在 γ 巨共振区,而大部分的电子对、康普顿散射和光电效应都不产生中子,所以图 10-6 的纵坐标应改 γ 射线各种反应的截面/b。]

式(10.1)对于高 Z 物质,如 FP 或 TRU 物质中的高 Z 的物质,可以改变为

$$R_{rea} = \langle \sigma_{gr}(E_p) \rangle / \langle \sigma_{pa}(E_p) \rangle \qquad (10-2)$$

对于 FP 的正常反应率是 3%,更好一些的反应率是希望能达到能量平衡。对于高 Z 和中等大小 Z 的靶,很重要的事是去压制电子对的产生,以增强反应的概率(指巨共振)。

在另一方面,低 Z 靶如碳靶,式(10-1)可以近似地写为

$$R_{rea} = \langle \sigma_{gr}(E_p) \rangle / \langle \sigma_{gr}(E_p) + \sigma_{co}(E_p) \rangle \qquad (10-3)$$

抑制在靶中由电子产生的康普顿散射是至关重要的事情,希望在靶内加上适当的磁场和采取极化的 γ 射线来抑制电子对的建立和靶中电子产生康普顿散射,这些都在图 10-7 中表示出来了。在最佳的情况下,我们希望通过抑制靶中电子的康普顿散射和两种核(指 I 和 C)的电子对的产生,来使得碳靶的反应率超过 5%。

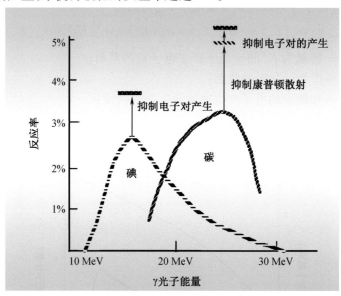

图 10-7 对于 γ 射线直接靶的反应率和增强反应率的可能性

10.3 在 New Subaru 上的嬗变实验

10.3.1 用于嬗变的 γ 射线的产生

嬗变实验是在 New Subaru 储存环 1.5 GeV 装置上进行的,我们能通过产生 γ 射线去产生巨共振,并开展嬗变实验。实验的结构表示在图 10-8 中,BL1 线是用于产生 γ 射线的束线[9]。

我们用 Ge 探测器测量了光子的数目和能谱,并由此去计算嬗变率。New Subaru 的一个直线段是去实现激光康普顿散射,在那里电子束和激光束进行对头碰,于是电子和激光光子之间的碰撞能够产生比较高的光子能量,并且沿着入射的电子的运动方向前进,向前的主体角是 $1/\gamma$。对于 1 GeV 的电子束,在我们的实验中发散角是 0.5 mrad。一个反射镜放置在下游的末端去反射激光束,沿着束线通过相互作用点,这个相互作用点设计在直线段的中间处,激光通过作用区后,在一个放置在上游区的一个反射镜反射出反应室,产生的 γ 射线光子能量可以穿过放置在下游的镜子,并到达探测器或者辐照核样品。

激光是用 Nd:YAG 激光,工作在 CW 状态,波长为 1.064 μm,功率为 0.67 W。用 5 面

镜子将激光导入真空室,将一个焦距为 5 m 的凸透镜放置在一个位置上,它离开 YAG 激光器 7.5 m,同时离直线段中心点为 15 m,光的聚焦斑的半径为 0.82 mm。考虑到在反射和衍射方面的损失,在相互作用点处的激光功率约为 0.35 W。一个准直器同时它还是样品的支座放置在一个高纯锗同轴光子探测器的前面,高纯锗探测器的晶体的直径为 64.3 mm,长度 60.0 mm,记录的效率为 45%。

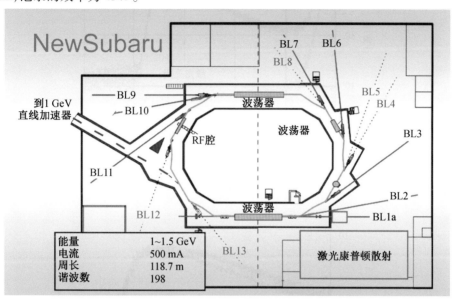

图 10 − 8　用于嬗变实验的 New Subaru 电子储存环

电子束的大小决定于它的 β 函数和发射度。对于 New Subaru 储存环,在直线段中心点处,这些参数可以表征为 $\beta_x = 2.3$ m,$\beta_y = 9.3$ m,$\varepsilon_x = 40$ nm 和 $\varepsilon_y = 4$ nm,其结果是电子束的大小在水平方向为 0.3 mm,在垂直方向为 0.19 mm。在相互作用点处电子束的大小小于激光束的大小。New Subaru 储存环中电子束的平均电流可以达到 200 mA,按照实验的需要要监测这个电流。γ 射线是在一个比较低的电子束电流情况下(如几 ma)进行测量,以防止它使 Ge 探测器饱和。在有 6 mm 直径的准直器的情况下,有激光和没有激光时,探测器测量的结果见图 10 − 9。在激光康普顿散射 γ 射线和本底之间的明显差别,指出了结果具有很好的信噪比。最大的 γ 射线的能量出现在 17 MeV 附近,这和理论预估相一致。

我们运用 EGS4 程序[10]对产生 γ 射线光子的全过程进行了模拟,从 γ 射线通过反射镜输出窗,准直器,最后被 Ge 探测器记录。EGS4 程序是大家熟知的,并广泛地应用于粒子和物质相互作用的领域,它考虑了很多的物理过程,如轫致辐射的产生、电子对的产生、康普顿散射和光电效应,模拟计算的曲线和实验的数据符合得很好,见图 10 − 9。对实验数据处理后,我们得到实际的 γ 射线光子为 2.5×10^5 A·s·W^{-1}。当 $I_e = 0.2$ A 和激光在相互作用区的平均功率 $P = 0.35$ W 时,最后可以得到 1.75×10^4 s^{-1} 的 γ 光子产额。

对于要获得在嬗变靶中有效的相互作用必须有极化的 γ 射线,这种极化的 γ 射线是由偏振的激光所产生。理论分析指出激光康普顿散射 γ 射线的强度空间分布是和原始的激光光子的偏振状态有关,圆偏振的和非偏振的原始光子产生康普顿散射的 γ 射线强度的横向呈现角对称的分布,而线偏振的原始激光光子形成的康普顿射 γ 射线的强度分布呈现角方向的调制。在我们的实验中,入射的激光光子是线偏振的,影像板放置在离相互作用点

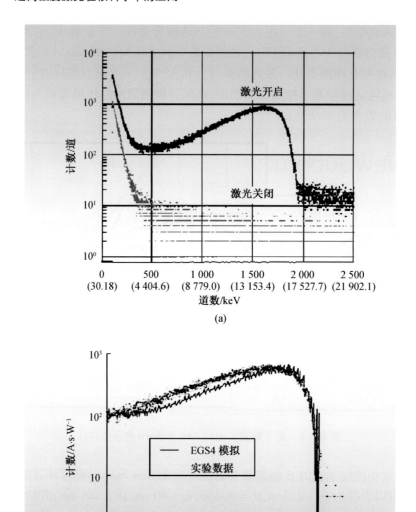

图 10 – 9　康普顿散射的 γ 能谱和理论计算的比较

15 m 处,去探测产生的 γ 射线的空间分布。由实验所得的和由计算所得到的 γ 射线空间分布的图像见图 10 – 10[11],实验的结果和理论计算符合得很好,我们考虑真实的电子束有一个发散角,它使得实验的图像变得暗淡和模糊。

 10.3.2　核嬗变率的测量

我们用金靶,金靶的嬗变过程如图 10 – 11 所示。

128

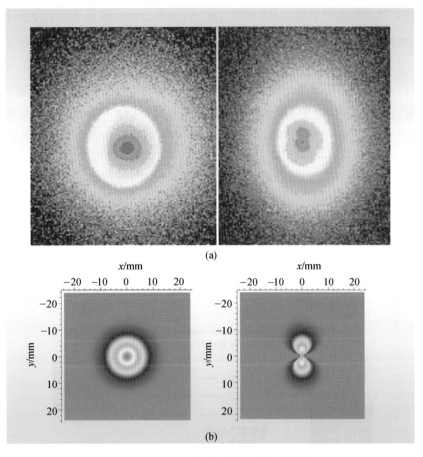

图 10 - 10　实验和计算的 γ 射线的图像

（a）实验的 18 MeV γ 射线的图像,对于正常和线偏振激光;
（b）计算的 18 MeV γ 射线的图像,对于正常和线偏振激光

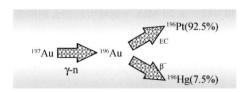

图 10 - 11　金靶的嬗变过程

　　我们对 γ 射线到产生核巨共振之间的耦合效率进行探讨和研究,这定义为每一个 γ 光子产生嬗变的概率,耦合效率的推导是对文献[4,6]中描述的方法进行改进,考虑了圆柱体的几何结构而得到

$$\eta = \frac{N_0 \int_0^b \int_0^a \sigma_{\mathrm{L}}(E) \cdot \sigma_{\mathrm{g}}(E) \mathrm{e}^{-\mu l} \cdot 2\pi \mathrm{d}r \mathrm{d}l}{\int_0^b \int_0^a \sigma_{\mathrm{L}}(E) \cdot 2\pi \mathrm{d}r \mathrm{d}l} \qquad (10-4)$$

这里,N_0 是靶单位体积中的原子数目;$\sigma_{\mathrm{L}}(E)$ 是由 Klein – Nishina 公式所定义的激光康普顿散射截面;$\sigma_{\mathrm{g}}(E)$ 是能量为 E 的 γ 射线产生巨共振的截面;μ 是总的线性衰减系数,包括光

电效应、康普顿散射和电子对效应,这和在文献[8]中表达的一样;a 和 b 代表圆柱靶的半径和长度。如果康普顿散射的 γ 射线的能谱分布为 $n(E)$,$\int_{E_1}^{E_2} n(E)\mathrm{d}E = n_0$,即 n_0 是入射到嬗变靶上能量分布在 E_1 到 E_2 之间的康普顿散射 γ 射线的总数。

两个金棒的长度是 5 cm,一个半径是 0.25 cm,另一个半径为 0.5 cm,放置在离相互作用点 15 m 处,在轴线上照射 8 小时,嬗变的过程见图 10 – 12。主要的衰变发生在从 ^{196}Au 到 ^{196}Pt 时放出 355.73 keV 的 γ 射线。355.73 keV 的 γ 射线是由 NaI 晶体来测量的,所得到的这条线的活性和 6.183 d 的半寿期符合得很好。通过数据处理我们得出,在照射结束时嬗变的核数是 3.165×10^6。在另一方面,由 Ge 探测器测到的被吸收的激光康普顿 γ 射线光子在照射期间为 2.95×10^{18}。所以从 γ 射线到核巨共振的耦合效率为 1% 和 2%,准确地说,这个数值低于实际值,这是因为在外面测量嬗变产物的活性时 γ 射线的衰减造成的,今后的实验将提供一个更为精确的估算。然而这些实验的结果和理论分析的结果比较接近,见图 10 – 13[12]。现在我们在测量由这些反应所产生的中子谱,以更好地了解这些过程中的能量平衡。

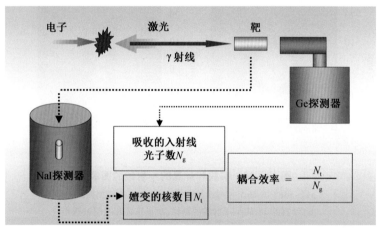

图 10 – 12 由 20 MeV γ 射线引起的金靶的嬗变

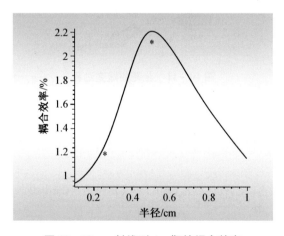

图 10 – 13 γ 射线到 Au 靶的耦合效率

10.4　嬗变系统

具有高亮度的 γ 射线用于嬗变系统的模型见图 10 – 14。作为一个经济的核乏燃料的嬗变系统,这个系统最重要的是它需要效率高和价格低,这里讨论能量流程,最重要的参数是 γ 射线的产生效率 η_g。

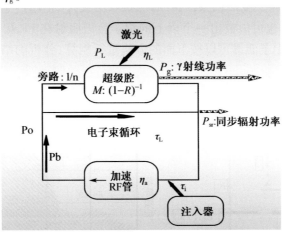

图 10 – 14　具有高亮度的 γ 射线的高效率嬗变系统的模型

10.4.1　γ 射线的产生效率

在图 10 – 14 所展示的模型中,γ 射线的产生效率 η_g 可以写为

$$\eta_g = P_g \left[P_0 + P_b \tau_i / \tau_L + (nP_{sr} + P_g)/\eta_a + P_L/(\eta_L M) \right]^{-1} \qquad (10 - 5)$$

式中　P_g——γ 射线的功率(= 电子损失的能量,因为 γ 射线的能量就是从电子束的能量转换而来的);

　　　P_0——运行储存环所需要的功率;

　　　P_b——注入环中时电子束的功率;

　　　τ_i——电子束注入储存环中的时间;

　　　τ_L——储存环中束的寿命;

　　　P_{sr}——同步辐射功率;

　　　n——要实现一次相互作用所需要的旋转的次数;

　　　η_a——加速的总体效率,包括速调管和其他;

　　　P_L——在超级腔中激光的功率;

　　　η_L——激光注入腔中的效率;

　　　$M = (1 - R)^{-1}$——激光在腔中的积累的速率;

　　　R——具有低损耗的镜子的反射率。

这个方程式可以近似地改写为

$$\eta_g = \eta_a \left[(nP_{sr}/P_g) + 1 + P_L/(P_g\eta_L M) \right]^{-1} (= \eta_a) \qquad (10-6)$$

对于超导加速器的一些典型参数来看,效率非常高,$\eta_a = 0.8$,这很强地依赖于加速管的效率,当我们用超导管时,可以希望得到很高的效率。

10.4.2 中子效应

靶核的能级见图 10-15,当 γ 射线的能量超过嬗变反应阈值 E_{thr} 时,巨共振就发生了,并放出一个中子,自然也可以放出一个以上的中子。当照射在 FP 靶上的 γ 射线的能量在 20 MeV 左右,产生的中子能谱可以按下面的方法进行粗算,分析的结果和模拟计算的结果符合得很好。

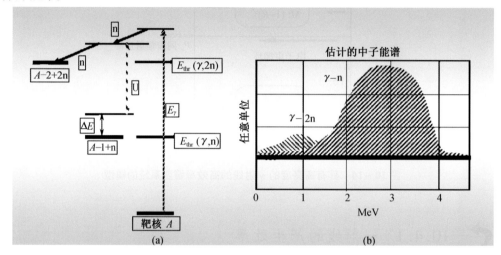

图 10-15 嬗变过程中 γ 射线典型的核能级和估计的中子谱

正如在图 10-16 中所指出的,中子可以继续嬗变,次级靶包含 TRU 和中子倍增的物质,在次级靶中的核反应使得中子数得到倍增,并导致系统的能量平衡。次级靶主要含有 TRU 材料的次临界的可裂变的包层,3~4 MeV 的中子就可以产生反应,并发出热能,它可以导致系统的能量平衡。

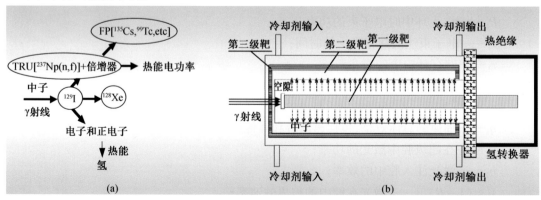

图 10-16 靶中的反应过程和靶结构的粗图

(a) 反应过程;(b) 靶结构的粗图

中子数目是如此之高,使得我们能够期望去得到高的嬗变率。除此以外,次级靶的外面部分和由 FP(如 Tc,Cs 等)所组成的第三级靶可以作为中子的吸收剂去吸收中子。图 10 - 17 展示了在这种情况下所估计的中子密度。

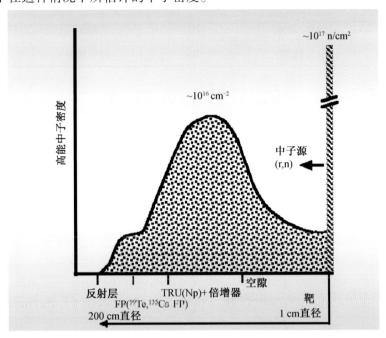

图 10 - 17　靶结构的每一节处的中子密度

靶直径 1 cm,长 100 cm,在中心位置和含有 TRU、中子倍增剂的次级靶之间有一个空隙,第三级靶包含有 FP,它能吸收从次级靶发出的中子

第一级靶是由电子对效应所产生的电子对(即电子和正电子)所加热,热能密度足够高可以有效地制氢。

 ## 10.4.3　系统的参数

从前面的讨论我们可以估计一个嬗变长寿命的裂变产物和超铀元素的实际系统所需要的参数,列于表 10 - 2 和表 10 - 3 中。

表 10 - 2　嬗变系统的参数

组成	参数	需求	状态	备注
电子储存环	能量	3 GeV	—	旁路
带有旁路的环	电流	15 A/beam AV.	2 A	
4 beams	频率	800 mHz	—	能量
×5 machine	接收度	3%	2%	循环
CW CO_2 laser ×5 machine	功率	500 kW	200 kW	

表 10 - 2(续)

组成	参数	需求	状态	备注
光子累积腔	累积率	8000	7 000 -	CO_2激光
	路数/单元	20	8000	多路
	单元数/束	10	对于激光	

表 10 - 3　各种情况下的嬗变系统　　　　单位:m$　百万美元

嬗变系统			例 1 正常相互作用	例 2 通过 TRU 包层达到能量恢复	例 3 例 2 + 氢产生	例 4 碳靶增强的相互作用
γ 射线光子		能量 数目/秒 反应率 需要的总功率	17 MeV 2×10^{21} 3% 6 GW	17 MeV 2×10^{21} 3% 6 GW	17 MeV 2×10^{21} 3% 6 GW	17 Mev 10^{21} 6% 2 GW
靶(50 个反应堆)	直接	^{129}I	290 kg	290 kg	290 kg	碳靶 100 kg
	第 2 级 次临界	TRU (Np,Am. Cm) 2MeV 中子	600 kg	1 000 kg	1 000 kg	TRU 1 500 kg
	第 3 级	FP - Tc	—	2 000 kg	2 000 kg	锝 - 碘 2 000 kg Cs 2 000 kg
初始成本(估计)			1 000 m$	2 000 m$	2 500 m$	2 000 m$
运行成本/年 (估计)			+500 m$ (电能成本)	0 (能量平衡)	-200 m$(增益) (氢输出和 靶加工)	-200 m$ (氢输出和 靶加工)

这些参数离现在的技术水平相差得并不是很远,在这个估算中光子储存腔的长度为 1 m,4 个反射镜的反射率见图 10 - 18,它能够嬗变五个 1 GW 的反应堆产生的长寿命的核乏燃料 FP 和 TRU。

这个系统都总结在图 10 - 19 中,我们能够得到能量和成本的平衡。在理想的情况下,它意味着一种无成本的嬗变。从微观的角度出发,这个系统是一个能量转换器,我们以很高的效率产生 γ 射线,同时最后制造了氢。在这个过程中,γ 射线和中子使得长寿命的裂变元素和超铀元素发生了嬗变。我们可以期望在能量上得到平衡,此外存在着这样的可能性,即用产生氢的价格去平衡最初这个系统的安装和这一带有分离功能系统的运行所需的费用。

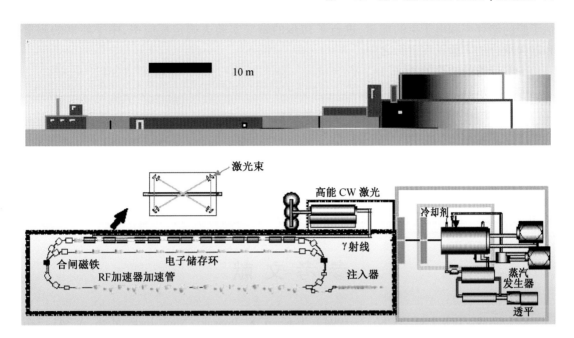

图 10 - 18　嬗变装置示意图

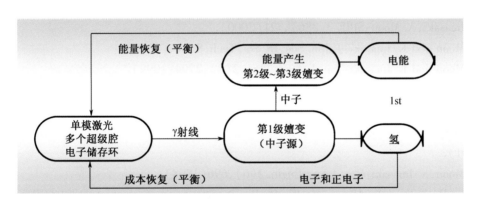

图 10 - 19　核嬗变方法的系统

10.5　总　　结

我们研究了一种新的方法,可以高效率地产生高亮度的 γ 射线,这个方法用一个在光子储存腔中增强的康普顿散射,应用这个 γ 射线嬗变,这个方法的优点如下:

(1)可以达到能量和成本的平衡;

(2)可以做到快的嬗变;

(3)系统能够立即停机,因此安全性好;

(4)电子束储存环和 CW 的激光可以做得很紧凑,整个系统的成本低;

(5)和现在的技术水平差得不远。

我们进行了激光光子的储存和在腔内与低能电子的相互作用,相应的结果非常好地预估了腔的储存率和电子束的能量,进行了初步的嬗变实验去确定反应率,中子能谱的测量和增强耦合的实验正在进行之中。

一些优秀的结果如下:

(1)高功率的电子束储存环;

(2)光子储存腔单元和高功率单模激光器;

(3)经过多次康普顿散射在储存环中的电子轨道;

(4)从第一级靶出来的中子能谱,并去得到能量平衡;

(5)靶的相互作用和反应率。

这些事例都正在研究之中。我们能够产生高效率的高亮度 γ 射线,并将它运用于嬗变,能够有希望达到能量平衡。氢的产生能够去补偿系统初始安装和运行的费用。

参 考 文 献

[1] K. Imasaki:JPN PAT 2528622(1994),J. Chen,K. Imasaki:Nucl. Instr. Meth. A 341,346 (1994).

[2] K. Imasaki:The Rev. of Laser Engin. 27,14(1999).

[3] K. Imasaki,A. Moon:SPIE 3(886),721(2000).

[4] A. Moon and K. Imasaki:J. Jpn. Soc. IR Sci. Tech. 8,114(1998).

[5] A. Moon and K. Imasaki:Jpn. J. Appl. Phys. 3(8),2794(1998).

[6] M. Nomura et al. :JNC Tech. Rep. JNC TN 9(410),2000(2000).

[7] D. Li,K. Imasaki,M. Aoki:J. Nucl. Sci. Tech. 3(9),1247(2002).

[8] M. Harakeh and A. von der Woude:*Giant Resonance* (Oxford University Press,Oxford, 2001).

[9] A. Moon,K. Imasaki:Rev. Laser Engin. 2(6),696(1998).

[10] W. R. Nelson,H. Hirayama,W. O. Roger:*The EGS4 Code System*,SLACReport,265 (1985).

[11] D. Li,K. Imasaki,S. Miyamoto,S. Amano,T. Mochizuki:Rev. Laser Engin. 32,211(2004).

[12] D. Li,K. Imasaki,S. Miyamoto,S. Amano,T. Mochizuki:Nucl. Instr. Meth. A 528,516 (2004).

第11章 在可持续裂变能的产生和核废料的嬗变中激光的潜在作用

C. D. Bowman[1] and J. Magill[2]

1. ADNA Corporation, 1045 Los Pueblos, Los Alamos, NM 87544, USA

cbowman@ cybermesa. com.

2. European Commission, Joint Research Centre, Institute for Transuranium Elements, Postfach 2340, 76125 Karlsruhe, Germany

Joseph. Magill@ cec. eu. int.

虽然用快堆的技术和后处理来解决核乏燃料嬗变的方法已经存在好多年了,但是这个技术并没有得到推广应用,主要是经济的原因,同时也出于安全和对核扩散的考虑。地质埋存作为核废料的一种处置方法在一些国家中同样存在着政治的不确定性。我们在这里论述裂变中子进行中子补充的方法可以替代后处理的需要,使成本比后处理低。补充中子第一步可以用加速器来产生中子;第二步可以用聚变加次临界系统来产生中子。几乎由当今的反应堆所产生的所有的锕系元素和长寿命裂变产物都能烧掉而不用后处理的方法,同时比基于 d - t 聚变的能源还要大,整个铀和钍的资源可以开发起来,并实现乏燃料的同时燃烧。这里指出了驱动一个次临界裂变系统的激光聚变系统,将裂变电功率的10%进行再循环,系统工作在物理得失相当的状态。这是和当今作为次临界的裂变驱动器的加速器 - 散裂技术相匹配的,同时这一聚变系统在工程上的得失相当,是用于驱动一个次临界的裂变系统。它可能超过任何已知加速器技术潜在的最佳性能。

这一章要介绍一种具有创新性的反应堆技术,它超出了50年前到现在一直统治这个领域的技术,这同时召唤人们对聚变中子研究的关注。聚变中子驱动的裂变的研究将达到技术和经济的可行性远远早于纯粹的(d,t)反应实现能源应用的可行性。

11.1 引　　言

世界对能源的需求在不断增长,核能的优势还没有完全达到,实际的聚变能还需要一段时间才能实现,现有的轻水反应堆产生的放射性乏燃料现在还不能经济地嬗变掉,地质埋存还存在政治上的不确定性,快堆可以提供对全部铀资源和钍资源的利用和对轻水堆产生的乏燃料进行燃烧,但是快堆比轻水堆要贵得多。虽然快堆和后处理技术在美国、欧洲、俄国和日本已经存在了几十年了,但是这一技术并没有得到推广应用,主要是因为它比较贵,还有安全和核扩散问题,核乏燃料的问题并没有得到解决。

这个讨论会的目的是引起大家对激光驱动的核反应的重视,这种核反应可以由两种方法产生:一种是由具有激光聚变级的激光器来产生,它有 1 MJ 级的能量[1];另一种是能量很小的台式激光器,每一个脉冲的能量很小,但功率很高,可以由超短脉冲激光提供,这样小的激光器可以用来加速离子,在几毫米的距离上能量加速可以达到几百 MeV,它引起核反应比中子具有更大的可能性。在这个研讨会的许多文章讨论了嬗变长寿命的不稳定的核到稳定的核[2],这就提出了一个问题,是否这些方法最终能够变成一个实际可用的方法去嬗变在乏燃料中的长寿命的核素[3],这些新的愿景不仅应该考虑到现在已有的反应堆技术,同时还应该考虑到将来可以实现的技术,化学后处理和附加中子两种作用是这些问题的核心。

　　不充足的裂变中子数和成本、安全性及核扩散的问题造成了核能系统的复杂性,这在相当程度上削弱了在燃料成本和能量密度方面它们和其他竞争者竞争的固有优势,图11-1表示了在煤、气和风能方面简单的过程。图 11-2 表示了一种先进的双层(Double strata)的燃料循环的典型基础设施。在这种特殊的燃料循环中有 3 种反应堆技术、2 种后处理技术、2 种燃料加工技术,在燃料的探矿、乏燃料从开始到最终的 21 种输运方式和八种 IAEA 监督规则。因此不足为奇这个系统的成本要大于一次通过系统的成本。

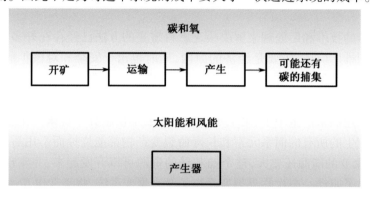

图 11 - 1　煤,气,太阳能和风能的基础设施

(列在这里是为了和未来核能系统中的基础设施(见图 11 - 2)进行比较)

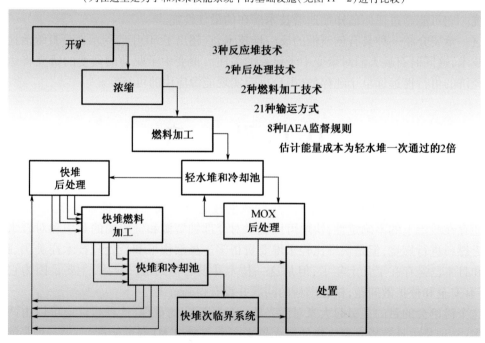

图 11 - 2　被推荐为未来的核能系统的复杂的先进的双层燃料循环

大多数反应堆技术的发展是在 50 年前提出的概念上的改进,现在的技术必须同时兼顾乏燃料处理、安全性和防扩散的问题,同时又不增加核能的价格。

核能问题最终归结于每一次裂变放出的中子数太少,如果每次裂变放出的中子数不是2.5,而是增加了 20% ,即每次裂变放出 3 个裂变中子,那么不用后处理就可以实现增殖。同时反应堆将有足够的中子去燃烧掉它自身的大部分乏燃料。

后处理无疑需要运用现今的核技术去减少中子被寄生捕获,即无谓的中子损失。但是它是一种成熟的、昂贵的技术。在核能发展的早期阶段,由加速器源产生附加的裂变中子的可能性超出了当时加速器技术的能力,但经过 50 多年来加速器的发展,加速器产生中子的价格已经大大降低了,而且改善了它的重复性和可靠性。基于后处理的裂变技术要被用附加的加速器产生中子方法所取代的选择还不是那么明显,现在的加速器产生中子的价格可能会进一步降低 1/2。聚变中子将比加速器产生中子便宜许多,它实现的时间会远远早于现在聚变能的概念,成为具有经济上的可竞争性,即使在实际上聚变能是一个理想的能源。核能的未来是基于附加中子源和采用了最佳的附加中子源的核反应堆技术。

11.2　核能倡议的经济性

基于各种不同技术的核能倡议相关的主要经济因子都在表 11 - 1 中做了比较。在表头上列举了各种技术,左边的列中列举了各种倡议。在 20 世纪 90 年代提出改进的次临界系统当时引起了人们的关注。

表 11 - 1 基于各种不同技术的核能倡议的经济因子

为了具有经济的竞争力,倡议都采用附加中子技术,同时不采用后处理技术

系统	液体燃料热谱	固体燃料热谱	快谱	聚变驱动的加速器	后处理	能源成本因子
存在的 LWRs		×				1
国际的主流技术		×	×		×	2
Rubbia'96			×	×	×	3
Europe'04			×	×	×	3
Japan'04			×	×	×	3
Los Alamos'94	×			×	×	2.5

从最上面开始,现在存在的轻水反应堆(LWRs)基于固体燃料和热中子谱,而没采用后处理技术,采用一次通过的燃料处理技术,直接永久地处理核废料,从这个系统输出的能量在经济上是具有竞争力的,因此在右边的行中给它的成本指数为 1。

国际主流的反应堆技术的发展不仅包括 LWRs,同时还包含为 LWRs 燃料增殖的快堆技术和为 LWRs 和快堆制备燃料的后处理技术。虽然这个技术建立在发展比较成熟的技术基础之上,但是它到现在并没得到广泛的应用,为此给它的成本指数为 2。

Rubbia 领导了一个方案,用加速器去产生快中子谱系统,因为它同样需要后处理技术,同时这个系统在欧洲和日本还处于研究阶段,它所用的加速器远远超出国际主流反应堆的倡议(即基于快堆和后处理),给它的成本指数为 3。

Los Alamos 加速器驱动热中子的概念提出很长时间了,它是用一个比较便宜的石墨热中子谱技术,同时还需要从加速器提供附加中子,因为这个技术基于热中子反应堆技术和加速器与后处理技术,成本指数取 2~3。

在表 11.1 中给出了一些数据,基于次临界系统的那些倡议需要附加的中子,当它包括后处理系统时相应地带来经济问题。附加的中子和后处理技术两者都要引入,增加了它在经济上竞争的问题。这似乎是清楚的,经济的可行性限制了同时引入后处理技术和附加中子技术,这里倡议包括了用附加中子技术的同时不采用后处理技术。

11.3 新倡议的技术特点

从过去嬗变技术的研究可以得到下面的观察结果。

第一,常说的快中子谱好于慢中子谱的说法是有问题的。从中子经济学的优点来看,快中子谱有能力去使奇质量数和偶质量数的核裂变,这是事实,但说得过分了,因为在热中子(在裂变产物上)花费比较少的中子数,并且工作时漏失的也比较少。热中子谱系统中可以用比较低成本的元件和比较好的嬗变性能[4],并对于核扩散的危险比较小。另外其他常争论的快中子谱的优点是所产生的比较高的质量数,锔和锎的锎系元素比较小,它大大地使后处理的过程复杂化。非常明显地,如果有技术使后处理技术可以大大简化或者可以避免,那将是最理想的方案。

第二,固体燃料的复杂性。反应堆的燃料是从新鲜的燃料变成乏燃料,因此燃料有一个寿期,然后需要停堆换燃料,并且燃料的加工费用是昂贵的。如果用液体的燃料,这些问题都可以避免(熔盐堆是第四代电站考虑的一种反应堆系统),选择熔解的氟化盐的溶液作为燃料介质,可以使反应堆工作在 750 ℃ 而不必采用昂贵同时必须考虑安全问题的高压容器(压力壳),这可能得到高的热电转换效率。通过设计低功率密度和流动的燃料去替代通常的容器壁,这实际上起着热交换的作用。液体燃料通过系统的流动避免了在固体燃料系统中燃烧不均匀的问题。在出现冷却丧失或燃料流丧失时,天然的对流携带着燃料将热导出。同时,负的温度系统(液体燃料的)自动控制着链式反应。在反应堆寿期结束时,燃料通过氦气的压力泵抽到储存罐中,输运也就完成了,而不像固体燃料系统那样需要昂贵的燃料机械的移动和输运系统。

第三,石墨作为一种慢化剂,20 世纪 60 年代 ORNL 在溶盐堆的实验中已经很好地运用过,它完全可以和熔盐相比拟。石墨比在快堆和 LWRs 中用的不锈钢要便宜得多,同时这个系统还应包括颗粒状的石墨。颗粒状石墨的价格比固体石墨价格的 1/10 还低。另外,ADNA 合作组发现可以廉价地生产现代石墨,把能量储存在石墨晶格中,同时这个能量能够传输到中子[5]。储能和能量传输到中子的重要后果是室温下的石墨慢化剂建立中子平均温度为 2 000 K。在这种中子温度下,中子谱重叠,^{239}Pu,^{241}Pu,^{237}Np,^{241}Am 和 ^{242m}Am 在 0.3 eV 附近的共振峰重叠,在"热"石墨系统中,对于更高的锎系燃料,中子的反应率比在经典的石墨系统中反应率高得多,此外中子的寄生损失也是在室温条件下的 1/3,同时"热"石墨反射层的性能也好 2 倍,因此这个"热"石墨提供了好的结果使得运行费用减少,因此热谱的熔盐"热"石墨堆发电的成本将能比当今的一次通过的 LWR 低。

11.4　密封的连续流反应堆

密封的连续流反应堆(SCFR)及其循环系统见图 11 - 3,它是一种既不是快中子,也不是固体燃料,它是引入上面所述的石墨的优点的一种概念设计的反应堆。

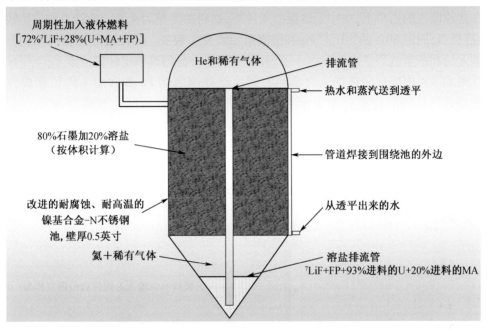

图 11 - 3　密封的连续流反应堆(SCFR)及其循环系统

如图 11 - 3 所示,这里画着一个热谱的溶盐堆,它中心临界体积的 80% 是颗粒状的石墨和 20% 的溶盐燃料。在反应堆中由于大量 ^{238}U 的存在,所以反应堆具有强的负反馈,不需要控制棒,只需安全棒。在图的左上方有一个液体燃料加入室以大约每天 2 升的速度加料,在中心轴处有一个排流管以保持堆中的燃料水平不变。通过强迫流动让液体通过中心向上和沿着池的外壁向下的流动将反应堆中的热导出。池的外壁处有 2 cm 直径的压力管,将热水和蒸汽通往透平以发电。在反应堆的顶部和底部留有空间,以收集和储存稀有气体,它有充分的储量,可以供反应堆在整个寿期中应用。系统是一个密闭的单元,永久不打开,即使在装料时也不打开。装料的完成可能是两级的过程甚至是三级的过程,这个系统所有的材料都和溶盐是完全相容的。这是 ORNL 在 20 世纪 60 年代的 MSRE 计划中公布的,所以这个反应堆的材料研发在几年前已经完成。

这个堆建造得像一个池,其中充以颗粒状的石墨、含有 ^{7}LiF 和商用反应堆的乏燃料的氟化物混合的溶化的氟化盐。裂变发生在溶盐中,这些能量通过泵的循环在堆的中心向上,并且沿着外壁向下,通过钢壁热传输到焊接在钢池外面的管道上。在那里水被加热到高温,去驱动蒸汽透平高效率地发电。为了产生乏燃料的氟化物,商用 LWR 的乏燃料首先要暴露在一个等离子体火炬装置下,通过和氯气的相互作用,把锆合金的燃料外壳变为 $ZrCl_4$ 气体。剩余的氧化物燃料继续保持着固态,并在一个氟化床的化学反应器中转化为氟化盐。如所有的燃料,包括 U、Pu、次锕系(MA)和裂变产物(FP)转化为氟化盐,然后和 ^7LiF 混合,熔化并作为颗粒状固体氟化盐或作为低共熔点的液体氟化盐馈入反应堆中。

从 LWR 乏燃料来的氟化盐混合物按照物质的量含有约 92.5% ^{238}U,2% ^{239}Pu 和 MA,1.5% ^{235}U 和 4% FP。这个混合物形成一个熔点为 550 ℃ 的低共熔点,和 ^7LiF 的混合按 3:1 的比例,大约每天有 2 升或约 7.5 kg 的乏燃料馈入这个系统,并在池中和其他的溶盐混合。当加入新的燃料时,在池中的燃料开始上升,超过的溢出进入处于排流管的下方锥形存储池。在这种馈入的速率下,在中子通量的条件下,燃料的寿期为 4 年,7% 馈入的 ^{238}U 转化为钚,然后裂变,同时 80% 的 ^{235}U、^{239}Pu 和次锕系元素发生裂变。除此之外,所有的裂变产物,包括馈入的和产生的裂变产物吸收中子,并嬗变到短寿命的或稳定的同位素。

在图 11-4 中展现出在馈入之前和它到达储存池之后 Pu 和次锕系同位素成分的比较[6]。馈入材料的同位素分布表示在图中的后面一行,所有同位素成分加在一起等于 1.0。^{239}Pu、^{241}Pu 是主要成分,约占 58%,燃烧后在储存池中的同位素成分表示在图中的前面一行,所有同位素加在一起等于 0.212,表示约有 80% 的 Pu 和次锕系元素被烧掉了。在一次通过后,^{239}Pu、^{241}Pu 的成分减少为原来的 1/10。

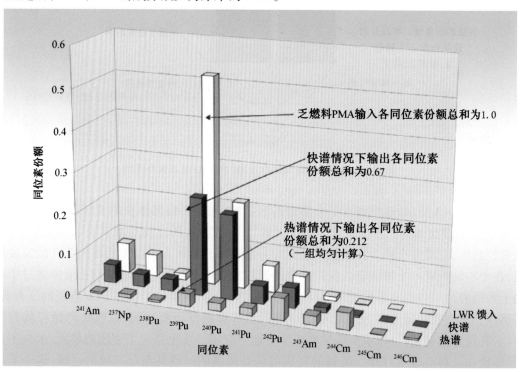

图 11-4 Pu 和次锕系同位素成分的比较

LWR 在 30 MW·d 的情况下每燃烧一吨燃料产生的乏燃料中 Pu 和次锕系(PMA)的同位素分布表示在图中后面一行,各种同位素分量的和等于 1.0。在图 11-3 所描述的反应堆中溢流出来的物质的同位素分布表示在图中的前面一行,同位素分量的总和为 0.212,这表明总的馈入物质大约减少 4/5。在图的中间一行表示通过快谱的反应堆,在一次通过后同位素的分布列在图中是为了进行比较,仅仅减少 1/3,对于裂变同位素 ^{239}Pu、^{241}Pu 的燃耗是不理想的。所有 U 同位素的燃烧产物没有列在这张图中,但非轴同位素的分布和图中前面一行没有什么差别。

由于受到钚燃烧掉后固体燃料反应性减小的影响,在快谱的堆中一次通过的 Pu 和次锕系的燃烧的份额表示在图的中间一行中,以用于比较。可以看到总的锕系元素的燃烧是 $1.0/0.67 \approx 1.5$,而在热谱中是 5,^{239}Pu、^{241}Pu 份额的减少只有 2 倍,而在热谱一次通过时是 10。必须注意到如果采用"热石墨",这个石墨反应堆的性能将得到显著的进一步地增强。

在启动具有和溢出流的盐相同的反应性的溶盐混合物后,溶盐堆必须引向同位素的平衡,完全平衡的建立需两三年的时间。在平衡时,在溢流池中的盐和在中子通量照射下的盐具有相同的化学和同位素组成。在溢流池中,大约经过四年盐充分地积累起来,其容积等于在中子通量上的容积时,积累的溢流盐可以用于启动一个相同的反应堆,并对它馈入与第一个堆一样的输入,除非第二个反应堆从一开始就是处于平衡状态。一个原始的堆在它约 40 年的寿期中就可以成为其他 10 个堆的母堆。

进一步值得注意的是,盐馈入池中时,在池子的顶部经过混合后立即转化为像在中子通量照射下的盐所具有的相同的成分(也和在溢流池中盐的成分一样),由这种形式的液体燃料系统提供一种很有意义的非扩散的优点。因为在固体燃料的反应堆中,在有监督者存在的情况下所加入的燃料可以被转移走,而这些加入的燃料只燃烧得很少或者只部分地燃烧,并有用于武器的潜在危险。而这种形式的液体燃料系统一旦燃料加入了反应堆,它立即就转化为它的最终同位素形式。

11.5　激光引发的核反应

上面讨论的部分目的是强调应用化学分离的方法将特别长寿命的核分离出来,以实现任何形式的嬗变所遇到的经济问题。激光产生的核反应能够产生荷能带电粒子、γ 射线和中子,我们在上面已经清楚地指出,即使有一个很好的用于嬗变的源,还需要和嬗变相适应的化学分离,这在经济上是不实际的。激光产生的核嬗变更像是去做一些医学和类似的应用,所要嬗变的量比较小,并且对小数量的放射性同位素采用比较简单的化学分离方法,以满足一些实际的需求。

由脉冲激光可以产生三种用于嬗变的射线源(带电粒子、γ 射线和中子)。带电粒子比中子产生的相互作用的概率小,这是由于必须穿透库仑位垒,γ 射线也比中子弱,因为电磁力比强作用力弱,因此如果脉冲激光要在嬗变中发挥作用,就必须设计成用脉冲激光产生中子。

激光产生中子有两种方式,一种是吸能反应;另一种是放能反应。放能反应的优点在于它能使中子具有足够的能量,再通过 $(n,2n)$ 反应得到倍增,同时伴随中子的产生所产生的带电粒子会将能量沉积在反应体内,进一步去产生中子并提高靶的温度。吸热的反应,如同 ^{7}Li(p,n) 反应,它既不提供高能的中子,也不产生大能量的带电粒子。因此必须选择放能反应,它能产生中子和相应的带电粒子,去进一步加热产生中子介质的温度,(d,t) 反应是很好的选择。高功率激光嬗变的道路是,通过 (d,t) 反应产生中子工作在功率反应堆的乏燃料上,而不用预化学分离的方法。

11.6 将聚变中子引导到乏燃料的嬗变中

图 11-3 中的反应堆,对于钚、锕系元素是一种有效的嬗变器,同时有效地燃烧馈入的 7% 的 ^{238}U,所产生的中子只由裂变产生。进一步燃烧出来的流出物需要外部的中子源去提供裂变中子。现在这些中子可以有效地由一个加速器来产生,这种反应堆的设计,在堆的中心附近放置一个产生中子的靶,提供一个中子源,这可以通过将加速器的束传输或者通过一个或多个管道把束送到堆的中心来实现,或者反应堆可以分成两半,中间有 $30 \sim 100$ cm宽的空间放置靶,在堆的两个半球的中间,放置了产生中子的靶,从 SCFR 出来的流体将被输送到一个反应堆,这个反应堆可以和 SCFR 的设计相同,但具有一个(d,t)源,有效的增殖系数 $K_{eff} = 0.96$ 代替 $K_{eff} = 1.0$。在这种情况下,反应堆输出的流体物可以得到进一步燃烧,约比 ^{238}U 裂变的燃烧多 7%,如果新的流出物保留原来 ^{238}U 的 86%,此外从 LWR 出来的钚、锕系元素和长寿命的裂变产物,让它们通过第一级的 SCFR 燃烧级,进一步地燃烧掉。

加速器技术是十分成熟的,但它似乎不可能将产生中子的价格进一步降低一半,然而,如果假设用超出现在的技术,加速器产生中子的价格可以降低一半,那么第二个输出的流体能够以 $K_{eff} = 0.92$ 进一步再循环,^{238}U 就有可能燃烧到 80%。如果将来聚变中子的产生比用加速器来产生中子更为便宜,那么没有后处理的循环将来能够继续下去。

图 11-5 指出 d-t 聚变中子源一定比加速器中子源便宜许多,如果一个经济的、现实的聚变电站要成为现实的目标,必须基于这样一个假定,即聚变电站发出的每度电的市价不比热-电转换效率为 45% 的裂变电站的贵,即聚变反应堆达到同样的热电转换效率,并且运行的成本也和裂变电站相当,具有这些假定聚变堆的电价格将达到和现今裂变电站高的热电转换效率所达到的价格相当。

为了将聚变中子驱动的裂变反应堆和加速器驱动裂变系统放在同样的起点上,我们首先发现在一个裂变系统中所产生的电功率的一部分必须用于驱动加速器。在图 11-3 中的反应堆在裂变热功率为 222 MW,对应的热电转换效率为 45% 时,产生 100 MW 的电功率,这时实际工作温度为 750 ℃,在每次裂变放出 200 MeV 能量时,它对应于每秒产生 7×10^{18} 裂变。

对于一个次临界系统,能量是由许多有限长度的裂变链,而不是一个连续的链所产生。每一个裂变的链所对应的长度或者平均的裂变数是 $1/(1 - K_{eff})$,这里 K_{eff} 是有效的倍增常数。K_{eff} 为 1 是临界反应堆,$K_{eff} < 1$ 是次临界反应堆。有限的裂变链必须从一个中子开始,但是并不是射入次临界装置的所有中子都能产生裂变链。如果入射的中子就像裂变中子那样被吸收,同时每一次裂变产生平均的中子数,然后只有入射中子数的 K_{eff}/ν 部分的中子会产生裂变的链。如果入射的中子比裂变中子能够更为有效地产生裂变链,自然产生裂变链的部分就可以大于此(指大于 K_{eff}/ν)。但是通常由于次临界反应堆几何的复杂性,我们都假定裂变中子和入射的中子是等效的,由一个入射的中子引起的平均裂变数是 $K_{eff}/[(1 - K_{eff})]$。对于一个标准的散裂驱动系统,$K_{eff} = 0.96$,每次裂变的平均中子数 $\nu =$

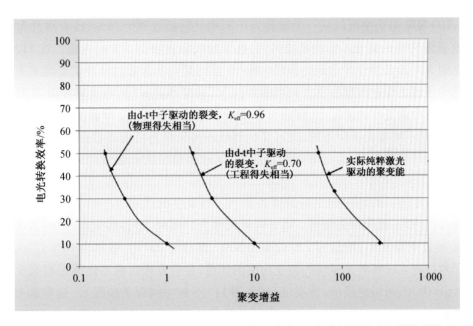

图 11-5　聚变研究的目标和相应的中子产生的重大意义:电光转换效率和增益的关系。

当聚变的增益为 1(物理的得失相当)和电光转换效率为 10% 时大约需要 100 MW 的裂变电能的 8.5% 去驱动激光,惯性的 d-t 聚变作为一种中子源能够与现今散裂源的性能要求相匹配,这是假定 1 GeV 的加速器用 8.9 MW 去产生 4 mA 的质子流,由加速器或激光器产生的中子强度足够去驱动一个 $K_{eff} = 0.96$,功率为 222 MW 的裂变系统。最左边的曲线同时指出等效于加速器(指散裂反应而言),$K_{eff} = 0.96$ 的聚变系统,用激光驱动的 d-t 聚变反应产生中子去驱动次临界的裂变装置时在电光转换效率为 50% 和增益为 0.20 时也能达到物理的得失相当。中间的曲线指出,在 $K_{eff} = 0.70$ 时裂变系统可以被驱动到同样的裂变功率以达到激光聚变工程得失相当的性能。在右边的曲线指出对于一个纯粹的激光聚变装置,它的聚变电能的 13.8% 用于驱动激光时,电光转换效率和增益的关系。很清楚在纯粹的激光聚变能的目标实现以前,激光聚变作为一个中子源是一种非常有效的裂变次临界装置的驱动器,可以是非常有效的裂变能源

2.5,那么每一个入射中子可以产生的裂变数为 9.6,因此对于 100 MW 的系统需要的中子注入率为 $(7 \times 10^{18})/9.6 = 7.3 \times 10^{17}/s$。1 GeV 质子在铅靶中通过散裂反应可以产生约 30 个中子,所以需要质子数为 $2.4 \times 10^{16}/s$,这对应于 4.0 mA 或者 4 MW 质子束功率。这就要求在加速器的效率为 45% 时,加速器的电功率为 8.9 MW,这样一种加速器看来应该是在现今直线加速器的技术的范围之内,如 100 MW 束流加速器就是由 Los Alamos 加速器产氚(APT)计划所提出的,实际在技术和靶方面都是可以做得到的。4 MW 加速器带有加工的生产线可能约为 1.25 亿美元,并且可以经济地输出电能达到有竞争力的 0.04 美元/度的价格。这一节的主要问题是去确定 d-t 聚变源的特性,可以发挥和加速器散裂中子源相同的功能(见附录)。

　　一个由 d-t 聚变源驱动,$K_{eff} = 0.96$,100 MW 的次临界反应堆,需要和加速器驱动系统相同的中子数目。所不同的是 14.1 MeV 的聚变中子,由于有围绕它的 Be 和 Pb 的 2.5 倍的倍增,因此所需要的聚变中子数是 $7.3 \times 10^{17}/2.5 = 2.9 \times 10^{17} \text{s}^{-1}$,因为每次聚变产生 17.6 MeV 能量,所以产生的聚变热功率是 0.82 MW。如果聚变的增益为 1(物理得失相当),并且电功率转换到激光功率的效率为 10%,需要的电功率是 8.2 MW,或者是 8.2% 的

100 MW,100 MW 电功率可以从一个增益为 0.3,电光转换效率为 33%,或者增益为 0.2,电光转换效率为 50% 的激光工作的系统得到,这个曲线标在图 11－5 的左边。在 LLNL 很快就要建立的 NIF 是希望至少达到物理得失相当(虽然是在非常低的脉冲重复频率下),所以一个聚变中子源工作在物理的得失相当的条件下(聚变增益＝1),电光转换效率为 0.1,在一个合适的脉冲重复率的情况下,将能符合中子源性能的要求。[译者注:NIF 装置几小时才能放一炮,是不能做能源应用的,况且要达到物理得失相当目前还存在很多困难,电光转换效率百分之一都到不了,运行费用更是昂贵,这种类型的激光装置的应用主要不是能源的目的。]

下一步聚变的目的是达到工程的得失相当。当聚变的功率等于去驱动激光所需的电功率时,就达到工程的得失相当。电光转换效率为 10% 时,增益必须达到 10(或者增益为 3.33 时转换效率为 30%,增益为 2 时效率为 50%,增益为 100 时,效率为 10%)。人们能够根据同样的过程去计算激光驱动的裂变功率的性质,并且发现次临界液体燃料裂变能系统工作在 $K_{eff}=0.70$,可以更经济,现实可行(见图 11－5 的中间那条曲线)。这看起来似乎不太可能,让相对成熟的加速器技术提供中子的价格比现在存在的系统提供的价格低一半,所以加速器驱动系统的 K_{eff} 保持在不小于 0.92。如是在人们达到实际的纯聚变能以前,聚变工程的得失相当,可以采用工作在 $K_{eff}=0.70$ 的次临界裂变系统,进一步改进增益 2.5 倍,那么次临界裂变系统就可以工作在 $K_{eff}=0.50$,这样的系统见图 11－3。它能够燃烧掉全世界的铀和钍的一半,几乎所有的镎、锕系元素和长寿命的裂变产物,不必进行后处理。

运用同样的理由,人们发现工作在和一个裂变系统相同的电功率输出的条件下,具有相同的投资和相同的工作成本的纯粹聚变系统,这个系统的热电转换效率达到 45%,产生电能的 8.2% 馈送去产生激光。电光转换效率约为 10%,这样的纯粹聚变系统需要的增益约为 270。这是工程得失相当之外的,需要另一个 27 因子的性能改善,见图 11－5 的右边曲线。[译者注:在电光转换效率为 10 时,工程得失相当要求增益为 10。]

人们看到,在电－光转换效率为 10%,$g=1$,物理得失相当,聚变中子经济上可以和加速器中子进行竞争,这个增益是纯粹聚变系统时的 1/270。在工程得失相当时,等效于增益＝10,次临界系统工作于 $K_{eff}=0.70$,聚变中子源成为实际上经济的驱动器。在这种条件下,液体的燃料系统中大约一半 Th 和 U 的能量可以被回收,而不用后处理,并且同时可以烧掉几乎全部的镎、次锕系元素和长寿命的裂变产物。

11.7 聚变 d － t 能源和裂变能源的比较

U 和 Th 裂变能源的一半是一个巨大的能量,它甚至超过了 d － t 聚变的能量。对于 d － t 聚变,氚的来源是 ^{6}Li,^{6}Li 的同位素丰度[7]是 mg/kg,在同位素丰度的排位中是第 52 位,^{238}U 是第 47 位,^{232}Th 是第 38 位,把它转换到摩尔代替毫克,并且取聚变反应的能量为 17.6 MeV 和每一个裂变的能量为 200 MeV,我们发现在地球的外壳由 d － t 聚变产生的平均能量密度为 400 MJ/kg,由 ^{238}U 为 200 MJ/kg,由 ^{232}Th 为 800 MJ/kg,即使只燃烧 Th 和 U 的一半,裂变能源将超过聚变的能源。[译者注:不能这样只用地球外壳含量做比较,地球表面含有大量的水。]

正像对 U,Th 或者 ^{6}Li 进行的评估,Cohen[9] 给出了从海水中提取铀的价格为 \$250/b,这大约为陆地上采铀矿价格的 10 倍。然而,当今的电站只能利用铀矿可提供的平均能量的 1%,虽然这里描述用加速器和聚变驱动的循环可以利用的能量增大 50 倍,Cohen 同时还估计了在海水中的铀可以供给按现今用电水平计算 700 万年,钍将可以用 2 800 万年,他同时指出除了海水中的铀之外,河水中也含有铀,它是由于溶解岩石中所带的铀,这种溶解的速率足够供给现今用电水平的 20 倍,并且这个过程可以延续十亿年。

11.8　聚变能研究所涉及的内容

第一,裂变能源储量超过了 d - t 聚变能的储量[译者注:这估算有问题,海水中含有大量的氘],同时裂变能源远远地超过了现在世界上能源的需求,在时间尺度上可以用几百万年。从能源发展的远景上看,如果裂变能可以如这里所描述的话,那么聚变能是不需要的,但是聚变中子是需要的[译者注:只能说在最近几百年裂变能在解决世界能源需求上有重要作用,但能源需求的决定因素很多,如经济性、安全性和环保,等等,不能简单地那么说]。用以驱动次临界的裂变系统能达到完美的裂变源,并同时燃烧掉几乎所有裂变所不希望的副产物。

第二,当聚变达到科学的得失相当时,在一定的合适的脉冲频率下,电 - 光转换效率约为 10%,相当约 8.5% 的裂变电能消耗于驱动激光,聚变的研究发展为可以经济地提供一个中子源。这个聚变系统具有电 - 光转换效率约 10%,增益达到 1,该中子源可以和由现在知道的最好的加速器技术为散裂中子源产生中子的性能相竞争。NIF 装置[10] 可能在今后几年达到科学的得失相当[译者注:NIF 装置到 2018 年没有达到得失相当],达到科学得失相当的下一个目标是在消耗由聚变中子引起的裂变的能量的 10% 去触发激光,再用激光聚变中子作为次临界裂变堆的驱动器,激光聚变还可以和当前成熟的加速器技术相竞争。

第三,推动聚变中子源的发展,再提高 10 倍去满足工程上得失相当的需求,这时能燃烧 ^{238}U 的 40%(在现在的商用堆的废料中),同时在没有后处理的情况下,几乎所有的锕、次锕系和长寿命的裂变产物都烧掉了,更为重要的是,它将能够去探索从海水中补充 Th 和 U 资源,在它的燃料价格远远低于现在陆地上铀矿的价格时,这个能源的前景是远远超过人类所能想象的。

第四,聚变技术在它成为经济上可以和聚变中子驱动的裂变能相竞争之前,必须在工程得失相当之外继续推进另一个 27 倍。在裂变系统之后,为纯聚变能辩护的理由是它相对于裂变能源比较便宜、清洁和安全,但这三个辩护的理由,在观察图 11 - 3 系统的优点时显得脆弱。如可能达到比现在能源低的价格,显著地减少长寿命元素的放射性,由于是次临界显著地处于安全状态和没有后处理,在燃料的周期中没有燃料的运输。这看来是从能源发展的远景看,通过改善聚变系统性能的 27 倍,在工程得失相当之外使得纯激光聚变具有竞争性的努力,从能源的远景来看,是不值得的。

第五,上面对惯性约束聚变和磁约束聚变方法提出了争议,但是惯性约束聚变的激光源可以放置在裂变区域以外很远的地方。现在大部分的磁约束聚变方法需要裂变反应堆和聚变中子产生系统占有相同的空间,这可能会造成不能解决的工程问题,只有它成为一个经济上有竞争力的纯聚变能源,磁约束聚变似乎要变成有用,然而惯性约束聚变在它经过很长的道路走向商用的聚变堆之前,它可以用作中子源。〔译者注:上述观点是从裂变聚变混合堆的角度来看的。〕

第六,图11－6指出在一个没有后处理的热能谱系统中大大简化了的循环液体燃料系统的基础设施,它具有先从加速器然后再从惯性聚变产生的辅助中子。这如图11－1那样的简单,并且提供了通向整个核能源的方法,并通过三个输运步骤对现今反应堆的乏燃料进行处理,代替图11－2中的21步骤。此外,这个技术可以实现不造成锕系的浓缩,或者用于生产武器用材料,也没有后处理,所以它有很大的不扩散的优点。虽然辅助中子源的发展并不是一个轻而易举的事,我们相信这个方法可以提供一个不同于后处理的方法,并且在经济上可以和其他除了水能之外的任何非核能技术相比较。

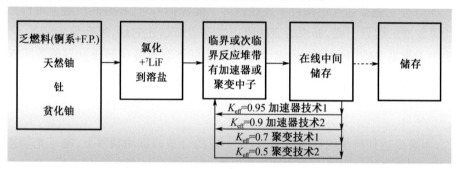

图11－6　用石墨作慢化剂的热中子谱和液体燃料的临界和次临界技术的基础设施

氟化溶盐可以容纳任何燃料物质,所以乏燃料可以用包括^{238}U、所有其他的锕系元素和裂变产物。此外,这个系统可以采用天然铀或钍或者用过的铀燃料,或者铀钍在一起。燃料材料转化为氟化盐,并且将它首先送往临界反应堆和在址储存,直到这些材料循环进入加速器驱动系统为止。然后继续在加速器和聚变驱动系统中循环,从$K_{eff}=0.95$直至$K_{eff}=0.50$。这时几乎一半的U和Th的能量都被利用了,并且所有的锫、次锕系元素和长寿命的裂变元素都烧掉了,而并不用后处理

11.9　核能研究和开发的含义

这个建议技术的关键内容是可以不断地循环,而且液体燃料不用后处理,它的热中子能谱使得能做到小的装载量、高的单次通过燃耗和从加速器或从(d,t)聚变产生低成本的中子。

(1)热谱的溶盐堆复活了

溶盐堆实验(Molten salt reactor experiment,MSRE)20世纪60年代在Oak Ridge实验室成功地显示了溶盐堆材料的技术。这个研究失败了,是由于燃料需要通过易损的外部热交换器,由于地震造成了管道的破裂,使得大量燃料泄漏在地面上,需要在线的后处理系统,它在增殖钍上的效率如果和快谱的堆相比是比较低的。需要一个新的低功率的熔盐堆去证实这种材料技术的可行性。

（2）LWR 乏燃料的氟化

由于不需要化学分离,燃料外壳的去除和氧化物转化为氟化物比后处理简单。如果这个转化能够在反应堆的基地上,在一个比较小的装置上进行,那将是一个很大的优点。在任何情况下,生产规模的氟化装置必须经过验证。自然如果开始用的燃料是天然的铀或钍,这一步骤就不必需。

（3）^{7}Li 同位素的分离

虽然有足够的 ^{7}LiF 可用以做验证,后续 SCFR 技术还需要 ^{7}LiF。幸运的是对于轻元素的同位素分离比起重元素如铀同位素的分离要简单和廉价,但是规模生产运行的验证是必需的。

（4）（d,t）聚变中子源

因为相比加速器技术,聚变提供了更为实际的优势,所以愈早地应用聚变中子源愈好。在这一节中所描述方法的最大优点和好处在于可以充分地应用铀和钍的资源,并且运用聚变中子源去高度地嬗变乏燃料。

（5）通常加速器技术的采用

现在存在的直线和回旋加速器是十分成熟的,必须演示一个高可靠性的又价廉的大规模生产的实际设计,去做到这些和束的瞄准应该是有一定的时间,因为第一代的 SCFRs 将是临界装置。

（6）束的瞄准和反应堆的积成

通常认为散裂反应是加速器产生中子的方法的同时,轻元素靶可以产生少数一些更高能量的中子并围绕以铅增殖器也可以工作得如散裂反应一样好。选择最优化的靶,并将它集成起来放入 SCFR,这不仅需要概念设计,而且需要演示。

（7）先进的加速器技术的发展

虽然加速器技术相对比较成熟了,但还是希望去进一步地发展当今的加速器技术,使它产生中子的成本能降低一半,这样的加速器将能够使燃料从前面的加速器驱动的循环中进行再循环,会对解决世界能源的供应问题做重要贡献,同时也为如果需要采用（d,t）聚变中子源争取了时间。

（8）剩余废料的最终处置

从 SCFRs 出来的液体燃料可以储存在发电站的生产场地上很长时间,并等待循环,它具有的流量要比 LWRs 的少许多,这是因为 SCFR 从给定的一定数量的矿产的锕系中产生出那么多的能量,这个循环过程如果加上更好的辅助中子源的方法可以延伸几百年,所以这种永久的废料的储存将延伸到未来,最后剩下的废物将送去储存。现在地质储存和其他永久储存的发展,给出了一个有意义的基础,给公众一个保证,即我们处理废料的手段几乎可以完全地去掉钚和锕系元素和很大程度地减少长寿命的裂变产物。

必须强调,完成这里所列的 R&D 的努力,并不需要全面地展开这些技术,仅仅需要看到它们的潜力。我们相信依赖现有的技术可以建成 SCFR,而不必运用从加速器或者聚变所提供的辅助中子源的方法,并且能显示作为一个反应堆去嬗变 LWR 乏燃料的高的和有效的性能,以及作为第一代装置去燃烧一定数量的 ^{232}Th 和 ^{238}U。如果加上外界的中子源,并延伸到熔盐热中子谱的技术,那么将取得很优异的性能,而这些是固体的燃料技术所无法比拟的。

11.10 附 录

11.10.1 驱动一个次临界裂变反应堆所需要的激光聚变功率

1. 假定裂变反应堆工作在一个热功率为 $P_{\text{fission,th}} = 222$ MW$_{\text{th}}$，具有热电转换效率为 45%，电功率为 $P_{\text{fission,el}} = 100$ MW，需要维持这个功率所需要的裂变率 R_{fission} 为

$$R_{\text{fission}} = \frac{222 \text{ MW}_{\text{th}}}{200 \text{ MeV/fission}} = 7 \times 10^{18} \text{ fission/s}$$

或者

$$R_{\text{fission}} = 7 \times 10^{16} P_{\text{fission,el}} \text{MW}$$

2. 每注入一个中子到次临界装置中引起的裂变数 $= \dfrac{K_{\text{eff}}}{(1 - K_{\text{eff}}) \nu}$

因此要继续维持这个功率所要求的中子注入率为

$$R_{\text{neutron-injection}} (\text{s}^{-1}) = \frac{7 \times 10^{16} P_{\text{fission,el}} (\text{MW})}{K_{\text{eff}} / [(1 - K_{\text{eff}}) \nu]} = 7 \times 10^{16} P_{\text{fission,el}} (\text{MW}) \frac{(1 - K_{\text{eff}}) \nu}{K_{\text{eff}}} \quad (11 - 1)$$

对于电功率为 100 MW，$K_{\text{eff}} = 0.96$ 和 $\nu = 2.5$ 和 $R_{\text{neutron-injection}} = 7.3 \times 10^{17} \text{s}^{-1}$

加速器所需要的参数是通过质子的散裂反应，质子能量为 1 GeV，质子电流 4 ma（假定 1 个 1 GeV 质子产生 30 个中子），质子功率为 4 MW，电功率为 8.9 MW（对于加速器效率为 45%）。

3. 如果这些中子是由 d－t 聚变中子源提供，聚变反应率同样必须等于 $R_{\text{neutron-injection}}$，因为聚变中子能量为 14.1 MeV。它们又能够在 Be 包层中倍增 2.5 倍，所以需要的聚变反应率可以减小 2.5 倍，有

$$R_{\text{fusion}} (\text{s}^{-1}) = 2.8 \times 10^{16} P_{\text{fission,el}} (\text{MW}) \cdot \frac{(1 - K_{\text{eff}}) \nu}{K_{\text{eff}}}$$

因为每一个聚变反应产生 17.6 MeV，因此聚变的功率为

$$P_{\text{fusion,th}} = 2.8 \times 10^{16} (17.6 \text{ MeV}) P_{\text{fission,el}} (\text{MW}) \cdot \frac{(1 - K_{\text{eff}}) \nu}{K_{\text{eff}}}$$

或者

$$P_{\text{fusion,th}} (\text{MW}) = 0.079 \cdot P_{\text{fission,el}} (\text{MW}) \cdot \frac{(1 - K_{\text{eff}}) \nu}{K_{\text{eff}}}$$

4. 如果定义聚变的增益为 $G_{\text{fusion}} = P_{\text{fusion,th}} / P_{\text{laser}}$，这里 P_{laser} 是激光的输入能量，于是激光输入能量［译者注：应改为功率］要求为

$$P_{\text{laser}} (\text{MW}) = 0.079 \frac{1}{G_{\text{fusion}}} P_{\text{fission,el}} (\text{MW}) \cdot \frac{(1 - K_{\text{eff}}) \nu}{K_{\text{eff}}}$$

如果电转换成激光的效率为 $\varepsilon_{\text{laser}}$，那么产生聚变功率所需要的电功率为

$$P_{\text{laser,el}}(\text{MW}) = 0.079 \frac{1}{\varepsilon_{\text{laser}} G_{\text{fusion}}} P_{\text{fission,el}}(\text{MW}) \cdot \frac{(1 - K_{\text{eff}})\nu}{K_{\text{eff}}} \qquad (11-2)$$

对于 $G_{\text{fusion}} = 1$，电转换为激光的效率 $\varepsilon_{\text{laser}} = 0.1$，电功率需要去馈送给激光是 $P_{\text{laser,el}} = 8.2$ MW 所形成的聚变中子用于驱动一个 $K_{\text{eff}} = 0.96$ 的次临界反应堆，同时产生 100 MW 的电功率，方程式(11-2)是最基本的关系式去决定产生聚变中子所需要的激光能量，这些聚变中子用于驱动次临界反应堆。相反来说，对于一个固定的激光功率和裂变功率，从电功率转换为激光功率的效率 $\varepsilon_{\text{laser}}$ 可以由聚变增益和 K_{eff} 来表达：

$$\varepsilon_{\text{laser}} = 0.079 \cdot \frac{1}{G_{\text{fusion}}} \cdot \frac{P_{\text{fission,el}}(\text{MW})}{P_{\text{laser,al}}(\text{MW})} \cdot \frac{(1 - K_{\text{eff}})\nu}{K_{\text{eff}}} \qquad (11-3)$$

这就是画在图 11-5 中的最根本的关系式，如果保持裂变到激光的功率比为常数，并等于 12.2，上面的关系式就可以表达为

$$\varepsilon_{\text{laser}} \cdot G_{\text{fusion}} \cdot M_{\text{fission}} \approx 1 \qquad (11-4)$$

这里增殖因子 M_{fission} 就是次临界系统的增殖系数 $M_{\text{fission}} = \dfrac{K_{\text{eff}}}{(1 - K_{\text{eff}})\nu}$，关系式(11-4)把激光聚变和次临界系统的性质联系到一个简单的关系式中，$G_{\text{fusion}} = 1$（科学的得失相当），$K_{\text{eff}} = 0.96$，$\nu = 2.5$，$\varepsilon_{\text{laser}} = 0.1$，那么三个参量的乘积接近于 1；如果聚变增益增加到 10（对于 $\varepsilon_{\text{Laser}} = 0.1$ 达到工程的得失相当），那么 K_{eff} 就能减小至 0.71，如果聚变增益增加到 25，那么 K_{eff} 就可以减小到 0.50。这就表示当用聚变中子来驱动次临界装置时，并用次临界装置来处理乏燃料嬗变时，在次临界系统有很大改进的灵活性。

如果一个纯聚变的热功率为 222 MW（最佳的），激光功率为 0.82 MW，那么增益为 $G_{\text{fusion}} = \dfrac{222}{0.82} = 270$，这是将来纯聚变能源达到实际经济应用所要求的。

参 考 文 献

［1］ D. Besnard：*The Megajoule Laser：A High Energy Density Physics Facility*，this conference，Lasers & Nuclei，ed by H. Schwoerer，J. Magill，B. Beleites（Springer Verlag，Heidelberg，2005）.

［2］ J. Magill，J. Galy，T. Zagar：Laser transmutation of nuclear materials. In：*Int. Workshop on Lasers and Nuclei，Application of Ultra High Intensity Lasers in Nuclear Science*，Karlsruhe，Germany，September 13－15，2004.

［3］ IAEA：Implications of Partitioning and Transmutation in Radioactive Waste Management，Technical Reports Series No. 435，2005. See also J. Magill et al. ：Nucl. Energy 42，263－277（2003）.

［4］ V. Berthou，C. Degueldre，J. Magill：Transmutation characteristics in thermal and fast neutron spectra：Application to americium. J. Nucl. Mater. 320，156－162（2003）.

［5］ C. D. Bowman：Thermal spectrum for nuclear waste burning and energy production. In：*Proc.*

Int. Conf. Nucl. Data Sci. Techno. Santa Fe, NM(2004).

[6] C. D. Bowman: "Once through Thermal Spectrum Accelerator DrivenWaste Destruction Without Reprocessing. Nucl. Technol. 132, 66 − 93(2000).

[7] CRC Handbook of Chemistry and Physics, ed by David R. Lide(1992).

[8] It is to be noted that the energy liberated in the production of tritium from neutron absorption on 6Li is not included in the power calculations since it might not be practical to convert that energy to electric power depending on the system design.

[9] B. L. Cohen: Letter in Physics Today, p. 16 (November 2004) and B. L. Cohen, Am. J. Phys. , 51, 75(1983).

[10] The National Ignition Facility (NIF) nearing completion of construction at the Lawrence Livermore National Laboratory at Livermore, CA, is described elsewhere in the proceedings of this workshop.

第 12 章　高功率激光产生 PET 同位素

L. Robson, P. McKenna, T. McCanny, K. W. D. Ledingham, J. M. Gillies, and J. Zweit
Department of Physics, University of Strathclyde, Glasgow, G4 0NG, Scotland, UK.
l. robson@ phys. strath. ac. uk
p. mckenna@ phys. strath. ac. uk

12.1　引　　言

最近的实验证明,在激光强度超过 10^{19} W/cm^{2}时和固体相互作用能够产生能量为几百 MeV 的快电子束[1],能量为几个 MeV 数量级的 γ 射线[2,3],能量高达 58 MeV 的质子束[4,5]和每核子能量高达 7 MeV 的重离子[6]。高能量的质子束的应用是可以产生用于正电子发射的断层扫描(PET)的短寿命的放射性同位素。PET 是医学影像学的一种形式,通过运用回旋加速器产生的质子束辐照天然/浓缩的靶。它需要产生发射正电子的短寿命的同位素^{11}C,^{13}N,^{15}O 和^{18}F。PET 应用受限于核装置需要的厂房的大小和防护措施。最近的结果指出,强激光束和固体靶的相互作用,可以产生几十 MeV 的质子束,可以用来产生 PET 上所用的同位素[7-9]。

在下面的章节中将描述 PET 技术的原理,包括关键的应用和产生 PET 同位素最近所用的技术,并详细地讨论由高功率激光等离子体相互作用产生几个 MeV 的质子和应用它产生 PET 同位素,以及最近在 Rutherfold Appleton 实验室用 VULCAN 拍瓦激光产生 PET 同位素^{11}C 和^{18}F 的情况。在这些实验中,第一次用激光通过(p,n)反应在^{18}O 上产生^{18}F 和有关 2 - [^{18}F]的合成,有关这些 Ledingham 等人作了报告[8]。

这章的最后,讨论了发展在线的、易于建造的、紧凑的激光技术,和实现这一目的的潜力,描述了建议两个可以产生 PET 同位素的激光系统,其生产 PET 同位素的规模和回旋加速器相似。

12.2　正电子发射断层扫描

PET 是一种有力的医学诊断和影像技术。它需要产生短寿命(2 min ~ 2 h)的发射正电子的同位素。PET 过程包括患者需要接受注射一种标记药物,它是一种具有短寿命的β$^+$发射源。这些β$^+$发射源被收集在身体内部高新陈代谢活动区,如肿瘤区,如是在体内的这个特殊区域可以通过从放射性药物中正负电子湮灭所放出的背对背的 511 keV 的 γ 射线的探测而确定下来。PET 的一些关键应用是成像/血流诊断、氨基酸的输运和肿瘤诊断,主要的示踪者在 PET 技术中是^{11}C,^{13}N,^{15}O 和^{18}F。很多化合物可以被正电子发射同位素所标记,它们的生物的分布可以由 PET 影像法、测量成像随时间的变化而决定。最常用的放射性药物是 2 - 氟 - 2 双氧葡萄糖 - 2 - [^{18}F]FDG。对许多生物的事例包括葡萄糖代谢可以直接给出评估,以显示出在病人体内由于疾病的发展和在放疗过程中新陈代谢的活性的变化。在最近几年,在医治癌症病人中 PET FDG 的价值已经广泛显示出来了。图 12-1 标出 PET 在诊断肝癌方面的成功率并和通常的 X 射线断层扫描(CT)做比较。

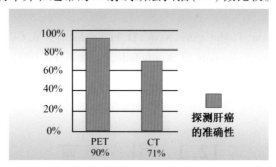

图 12-1　在探测肝癌的准确性上 PET 和一般 CT 的比较[12]

PET 同位素的产生是用荷能的质子束通过(p,n)或(p,α)反应而产生,质子束由回旋加速器[10,11]或者 Van de Graafs 所产生。表 12-1 列举了用于产生同位素的核反应和相应的阈值、寿命和截面峰值。质子产生的反应有一个优点是它的产物相对于靶来说是一个不同的化学元素。因此它比较容易用化学方法分离出来。因此在随后合成了放射性同位素后,给病人注入含有外界物质的量最少。同位素的分离在后面再仔细描述。

表 12-1　产生 PET 放射性同位素的反应

核反应	半寿期	Q/MeV	截面峰值/mb	测量的辐射
$^{15}N(p,n)^{15}O$	9.96 min	3.53	200	$\beta^+ 100\%$
$^{16}O(p,\alpha)^{13}N$	123 s	5.22	140	$\beta^+ 100\%$
$^{14}N(p,\alpha)^{11}C$	20.34 min	2.92	250	$\beta^+ 99\%$
$^{11}B(p,n)^{11}C$	20.34 min	2.76	430	$\beta^+ 99\%$
$^{18}O(p,n)^{18}F$	109.7 min	2.44	700	$\beta^+ 97\%$

限制 FDG PET 推广应用的一个主要因素是昂贵的基础设施。在这一基础设施的中央要放置回旋加速器和相应的辐射防护。产生同位素一个更为简单的方法是去发展一个小型的在线的源,它基本上具有类似于回旋加速器的能力,正像在前面所述的,最近的结果指出当强激光束($I > 10^{19}$ W/cm^2)和固体靶相互作用时,产生的质子束可以用来产生 PET 同位素。最近的报告集中于这个研究组[7,8]和 Fritzler 等人[9]一些早期的工作。

早在 20 世纪 70 年代就有建议[13],运用强激光束在等离子体中产生的振荡的尾场可以产生激光驱动的电子加速。运用紧凑的、高重复频率的激光[1],200 MeV 的电子束是可以得到的,同时运用 VULCAN PW 激光[14]也加速得到 350 MeV 的电子束。此外,也报道了[15-17]从强激光和等离子体的相互作用中产生了单能电子束,基于激光等离子体加速能够驱动加速场的梯度比通常加速技术所产生的加速梯度要高 1 000 倍,这个提高是可以减小它尺寸的很重要的因素,因此它的价格也比通常加速器低。

Ledingham 等人[8]报道了运用 Vulcan PW 激光束产生强的短寿命的 PET 源 ^{11}C 和 ^{18}F,

以及运用一个浓缩的水靶,通过激光驱动 ^{18}F 第一次合成了 2 - [^{18}F] - fluorodeoxy 葡萄糖, PET 的工作物质。这里我们仔细回顾实验过程和发现,并介绍激光等离子体产生质子的原理。

12.3　高强度激光产生的质子加速

最近随着 CPA 技术的发明激光技术发展很快[18],世界上很多实验室都建造了几个 TW 的脉冲激光系统。在 CPA 技术中,将飞秒和皮秒的脉冲运用色散光栅在时间上展宽了 3 ~ 4 个数量级,避免了由于非线性过程在激光放大介质中发生的损伤。在放大之后,这些激光脉冲再重新压缩,在靶上的强度可以达到 $10^{18} \sim 10^{20}$ W/cm^2。所建议的技术包括光学参数的啁啾脉冲放大器(OPCPA[19,20]),可以使激光科学在未来得到进一步的延伸。同时可以减少现在所用的大型激光器,而用更多的紧凑的台式装置。在后面将讨论将来要发展的特殊的激光系统。

高强度的激光辐射可以用在核科学的很多传统领域中,当激光的强度和它相应的电场增加时,电子的抖动能量,也就是一个自由电子在激光场中的能量也显著增加。当在靶上的强度大于 10^{18} W/cm^2 时,电子抖动的能量达到电子的静止质量 0.511 MeV,这就产生了相对论性等离子体[21]。在这些强度时,洛伦兹力即由激光和带电粒子相互作用产生的有质动力把电子加速进入靶,并朝着激光的传播方向。电子的能量分布可以用准 Maxwell 分布描述,给出的温度为几 MeV[22]。

激光等离子体离子加速的机制是现在国际上好多实验室正在努力研究的课题。质子是从水或者碳氢物质中产生,这些碳氢物质是由靶室中的真空度不高(如 10^{-5} Torr)或靶面吸附的水分或污染物所产生。这种加速质子的主要机制是电子和等离子体中的离子分离所形成的电场,质子束在靶的前方(等离子体"喷出"方向)和靶的后方(直接向前方向)都能观察到。在靶的前面方向观察到的离子是由在靶的表面所产生的等离子体的膨胀得到的,它是由预脉冲或主脉冲的前沿部分所产生。它沿着"喷出"的等离子体方向,而且还是垂直于靶的方向。

提出过许多的机制去描述产生的在直线通过靶的方向上的质子,在前表面、后表面,或者两者都有。有一种机制称为靶法线鞘层加速(Target normal sheath acceleration, TNSA)[23]。正如图 12 - 2 所示,这个离子的加速机制是由预脉冲与靶的前表面相互作用喷出等离子体中(Blow-off plasma)产生的热电子云所形成。这些热电子由于激光的有质动力的驱动穿过靶的后表面层,并且电离了在靶后表面上污染的含氢层,并堆积成一个鞘层。质子是由于电子云的作用从后表面拉出,沿着靶面的法线方向加速。在 μm 距离的数量级上可以将质子加速到几十 MeV,并曾经证明加速的梯度依赖于等离子体的定标长度和超热电子的温度[23]。原来的激光预脉冲强度可能是主脉冲强度的 10^{-6} 量级 ($10^{12} \sim 10^{14}$ W/cm^2),它可以电离靶的前表面,如果靶的厚度选择合适,即在靶的后表面上没有预脉冲形成,在靶的后表面上等离子体的定标长度较短,于是加速场较大,产生了比较高的离子的能量。最近的研究表明激光照射薄膜,在后表面上形成离子加速的直接实验,这时是用了溅射的方法去掉在靶前后表面上的污染物。离子加速的综合报道见文献[25,26]。

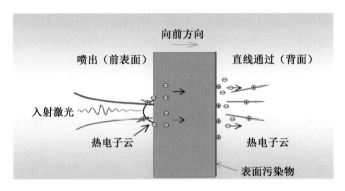

图 12 – 2　靶法线鞘层加速的示意图（TNSA[23]）

质子是沿着热等离子体膨胀喷出的方向（前表面加速）被加速，与此同时等离子体中的电子在有质
动力的驱动下进入靶，并在靶的后表面形成静电的鞘层，并从靶后表面含氢污染物中加速出质子。

对于激光脉冲的强度为 3×10^{20} W/cm² 时观察到质子的能量具有指数的分布，最大值达到 58 MeV[5]，每脉冲产生大于 10^{13} 个质子[27]，于是现在可以运用 RAL VULCAN 拍瓦激光去证实高功率的激光产生强的放射源的可能性。

12.4　实　验　设　备

Ledingham 等人用 RAL 的 VULCAN Nd:玻璃激光的 PW 装置开展实验研究[8]，用 1.8 m 焦长的离轴抛物面镜把 60 cm 直径的束聚焦到直径为 5.5 μm 的焦斑，真空室的真空度约为 10^{-4} mb，靶上的能量为 220～330 J，平均的脉冲宽度约为 1 ps，峰值的强度约为 2×10^{20} W/cm²。采用 Al、Au 和尼龙薄膜靶，用各种不同的厚度（1～500 μm），用 P – 偏振激光，以 45° 入射角照射在靶上。正像前面所述，质子从靶表面所含的水和碳氢污染物中发出。

➤ 12.4.1　质子能量的测量

测量质子的能谱是用核活化法，铜片串（5 cm×5 cm）放置在沿靶的法线方向。由靶的前表面和后表面加速的质子打到铜片上，图 12 –3 是腔内实验装置的图。

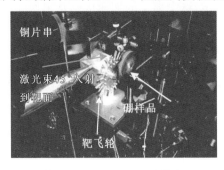

图 12 –3　靶室内部的图像

激光直接入射到装在靶的飞轮上的各种不同厚度的薄膜靶上，测量质子的 Cu 薄片串和
为产生 ^{11}C 的硼片串都画在上面

^{63}Cu(p,n)^{63}Zn 反应在 Cu 膜上产生的活性具有 38 分钟半寿期。活性的测量是用 3″×3″的 NaI 符合线路设备,去测量湮没的 511 keV 的 γ 光子,这个系统的效率是用刻度过的 ^{22}Na 源来测量其绝对活度,也就是在每一铜片上由于(p,n)反应所产生的活性就可以确定。这个在薄膜上测量到的由 ^{63}Cu(P,n)^{63}Zn 反应产生的活性,结合反应截面(表示在图 12 - 4(a))和质子的阻止本领可以用来计算质子的能量分布,见图 12 - 4(b)。

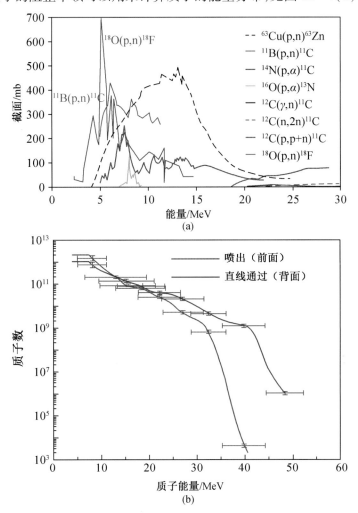

图 12 - 4　反应截面和质子能量分布

(a)用于测量质子能谱的各种实验测得的核反应截面[28],同时也给出了产生 PET 同位素的各种核反应截面;

(b)在 10 μm 的 Al 靶的前面和后面所测到的典型的质子能谱,最大的能量是在靶的后表面上测得的,能谱是准指数分布,在激光能量为 300 J,强度为 2×10^{20} W/cm^2 时,每炮激光产生的质子数为 10^{12}

当激光的强度增加时,就可以产生更高能量的质子,因此就可以发生更高 Q 值的反应,例如可以产生(p,2n),(p,3n)和(p,p+n)反应,在一个单层铜膜上质子产生的那些反应的测量曾经被确证[29]可以作为应用铜片串去诊断加速质子的能谱的一种交替的方法,它在进行质子束测量的同时可以做其他的实验。一个例子表示在图 12 - 3 中,在那里在产生 ^{11}C 的活化硼样品上覆盖了一层薄的铜片。

这是一个事实,从图 12-4(b) 可以看到,在直线通过的方向(后表面),能量可以高达 50 MeV,而在前表面所产生的质子(blow-off 方向)所产生的最大质子能量为 40 MeV。此外,还应指出在激光功率为 100 TW[7] 产生的质子能量为 30 MeV,而功率提高到 PW 时,质子的最高能量可达到 50 MeV。

12.4.2 ^{18}F 和 ^{11}C 的产生

通过(p,n)反应,在浓缩的 ^{18}O(96.5%)靶上产生 ^{18}F 同位素。浓缩的 ^{18}O 靶是用 1.5 mL [^{18}O]H_2O,放在 20 mm 直径的不锈钢的靶支架上,这个支架装配了 100 μm Al 窗并加以不锈钢外壳,对于产生 ^{11}C,在前面说的铜片串现在就换成硼的样品(5 cm 直径和 3 cm 的厚度)。在照射之后硼靶从真空室中移出,由(p,n)反应在 ^{11}B 上所产生的 ^{11}C 的活性在一个符合线路中测量了两个小时。由于高的活性,安全问题必须引起注意。可以推算到零时的计数率,利用在 ^{22}Na 源上的刻度将它换算到 Bq 数。

12.4.3 靶的选择

为了决定初级靶的厚度,以便在这个靶产生最强的活性源,对次级 ^{11}B 靶上的 ^{11}C 的活度进行了测量,并测了它和初始靶的材料和厚度的关系。次级 ^{11}B 靶上后表面和前表面的活性之比见图 12-5。进行了 PET 同位素 ^{11}C 的产生,它相对于新颖的 ^{18}F 来说更容易一些,因为要系统地分离 ^{18}O 是非常昂贵的。从图 12-5 可以很清楚地看到非常薄的初级靶,可以提供最强的活性源,每一炮激光所产生的总活性等于后表面活性和前表面活性之和。

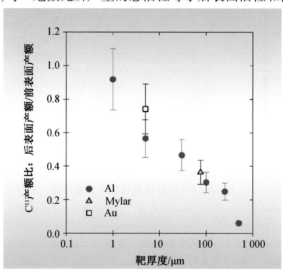

图 12-5 通过 ^{11}B(p,n)^{11}C 产生 ^{11}C,在靶的后表面和前表面上 ^{11}C 产值之比和靶厚度的关系

在靶上最大的激光脉冲能量为 300 J 时,^{11}C 最大活性为每一炮在每边约为 6×10^6 Bq,总共大于 10^7 Bq。靶背面上的 ^{11}C 活性随着靶的厚度增加而减小,在靶前表面的活性完全不依赖于靶的厚度

12.5　实验结果

12.5.1　^{18}F 和 ^{11}C 的产生

早期就有报道，^{18}F 是最广泛的应用于临床的 PET 的示踪剂，由于它有比较长的半寿期，可以在半寿期的时间内产生一定数量的 ^{18}F，又由于氟化学已经被引入有机的和生物无机的化合物中。对于 Ledingham[8] 等人很重要的是去确定每一炮可以产生多少 ^{18}F。^{18}F 同位素是通过 (p,n) 反应在浓缩的 ^{18}O(96.5%) 中产生的。在最大的激光能量(300 J) 的情况下，可以产生 10^5 Bq 的 ^{18}F。

^{18}F 的半寿期的测量见图 12 - 6，测得的半寿期是(110 ±3) min，它是在大过三个半寿期的时间内进行测量的，并且证明了产生的 ^{18}F 的纯度。测得的半寿期和一般采用的值(109 min) 符合得很好。^{11}C 的半寿期测量值约为 20 min，和通常接受的 20.3 min 也符合得很好。

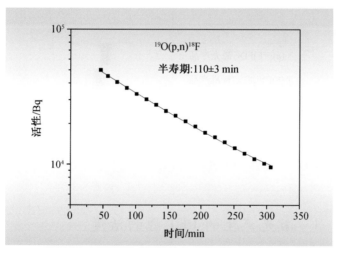

图 12 - 6　^{18}F 半寿期的测量，这数值接近于一般采用的数值，证实了源生产的纯度

12.5.2　自动合成 FDG

Ledingham 等人[8] 第一次用激光产生 ^{18}F 的活性，合成了 2 - [^{18}F]FDG。这个合成是基于 Hamacher 等人所发展的方法[30]，如图 12 - 7 所示。它是用可移动的回旋加速器生产 ^{18}F，同时 FDG 基于合成的符合工具(Coincidence Kit Based Synthesizer，GE Medical System)，主要在 $H_2^{18}O$ 复原之后就进行氟化。随后进行水分析和柱的纯化，并给出 2 - [^{18}F]FDG。它的放射化学纯度和产额是由定量的化学薄层色谱学(TLC) 所测定，其结果显示在图 12 - 8 中。当用 1 μL 的样品测得 TLC 图形，用于分析的仪器是 Instant Imager Electronic Autoradiography System(packard. USA)。图 12 - 8(a)是激光产生的 F - 18 活性，(b)是由回旋加速器产生

的活性,两者显示有同样的放射化学纯度。

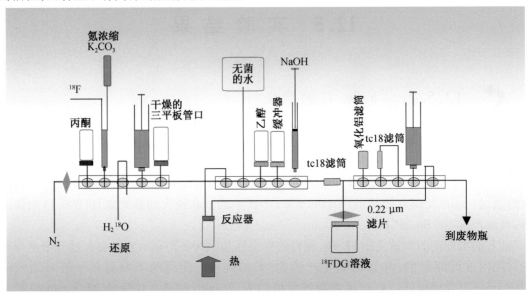

图 12-7　FDG 合成过程

图 12-8　放射性的薄层色谱分折指出由激光产生的$[^{18}F]$FDG 和由回旋加速器产生的$[^{18}F]$FDG 都具有放射化学纯度

12.5.3　激光产生的 PET 源的活度

在图 12-9 中总结了在 VULCAN 上激光驱动的 PET 同位素^{11}C 和^{18}F 生产的测量结果。图上的圆点代表在激光能量为 300 J,脉冲宽度为 1 ps 时,产生^{11}C 的数目,三角形的点代表产生的^{18}F 的数目。图的顶部阴影部分表示与病人所要求的剂量相对应的活度,根据这一要求可以制造一个^{18}F – FDG 或^{11}C – CO,这对^{18}F 要求为 0.5 GBq,而对于^{11}C 要求 1 GBq,这是很重要的,要合成一个^{11}C 标记的化合物以供病人使用,需要的^{11}C 的活度要在 1~3 GBq 的范围内,它依赖于合成过程的产额和所需要的时间。

从图 12-9 中能够看到,如果将上面的数据外推到 10^{21} W · μm^2 · cm^{-2}(等效于总的激光能量为 1 kJ),在一个激光脉冲中可以产生足够的^{11}C 的活度,相应于对 PET 源中病人所需要的最小的剂量,必须指出我们这里讨论的只是对 VULCAN 激光的脉冲和聚焦的情况,对于其他具有不同的脉冲和对比度的激光可能情况是不同的。

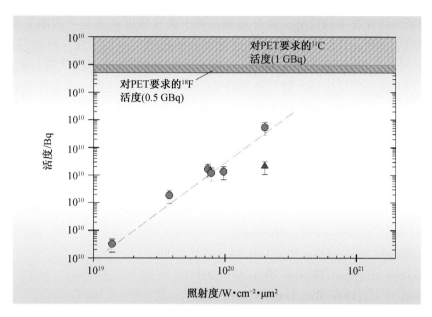

图 12 – 9　^{11}C 和^{18}F 的活度(前表面和后表面的总和)和一个单发激光照射度的关系

单发激光的能量从 15 J 到 300 J。在最大能量的情况下测量了^{11}C 的活度(图中标为圆点)和^{18}F 的活度(图中标为三角点)。^{18}F 的活度低于^{11}C 的活度,这是因为原来活化样品中($[^{18}O]H_2O$)的数量就少,再加上又有一个厚保护窗(50 μm Cu)放置在水靶的前面,以防止在真空条件下任何可能的破裂,这就减小了质子的能量和任何(p,n)反应的活度

12.6　未来的发展和结论

　　Ledingham 等人曾第一次[8]用激光产生 PET 同位素^{18}F,并用^{18}F 成功地合成了放射性药物 2 – [^{18}F]FDG[2 – fluor – 2 – deoxyglucose]。然而早期曾指出,激光驱动所产生的源的活度低于病人放疗所需要的最低剂量。虽然这里所讨论的结果是从回顾大的单发激光脉冲的结果而得到的。必须指出,由于紧凑型的高重复频率激光的迅速发展,用重复频率的台式激光来做 PET 放射源的研究也有很大进展。Fritzler 等人[9]曾计算用 LOA 的台式激光(1 J,40 fs)6×10^{19} W/cm^{2}可以产生 13 MBq 的^{11}C(10 Hz 情况下,照射 30 min),同时这可以延伸到用 kHz 重复频率的类似的激光产生 GBq 的活性。另外在 JanUSP(Livermore)用一个单脉冲(8.5 J,100 fs,800 nm)2×10^{20} W/cm^2,用单脉冲产生了 4.4 kBq 的^{11}C,用一个具有相似指标的紧凑型激光,在 100 Hz 下照射 30 min,可以产生接近 1 GBq。Collier 和 Ross 设计了一个紧凑的台式激光器[32],这种 OPCPA 系统有能力产生 6 J,50 fs,100 Hz,光学的照度在 $10^{20} \sim 10^{21}$ W · μm^2/cm^2,OPCPA 技术现在还处于发展的早期阶段,但是充分的发展有可能达到和超过上述的指标,这样的激光系统可以在 30 min 内产生 GBq 的 PET 同位素。此外,在 Jena 大学建造小比例尺寸的 Polaris[33]全二极管泵浦的 PW 激光,能产生 10^{21} W/cm^2 ($\tau = 150$ fs,$E = 150$ J,$\lambda \approx 1$ μm),重复频率为 0.1 Hz。

　　作为总结,用一个大型的 PW 激光产生了非常强的 PET 源,如^{11}C 和^{18}F,合成了 2 – [^{18}F]FDG – fluoro – deoxy 葡萄糖,它是 PET 技术的工作物质。讨论了发展这种在线的

易于防护的紧凑激光技术的优势。此外增加在靶上激光强度和发展台式激光系统在重复频率运行时可以积分许多炮的效果，应该还能增加激光产生源的活性。最近，Nakamura 等人[34]报道了用一个高分子镀层的金属靶，当激光脉冲为 $10^{17}\,\mathrm{W/cm^2}$ 强度进行照射时，曾观察到相对于没有镀层的靶快质子数目显著增强（×80 倍）。因此有非常大的可能性显著地增强质子的产额。所以当用含氢原子的表面层取代污染层，可以使 PET 同位素的活度大大增加。

参 考 文 献

[1] V. Malka et al. : Science 298,1596(2002).

[2] M. I. K. Santala et al. : Phys. Rev. Lett. 84,1459(2000).

[3] B. Liesfeld et al. : Appl. Phys. B 79,1047(2004).

[4] E. L. Clark et al. : Phys. Rev. Lett. 84,670(2000).

[5] R. A. Snavely et al. : Phys. Rev. Lett. 85,2945(2000).

[6] P. McKenna et al. : Phys. Rev. Lett. 91,(2003).

[7] I. Spencer et al. : Nucl. Instr. Meth. 183,449(2003).

[8] K. W. D. Ledingham et al. : J. Phys. D: Appl. Phys. 37,2341(2004).

[9] S. Fritzler et al. : Appl. Phys. Lett. 83,3039(2003).

[10] K. Kettern et al. : Appl. Rad. Isot. 60,939(2004).

[11] www. manpet. man. ac. uk,2004.

[12] http://www. nuc. ucla. edu/pet/.

[13] T. Tajima and J. M. Dawson: Phys. Rev. Lett. 43,267(1979).

[14] S. P. D. Mangles et al. : Phys. Rev. Lett. (submitted)2004.

[15] S. P. D. Mangles et al. : Nature,431,535 2004.

[16] J. Faure et al. : Nature,431,541(2004).

[17] C. G. R. Geddes et al. : Nature,431,538(2004).

[18] D. Strickland and G. Mourou: Opt. Commun. 56,219(1985).

[19] I. N. Ross: Laser Part Beams 17,331(1999).

[20] A. Dubietis et al. : Opt. Commun. 88,437(1992).

[21] D. Umstadter: Phys. Plasmas 8,1774(2001).

[22] I. Spencer et al. : Rev. Sci. Inst. 73,3801(2002).

[23] S. C. Wilks et al. : Phys. Plasmas. 8,542(2001).

[24] M. Allen: PhD thesis 2004 Laser Ion Acceleration From the Interaction of Ultra – Intense Laser Pulse With Thin Foils: LLNL – UCRL – TH – 203170.

[25] D. Umstadter: J. Phys. D: Appl. Phys. 36,R151(2003).

[26] M. Zepf et al. : Phys. Plasmas. 8,2323(2001).

[27] S. P. Hatchett et al. : (2000),Phys. Plasmas. 7,2076.

[28] IAEAND. IAEA. OR. AT/exfor: (2004),EXFOR Nuclear Reaction Database.

[29] J. M. Yang et al. : Appl. Phys. Lett. 84,675(2004).

［30］ K. Hamacher et al. ：J. Nucl. Med. 27（1986）.

［31］ P. K. Patel：private communication.

［32］ J. L. Collier and Ross IN：private communication.

［33］ www. physik. uni － jena. de/qe/Forschung/F － Englisch/Petawatt/Eng － FPPetawatt. html.

［34］ K. G. Nakamura et al. ：Conference Proceedings － Field Ignition High Field Physics（Kyoto，Japan）, 2724（2004）.

第4篇 核科学

第 13 章 高强度激光和核物理

F. Hannachi, M. M. Aléonard, G. Claverie, M. Gerbaux, F. Gobet, G. Malka, J. N. Scheurer, and M. Tarisien

Centre d'Etudes Nucleaires de Bordeaux Gradignan, Universite Bordeaux 1, le Haut Vigneau, 33175 Gradignan cedex, France

hannachi@ cenbg. in2p3. fr

13.1 引　　言

激光是一种非常有用的工具,可以产生等离子体、光束和粒子束,并具有非常高的通量和非常短的时间宽度,这两种特性对于核物理的基础研究都是很有意义的。

估计在等离子体中,电子和离子的碰撞可以改变原子能级的宽度和有可能改变原子核的能级,对于同质异能态的布居和在核与电子壳层间的能量交换是特别重要的。许多核的观察,如半寿期和 β 衰变概率对于电荷态和激发的能量是敏感的。再者激光可以产生足够强的电磁场去改变电子态的结合能。如果核的衰变经过内转换(IC),通过对这些态的干扰,那么它的寿命将发生变化,并且将被观察到。在这一章中将介绍在 CENBG 上进行实验的情况,寻找 ^{235}U 中的 NEET 过程,以及 ^{181}Ta(6.2 keV,6.8μs)同质异能态(在等离子体中)的布居和激光电场对核性质的影响。这些实验提供了用现在的激光装置去研究在极端的条件下核的性质的一些新的机遇。

13.2 寻找 ^{235}U 中的 NEET

在原子中原子的部分能量传输到核的部分,去激发核的能级是现在大量研究的问题。这些研究的目的是去寻找一种有效的机制去布居核的同质异能态,以期进一步应用于能量储存的发展和基于激光的核嬗变,这个过程称为 NEET(Nuclear excitation by electronic transition)。它最早由 Morita 提出,是为了激发在 ^{235}U 中的一个能级,大约为 13 keV[1]。这个 NEET 过程是在原子的束缚态之间共振的核内转换[BIC]的逆过程,曾经在 ^{125}Te 中证实过[2]。在这种情况下,已知的电子结合能的变化为 Q,一个离子的电荷态达到 Q = 45$^+$ 这个条件,在这种情况下实现了原子能量的跃迁和核能级之间的匹配。在一个激光产生的等离子体中产生 NEET,是用激光去产生一个浓密的和热的等离子体,在这个等离子体中铀原子被电离了,并且有了一个依赖于等离子体温度的电荷态的分布。由于电子的自旋间的耦合,每一个电荷态对应于许多不同的结构。每一个原子的结构对应于一个特殊原子能量的跃迁。有一些结构的跃迁或多或少地和基态与第一激发态(指 ^{235}U)之间核能跃迁匹配和接近,见图 13-1。核只能吸收从原子跃迁中所发出的虚光子,如果这两个能量跃迁的能量失配,和这个系统的宽度是同样的量级时,由于在热等离子体中电子和离子的碰撞,激发的原子能级的宽度大大地增加了。例如在 U 原子中 5d 的空穴的自然宽度是 10^{-5} eV 的量级,在等离子体 100 eV 的温度时,由于 Stark 加宽的原因,这个宽度可以变大,达到 20 meV,这就大大地增加了原子能级跃迁和核能级跃迁之间匹配的可能性。

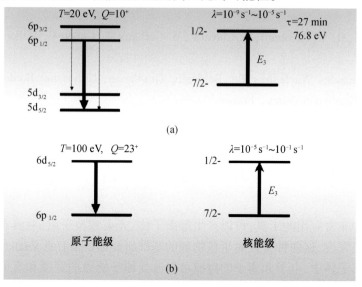

图 13 - 1 在两种不同的等离子体温度 T 情况下,^{235}U 的能级分布

这里电子能级的跃迁能量和核能级之间跃迁的能量接近共振(±4 eV),相应的核激发速率 λ 参见文献[3]

在 ^{235}U 中基态和第一激发态之间的核的跃迁是一个 E_3 的跃迁,它的性质现在了解得很不准确。跃迁的能量是 $E_n = (76.8 \pm 0.8)$ eV。对于 $\frac{1}{2}^-$ 激发能级的半寿期是 26.8 min,它微弱地依赖于 U 的化学态。内转换因子(系数)非常大,约为 10^{20},但是这也从来没有人测过。尽管有这些不确定性,在 U 离子中 $Q = 10,6p - 5d$ 的原子跃迁和在 U 离子中 $Q = 23$ 的 $6d_{1/2} - 6p_{1/2}$ 的原子跃迁所具有的跃迁能量十分接近 E_n。由于综合 E_n 的不确定性和计算的原子能级的不确定性,得出能量失配为 4 eV。核激发速率的理论计算得出,对于第一组的跃迁在 10^{-9} s^{-1} 到 10^{-5} s^{-1} 范围;对于第二组的跃迁在 10^{-5} s^{-1} 到 10^{-1} s^{-1} 范围内。这类计算值是对电子密度为 10^{19} cm^{-3} 的等离子体而言的。

在过去进行了一些实验。用脉冲的高强度的激光束做实验去观察在 ^{235}U 中的非常低在 76 eV 处的能级激发。在这些实验中,由激光和 U 靶相互作用产生的等离子体是由一个捕集的薄膜所收集。它放置于电子倍增器的前面,同质异能态的激发由它衰变时放出的内转换电子探测,这些实验结果差别很悬殊。Izawa 等人[4]用 1 J CO$_2$ 激光和一个天然铀靶观察到了一个很强的信号,并认为是由 NEET 过程激发形成 76 eV 能级衰变放出的衰变的低能电子。Goldansky 和 Namiot[5] 指出,在这些实验的条件下,由 NEET 的激发概率将是非常小的,他提出一个新的核激发的解析,称为 NEEC。NEEC 是指核的激发通过捕获一个自由电子到一个束缚的轨道上,由此系统获得能量可以共振地转移到核。Arutyunyan 等人[6] 做了类似的实验,用 5 J,200 ns的激光和 ^{235}U 浓缩度为 6% 的陶瓷靶,但并没有观测到同质异能态的激发。同样这个组的第二个实验中,观测到了由 500 keV 高强度的电子束产生的等离子体中观察到同质异能态的激发,等离子体的温度是 20 eV 量级。在文献[3]中首先指出这个正的效果可能是由于从入射束产生的非弹性电子散射直接激发了铀核,而不是 NEET

或 NEEC 的机制。

　　实际上比较这些实验的结果是非常困难的,因为缺乏对有关具体的实验条件的了解,如激光束的聚焦、等离子体的温度、在捕集薄膜上收集到的原子数目、电子的探测效率和寄生的电子发射现象等。最后介绍 Bound 和 Dyer[7] 最近尝试去激发235U 同质异能态的实验。他们用 CO_2 激光和93%浓缩度的 U 靶相互作用产生 U 的蒸汽,然后用一个 ps 激光去照射,以产生等离子体。可以从等离子体中 U 离子的电荷态分布的测量,去推出 ps 激光的强度。他们发现激光强度是在 $10^{13} \sim 10^{15}$ W/cm² 范围。U 离子沉积在一个板上,同时对延时的电子发射也进行了分析。一个电场可以分离开中性和电离 U 的样品,测量收集的 U 离子的飞行时间,提供了一个粗略的估计电荷态的范围在 1^+ 和 5^+ 之间的离子数目。尽管实验方法是非常认真的,但在实验中没有观测到同质异能态的激发能级。我们在 CENBG 进行了一个实验,去寻找235U 的同质异能态在 76 eV 的核激发态,用 1 J,5 ns,Nd - YAG 激光波长为1.06 μm,靶是 93% 浓缩 U。激光能量的 80% 集中在 40 μm 的直径内,激光强度约为10^{13} W/cm²,实验的装置见图 13 - 2。

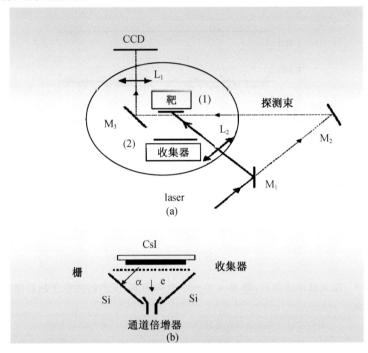

图 13 - 2　实验装置

（a）辐照实验装置的图解,L_1 和 L_2 是聚焦透镜,M_1,M_2 和 M_3 是反射镜,在主束和探测束之间的路途差的调节可以通过移动 M2 镜子的位置来实现,靶和收集器分别安装在支架（1）和（2）上,它们能够分别移动。在辐照结束后支架（2）能自动地转移到探测室内

（b）在真空室内安装的探测设备并没有画在图中,收集器和碘化铯二极管探测器装在同样的支架上。收集器加偏压 2 V,虚线代表栅偏压,加上 175 V。四个 Si 探测器中的两个是反符合用于去除在靶中低含量的234U α 衰变时所伴随发出的 delta 电子。Si 探测器相对于电子倍增器（标志为通道倍增器）是对称排列的。通道倍增器的具体结构在图中并没画出,是加偏压 2 800 V,探测效率为 5.6×10^{-2}

　　第一步,由于激光和 U 靶相互作用形成等离子体,等离子体在真空中膨胀。U 的原子收集在捕集器上。第二步,捕集器的薄膜很快转移到电子探测器的前面,去寻找可能在等

离子体中由于 NEET 过程通过内转换的衰变所激发的^{235}U 在 76 eV 的能级。核激发的标志是探测到具有最大能量 57 eV 的电子。在激光照射完以后,发射出来的电子数目随着时间的变化必须服从一个指数定律,半寿期为 26.8 min。

在这个实验中,对于同质异能素衰变放出内转换电子灵敏度的改善是由于减少了由 U 同位素的 α 放射性和减去了由收集器所发出的外逸电子发射(有关详细信息请参阅文献[8])。

我们建立了一个由激光聚焦,焦斑强度为10^{13} W/cm^2,等离子体中产生核同质异能态的激发率的下限。最低的可以被探测到的数目用下面的方法来确定。我们在图 13 − 3(a)加上电子 $m_e(t)$ 的理论分布,按照同质异能态的半寿期 26.8 min 来计算:

$$m_e(t) = m_0 \exp[-(0.5\ln 2)t/26.8] \tag{13-1}$$

这里,t 的单位是 min;m_e 是最后的激光脉冲过后的第一个 30 s 中探测到的电子数目;数字 m_0 是逐步减小的,一个拟合的分布示于图 13 − 3(b),它用来获得最小的 m_0 数。它可以从数据中在 1σ 误差水平上得出。我们发现 $m_0 = 10 \pm 3$,同时半寿期为(24 ± 4)min。

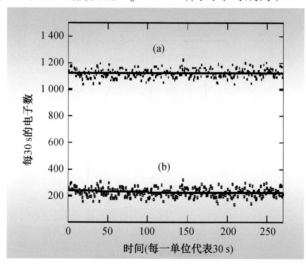

图 13 − 3 激光脉冲结束后,每 30 s 为一个时间间隔,探测到的电子数目随时间间隔的变化

图中时间的零点是以收集器移动到电子探测器前面的时间为准

(a)相当于 10 次实验数据之和;(b)相应于 $m_0 = 10$ 的分布

从在 Si 探测器上探测到的 α 粒子的速率,我们就能够推出^{235}U 原子的数目,这就是收集器上收集到的 U 原子数目$[N = (4.6 \pm 0.1) \times 10^{17}]$,同时确定了核激发的极限。我们发现 $\lambda = 5.9 \times 10^{-6}$ s^{-1}。

总结,我们寻找了由激光产生的^{235}U 的等离子体中在 76 eV 的同质异能态的激发,在激光强度为10^{13} W/cm^{2}时给出了一个核激发率的上限 $\lambda = 5.9 \times 10^{-6}$ s^{-1}。

在这些实验中遇到的困难在于外逸电子发射。捕集膜中低能电子的自吸收和由 U 的放射性同位素放出的 α 粒子,对于这些困难都进行了定量评估,如果和同样目标的前面实验相比[8]其显著减少了本底信号。

13.3　在^{181}Ta中同质异能态的激发

^{181}Ta 有一个同质异能态$\left(I = \dfrac{9}{2}^{-}, T_{1/2} = 6.8~\mu s\right)$处在 6.2 keV 的激发态。它可以通过 E1 的跃迁跳到 $I = \dfrac{7}{2}^{+}$ 的基态。要通过吸收一个光子来直接地布居这个态是几乎不可能的。这是因为这个同质异能态的 γ 宽度是非常小的，$\Gamma_\gamma = 6.7 \times 10^{-11}$ eV。然而最近由 Andreev 等人报告[9]，在用1×10^{16} W/cm^{2}到4×10^{16} W/cm^{2}强度范围内的激光所产生的等离子体条件下，这个激发的同质异能态曾被观察到。它产生的速率为每炮激光$(2 \pm 0.5) \times 10^4$，这可以解释为这种等离子体的环境中核能级的宽度增加了几个数量级，Γ_γ 约为 0.3 eV，这样一个结果如果被证实，它对于在核中储存能量是非常重要的。

下面这个实验是在 Bordeaux – 1 大学激光应用研究中心进行的。他们进行了激光和固体 Ta 靶的相互作用所产生的光子谱精确特性的测量，目的是为了评估在他们的实验条件下核激发的速率。他们报告了实验的结果（这结果是 CENBG，CELIA，CEA – DAM，IOQ Jena 和 Strathclyde 大学合作的结果）。

^{181}Ta 的等离子体是由 CELIA 的激光系统产生，工作在 1 kHz 重复频率，$\lambda = 800$ nm，脉冲宽度 45 fs，输出能量 0.4 ~ 2.2 mJ 可变。用 $f = 20$ cm 的透镜聚焦。78% 的能量集中在 10 μm 的直径内，这就能达到 Andreev 等人所研究的强度范围，实验装置见图 13 – 4。

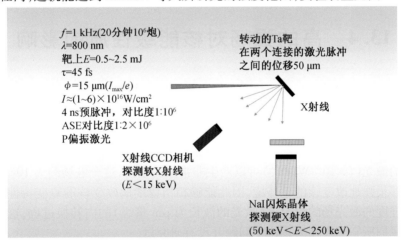

图 13 – 4　实验装置图

NaI 晶体的厚度为 5 mm，晶体带有 300 μm 的 Be 窗，耦合到光电倍增管，用于测量硬 X 射线的能谱。它对能量为 50 ~ 250 keV 的 X 射线是敏感的。它周围包以 5 mm 厚的铜和铅层，在铅和铜的材料上有一个 23 mm 直径的洞，它的中心对着 NaI 晶体，形成了一个对 Ta 等离子体入射的 X 射线的孔道。一个 X 射线 CCD 照相机用来测量光子谱能量的最低部分（几个 keV 到 20 keV）。为了保证单光子的测量，准直器和吸收体放置在光子探测器的前面，在最佳的实验结构的情况下，在 NaI 探测器上每 10 炮最多有一个信号被探测到。

靶上不同激光强度时，测量的光子谱例子见于图 13 – 5。这些能谱是经过效率修正的，用 GEANT3 模拟程序计算了探测设备的响应函数。从在 6 keV 范围内产生的光子数目，考虑到能级的自然宽度,我们估计了每一炮激光产生同质异能态的最大产生率为0.01。

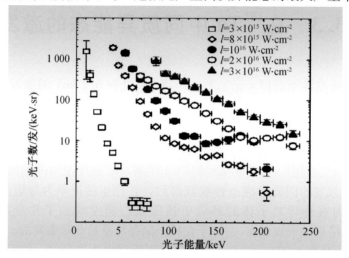

图 13 – 5   光子的能谱分布和激光强度的函数关系

这个能谱是对 NaI 能量响应函数做了解卷积,NaI 能量响应函数是用 GEANT3 模拟程序进行计算的,考虑了在探测器前面的吸收体和准直器

这个结果证实了,由 Andreev 等人报告的每炮激光所产生的激发速率是不能用同质异能态标准的直接激发来解析。我们计划在将来的实验中去测量这个速率。

13.4   高的强场对核能级性质的影响

核的退激发的一种模式是通过核和电子壳层之间的相互作用产生的,例如这里所说的内转换过程(IC)。在这个核退激过程中放出电子和$\beta^{\pm}$衰变过程,从核放出正负电子到连续态中去,这是人们所熟知的。对于这一过程核的跃迁概率受到库仑相互作用和原子的电子屏蔽效应的很大影响。在重核的情况下,这些效应特别重要。

高强度的激光($I > 10^{20}$ W/cm^2)可以产生非常强的电场,这个电场约为10^{11} V/cm,这样强的电场能够很强地改变核的电环境,因此能够相当程度地改变核的衰变特性。我们将研究在存在高强度的激光场的情况下(激光的波长为 μm 量级)的内转换过程,这是现在可能做到的。据我们所知到现在为止这个问题并没有研究过。

电磁场影响原子电离的效果是明显的,原子的平均电荷态的变化将改变电子结合能。这将产生一些效应,类似于前面在 IC 的研究工作[1,2]和$\beta^{\pm}$衰变[10]。Kalman 和他的同事[11]的系列文章中讨论了激光对于通过 IC 对核衰变的影响。他们主要研究了用超短的 X 射线激光,可以发出光子的能量和核的跃迁能量相当,并用它去激发一个能量上是禁闭的 IC 衰变的可能性,他们称这个过程为激光辅助的 IC 衰变(Laser assisted IC decay)。实验上我们需要去产生核的激发态,并且去研究在高强度的激光场下,通过 IC 退激发的改变。为了保证激光场加在所有研究的激发核上,这些激发核需要在一个次临界等离子体(Subcritical plasma)靶中产生。我们建议用三个同步的激光束:第一个激光产生一个粒子束(质子或重离子),并具有足够高的能量,通过核反应产生要研究的核激发态;第二个激光去产生等离子体靶;第三个激光去产生高强度的电磁场。所选择的核反应受限于在靶室内存在高的本底,因而不能测到在激光束存在的情况下核的瞬时发射,因此我们将产生在等离子体靶中有几分钟量级寿命的同质异能素的核态和 β^+ 的发射体。这些等离子体将收集在一个薄膜上,然后它们将放置在靶室的外面,放在一个计数器前面(包含电子或光子的探测器)。

很明显这样的实验是无法在标准的核物理的加速器上进行的。这个计划的第一阶段是计划在 2005 年在 Polytechnique Palaiseau 的 LuLi 装置上进行,是由 CENBG,LuLi,CEA - DAM,IOQJena 和 Strathclyde 大学合作。

13.5　总　　结

高强度的激光在将来将提供这样的机会去研究核的性质,这在标准的核物理的加速器是做不到的。举例如可能聚焦几个同步的激光束在同一靶的面积上,去进行在激发态的靶上的核反应,同时很重要的要去发展相应于这种激光条件下的探测器(在很短的时间内探测高粒子通量的探测器)。

参　考　文　献

［1］ M. Morita：Prog. Theor. Phys. 49,1574(1973).

［2］ F. Attallah,M. Aiche,J. F. Chemin,J. N. Scheurer,W. E. Meyerhof,J. P. Grandin,P. Aguer, G. Bogaert,J. Kiener,A. Lefebvre,J. P. Thibaud,andC. Grunberg：Phys. Rev. Lett. 75,1715 (1995),and T. Carreyre,M. R. Harston,M. Aiche,F. Bourgine,J. F. Chemin,G. Claverie,J. P. Goudour,J. N. Scheurer,F. Attallah,G. Bogaert,J. Kiener,A. Lefebvre,J. Durell,J. P. Grandin,W. E. Meyerhof,W. Phillips：Phys. Rev. C62,24311(2000).

［3］ M. R. Harston,J. F. Chemin：Phys. Rev. C 59,2462(1999).

［4］ Y. Izawa,C. Yamanaka：Phys. Lett. 88B,59(1979).

［5］ V. I. Goldansky,V. A. Namiot：Sov. J. Nucl. Phys. 33,169(1981).

［6］ R. V. Arutyunyan et al.：Sov. J. Nucl. Phys. 53,23,(1991).

［7］ J. A. Bounds,P. Dyer：Phys. Rev. C 46,852(1992).

［8］ G. Claverie,M. Aleonard,J. F. Chemin,F. Gobet,F. Hannachi,M. Harston,G. Malka,J. Scheurer,P. Morel,V. Meot：Phys. Rev. C 70,44303(2004).

［9］ A. V. Andreev,R. Volkov,V. Gordienko,A. Dykhne,M. Kalashnikov,P. Mikheev,P. Nickles, A. Savel'ev,E. Tkalya,R. Chalykh,O. Chutko：J. Exp. Theor. Phys. 91,1163(2000).

［10］ F. Bosh,T. Faestermann,J. Friese,F. Heine,P. Kienle,E. Wefers,K. Zeitelhack,K. Beckert,B. Franzke,O. Klepper,C. Kozhuharov,G. Menzel,R. Moshammer,F. Nolden,H. Reich,B. Schlitt,M. Steck,T. Stohlker,T. Winkler,K. Takahashi：Phys. Rev. Lett. 77,5190 (1996).

［11］ T. Bukki,P. Kalman：Phys. Rev. C 57,3480(1998),and references therein.

第14章 核物理和激光康普顿散射伽马射线

T. Shizuma[1], M. Fujiwara[1,2], and T. Tajima[1]

1. Kansai Advanced Photon Research Center, Kansai Research Establishment, Japan Atomic Energy Research Institute, 8 – 2 Umemidai, Kizu 619 – 0215 Kyoto, Japan

2. Research Center for Nuclear Physics, Osaka Universy, Ibaraki 567 – 0047 Osaka, Japan

shizuma@ popsvr. tokai. jaeri. go. jp

光子产生的核反应在研究核物理和核天体物理是非常有用的。由激光康普顿散射所产生的光束具有单能、可调谐和高度偏振的特性,这些光束通过核共振荧光(γ, γ')和光解(Photo-disintegration)(γ, n)反应来开展光核实验。这里将给出最近的实验结果和将来的计划。

14.1 引 言

由激光光子和相对论性的电子发生逆康普顿散射(称为激光康普顿散射)所产生的光束具有单能、能量可调谐和高度偏振的特点,因此它给核物理和核天体物理提供了很好的研究机遇。

在核结构的研究中,核共振荧光(NRF)有着非常广泛的应用[1]。在核共振荧光的过程中,共振态是由光子的吸收而激发,随后也是由放出一个光子而退激。这个方法有一个优点,即激发和退激发的发生都是通过电磁相互作用产生的。这种相互作用在理论上做过很好的分析,只是在核结构的计算上还有异议。NRF 的测量提供了有关核结构的有用信息,例如激发态的能量、跃迁的概率、核的自旋和宇称。由激光康普顿散射所得到的圆偏振光对于宇称不守恒的测量是非常有用的。

光诱导的核反应在理解重的丰质子元素的核合成上,同样起着一个关键的作用,它们称为 P 核。它是在超新星爆炸时在 $2 \times 10^9 \sim 3 \times 10^9$ K 温度下由一系列光致裂解反应如(γ, n),(γ, p)和(γ, α)形成的[2,3]。光的通量(由 Plank 分布给出的)和光裂解截面的乘积正比于星球内部的反应率,导致了一个高于释放一个粒子的阈值之上的一个窄的能量窗口,标准的宽度为 1 MeV[4]。在巨偶极共振(GDR)的低能尾巴处光致裂解的截面对于 P 核的丰度计算是需要的。

在很多情况下,不稳定核的中子捕获截面的测量是困难的。逆向的光裂解反应的数据可以用来估计中子捕获截面,这是基于在统计模型计算中的可逆性理论。这个方法也应用于 s 过程分支点的核,这些核的 β 衰变率和它们的中子捕获率具有同样大小的量级。

由强激光等离子体驱动的光嬗变最近的情况见文献[5,6]。在 GDR 区域,光致裂解的截面是大的,并且随着质量数的变化基本上不变。光致裂解反应可以将长寿命的核嬗变为短寿命或稳定的核。

在下面的部分,我们描述用于核物理或核天体物理的实验研究的光束。在 14.3 节给出最近实验结果和建议开展的光核实验。在 14.4 节中描述将光核反应用于核嬗变。

14.2　激光康普顿散射产生 γ 射线

光核试验早期的情况描述在文献[7],由吸收中子反应所产生的放射性同位素放出 γ 光子[8],然而这些光子有限的能量是测量光核反应的障碍。最近用电子束产生的轫致辐射[9],轫致辐射是电子束在靶中减速或改变方向而产生,它是一个连续谱。正电子在飞行中湮没产生的光子也可以用来研究核物理[10,11]。用正电子射到一个薄的低 Z 的靶上,产生准单色的、能量可调谐的湮没光子,然而这个光束受到正电子轫致辐射的本底影响。

激光光子的康普顿散射称为高能电子的 LCS,是用不同的方法产生高品质的 γ 射线。这种 LCS,入射的激光光子的能量得到增强,对照通常的电子处于静止状态的康普顿散射时,入射光子的能量是消耗于靶电子的反冲。

激光光子和相对论性电子对头碰撞,散射的光子的能量 E_γ 可以表达为

$$E_\gamma = \frac{4\gamma^2 E_1}{1 + (\gamma\theta)^2 + 4\gamma E_1/mc^2}$$

式中　E_1——入射激光光子的能量;

γ——入射的电子的相对论性洛伦兹因子;

θ——激光光子的散射角;

mc^2——电子的静止质量。

由于动量守恒,大部分的光子散射到入射电子的方向。用电子储存环来产生 LCS 光子的技术最早是由 Milburn[12]第一次提出的。

14.2.1　AIST 的 LCS 光子装置

在国立先进工业科学和技术研究所(National Institute of Advanced Industrial Science and Technology,AIST)[13]发展了用激光康普顿散射产生一种准单能 γ 射线,在图 14 - 1 中画出了 AIST - LCS 装置的图。电子储存环 TERAS[14]提供了能量 $E_e = 200 \sim 750$ MeV 的电子,再加上 Nd：YLF 激光。它可以工作在基频 $\lambda = 1\ 052$ nm 和二次谐波 $\lambda = 527$ nm,可以得到光子的能量在 $1 \sim 40$ MeV。一个铅准直器放置在作用区的下游,确定了光子的散射角 $\left(\theta \approx \dfrac{1}{\gamma}\right)$,于是可以得到一个准单色能谱的 γ 射线,能量分辨率为百分之几(FWHM),电子束的发散角同样会影响 LCS 光子的能谱[15]。

除了单色和能量可调谐之外,高偏振性是 LCS γ 射线束的另一个优点,到现在为止在 AIST 上曾达到大于 99% 的偏振度[13]。高度偏振的光束在核结构中研究核激发态的宇称很有用处。

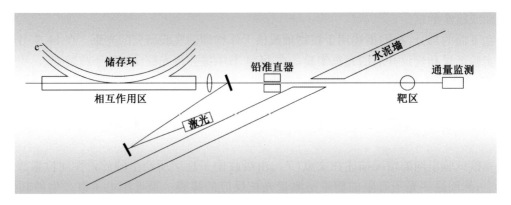

图 14 - 1　AIST - LCS 光子装置的示意图

14.2.2　新的 LCS γ 射线源

为了测量稀有同位素或长寿命的放射性核素的(γ,n)截面,需要一个高强度的 γ 射线束,以便得到好的统计数据。为了增加 LCS 光子的通量,一个理想的方法是运用自由电子激光(FEL)。自由电子激光运用相对性电子作为激光介质去产生相干辐射。由于 FEL 最近的发展,稳定的 kW 量级的激光已经实现[16,17],并且 FEL 的功率在不久的未来还要进一步提高。FEL 的特点,例如高强度、波长可调和窄的线宽对于光诱导的核反应实验提供了一个好处。基于内腔自由电子激光的康普顿散射 LCS γ 射线束也同样得到发展。

14.3　核物理和核天体物理

14.3.1　核共振荧光测量:宇称不守恒

在发现了 β 衰变中镜像对称性破缺之后[20,21],宇称不守恒(Parity nonconservation,PNC)在核物理中是熟知的了。现在理解这个镜像对称性的破缺是在 β 衰变中作为媒介的弱玻色子 $W^\pm$ 的基本规则。过去在 PNC 中的基本规则通过 β 衰变有了很好的研究,虽然在核子 - 核子相互作用 PNC 效应的观察并不是一个特别新的事情,但在核介质中 PNC 的研究并没有很好地得到理解。

一种尝试是去观察在 γ 衰变过程中 PNC 的效应,是由 Tanner[22] 第一个报告的。跟随着有 Feynman 和 Gell - Mann 的工作[23],是关于普适的电流 - 电流弱相互作用的理论。Wilkinson[24] 同样促进了在核退激过程中微弱 PNC 效应的研究。这个过程对 PNC 效应的贡献是由于 N - N 相互作用中弱的玻色子和介子之间的交换时弱的介子 - 核子之间的耦合(在 N - N 顶点处是直接将 Z^0 弱玻色子耦合到 π,ρ 和 ω 介子)。仔细的 PNC 研究的总结见文献[25,26,27,28]。

在文献[28]总结到,PNC 实验研究现在还是不够的,还需要从理论到实验上更多的研究。在很多建议的实验中,明智的实验研究之一是去测量在宇称双重能级(Parity doublet levels）之间宇称的混合（Parity mixing）。如果在两个相距非常近的态之间存在宇称混合的相互作用，那么可以得到由于 PNC 相互作用 V_{PNC} 混合的波函数 $\widetilde{\phi}_1$ 和 $\widetilde{\phi}_2$：

$$|\widetilde{\phi}_1\rangle = |\phi_1\rangle + \frac{\langle \phi_2 | V_{PNC} | \phi_1 \rangle}{E_2 - E_1}|\phi_2\rangle$$

和

$$|\widetilde{\phi}_2\rangle = |\phi_2\rangle + \frac{\langle \phi_1 | V_{PNC} | \phi_2 \rangle}{E_1 - E_2}|\phi_1\rangle$$

在 ^{21}Ne 的情况下，能量的差别 ΔE 仅有 5.7 keV，因此期望有一个大的混合。确实，$\langle V_{PNC} \rangle$ 估计为 $V_{PNC} \leqslant -0.029$[29]。类似的例子存在于 E_1 和 M_1 的混合跃迁中。如对于 ^{19}F $\left(\frac{1}{2}^-, 110 \text{ keV} \rightarrow \frac{1}{2}^+, \text{基态}\right)$，^{18}F（$0^-$，108 keV $\rightarrow 1^+$，基态）和 ^{175}Lu $\left(\frac{9}{2}^-, 396 \text{ keV} \rightarrow \frac{7}{2}^+, \text{基态}\right)$[26,27,30]。在所有的这些情况下，数据的精度不够高，同时是用一个模型的计算来充当跃迁的矩阵。在轻核时，宇称的双重态能级在 α - 团簇模型中可以很好地理解。运用壳模型计算的一些问题表述在文献[27]中。这里很重要的是，从不同类型的实验中获得结果，我们将指出一个用圆偏振的 γ 射线束的可能性。

图 14 - 2 指出一个新的测量 PNC 的方案，可以借助于逆康普顿散射得到左旋和右旋的偏振的 γ 射线。假定光束高度偏振，在核共振荧光（NRF）过程中光子吸收的差别可以通过改变 γ 光子的螺旋方向测量到。M_1/E_1 混合预期在 $10^{-3} \sim 10^{-7}$ 量级。核共振荧光（NRF）γ 射线的差别 $R = \frac{Y_L - Y_R}{Y_L + Y_R}$，是宇称不守恒的一个可以直接测量的量。它正比于 PNC 矩阵单元 M^{PNC}，如同 $\sqrt{B(M_1)/B(E_1)}\, M^{PNC}/\Delta E$ 或者 $\sqrt{B(E_1)/B(M_1)}\, M^{PNC}/\Delta E$。

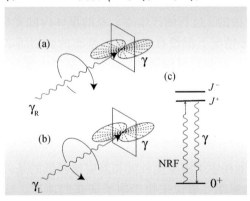

图 14 - 2　左旋和右旋圆偏振激光子的吸收。指出了存在宇称的二重能级

一个尝试去测量 PNC 效应从探测 NRF 的 γ 射线开始，它是从 ^{19}F 的第一个激发态 $1/2^-$，110 keV 开始，这个能级可以运用从 Spring - 8 的 Wiggler 系统所产生的强光束来激发，它具有 γ 射线的强度，约为 10^{13} 光子/s，同时这个能级在 110 keV 处的宽度为 0.1 keV。用 5 mm 厚的 LiF 晶体靶和 Ge 探测器做的可行性的实验已完成。在这个实验中，积累了 10^{10} NRF 的计数，比起以前（-7.4 ± 1.9）$\times 10^{-5}$ 的实验数据，这就允许我们去得到更精确的 PNC 值。

另一个特殊情况是氘光裂解和它的逆反应 n + p→d + γ。因为氘的波函数是简单的,中子捕获反应和氘的光致裂解的精确测量在理论上已很好地分析了。它们可以用来理解 NN 反应中的 Z^0 玻色子到 ω,ρ 和 π 介子的耦合机制[31]。

14.3.2 星体内核的合成:p 核的来源

星体内核的合成是在星球内通过核反应产生化学元素的过程。人们相信,重于铁的大部分核都是通过两种中子捕获过程而合成的,即称为慢(s)和快(r)的过程[32]。然而在 β 稳定线丰质子一边,在 ^{79}Se 和 ^{209}Bi 之间存在着 35 个核,它们是不能通过 s 和 r 的过程来合成的,这些核称为 p 核。p 核的一个产生机制是在种子核上通过一系列的光裂解反应 (γ,n),(γ,p)和(γ,α)反应而产生[33,34],它相应的过程称为 r 过程,它发生在温度 T 为 2×10^9 到 3×10^9 K,密度 $\rho \approx 10^6$ g/cm³ 和时间尺度为秒级。当超新星爆炸时,大量星体的氧和丰氖的层是最合适发生 r 过程的地方[2,3]。

r 过程核合成的建模中,需要一个扩展的网络计算,它包含多于 10 000 个包括稳定和不稳定核的核反应。天体物理的核反应率输入到这个网络计算中去。在 GDR 范围大量的 (γ,n)反应截面的实验数据是可以得到的。位于接近中子阈值之上,标准的宽度小于 1 MeV[4],那里几乎没有实验数据,那对于天体物理是很重要的能量。因此大部分的反应率是由基于 Hauser – Feshbach 理论的统计模型计算推导出来的。为了更好地确定反应率,对光致裂解截面的阈值行为在实验上做了测量,最近在星体内光中子反应率在一个标准的 r 过程的温度下,通过对具有不同能量终点的轫致辐射谱的超位置的计算而得到。[4,35]

在 AIST 光裂解的实验中,对在天体物理感兴趣的能量上的各种光裂解截面都做了测量,是在单能的 LCS γ 射线束上直接测量中子计数[36]。在 ^{180}Ta 的低能 GDR 的尾巴的详细结构展现出来了[36],反应的产物也就是 ^{180}Ta,就是已知的 p 核的一种。在接近阈值能量的光裂解截面直接影响这些核的 r 过程的产生率。总的星体内的光裂解率包括热激发态的贡献,而这些反应截面在很多情况下都没有测量过。基态的光裂解数据很强地制约了核模型的参数,如 E_1 的强固函数。同时它可以帮助减少预估星体内部反应率的不确定性。^{180}Ta 同质异能态的核合成问题将在后面讨论。

14.3.3 s 过程的分支:中子捕获截面的估算

s 过程的核的合成发生在中子密度比较低和温度比较低的条件下,这时对于沿着这个 s 过程路线上的核 β 衰变的速率一般说来快于中子捕获的速率。这个过程趋向于去产生稳定的核,沿着 β 稳定线一直上升达到 ^{209}Bi。然而,在一些情况下,沿着 s 过程道路上的核有长的半寿期(至少有几个星期的半寿期),中子的捕获可以和 β 衰变相比,这些不稳定的核称为 s 过程分支点的核。s 过程分支点的研究可以用于决定相应于 s 过程的中子通量、温度和密度[37,38],对于 s 过程和 r 过程的反应链的一个例子见图 14 – 3。在这里 ^{185}W 和 ^{186}Re 分别有 75 d 和 3.8 d 的寿期,是 s 过程的分支点核。

尽管实验技术的进步,但去测量短寿命核的中子捕获截面仍然非常困难。如同 s 过程分支点核 ^{185}W 和 ^{186}Re。取而代之,通过反向的光中子反应并在基于理论模型基础上去估算中子捕获截面[39,40]。在这种情况下,接近于阈值能量的(γ,n)截面对于确定模型的参数是重要的。

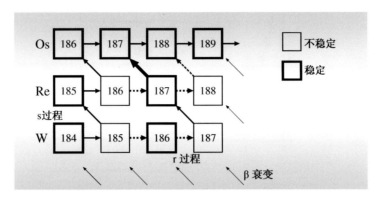

图 14 - 3　在 W - Re - Os 区间元素形成的反应链

s 过程和 r 过程的路线在图中是用水平的线表示,实线表示 s 过程,虚线表示
r 过程,斜线表示 β 衰变,^{185}W 和 ^{186}Re 是 s 过程的分支点,在那里中子捕获
是用虚线表示,它和 β 衰变相竞争,^{187}Re 到 ^{187}Os 粗的实线代表字宙放射性
的衰变

　　下面由反向的光裂解反应^{188}Os$(\gamma,n)^{187}$Os 所推出来的^{187}Os$(n,\gamma)^{188}$Os 中子捕获截面
和测量的值进行了比较。图 14 - 4 指出测量的^{188}OS 光中子截面[译者注:应改为光裂解截
面]和 LCS γ 射线的平均能量的函数关系[41]。光裂解截面和能量的依赖关系一直测到能量
低到接近于中子阈值(7. 989 MeV)。^{188}OS(γ,n)截面是在 Hauser - Feshbach 复合核模型进
行计算,用了两套输入参数并相应标为计算 I 和计算 II[41],得到的^{188}OS$(\gamma,n)^{187}$OS 的截面
和实验的数据做了比较,见图 14 - 4。应该指出在计算 I 和计算 II 之间的主要区别是对 E_1
强固函数的不同处理。基于上面所述参数的确定,对^{187}OS 的反向中子捕获反应截面进行了
计算,这些结果和实验结果[43,44]进行了比较,并见于图 14 - 5,由计算 I 和计算 II 所得到的
中子捕获截面和实验的数据符合得比较好。

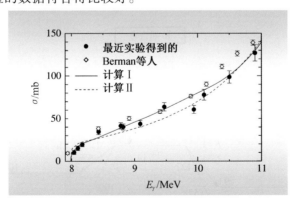

图 14 - 4　最近实验得到的^{188}Os$(\gamma,n)^{187}$Os 截面(实心圆点)

从文献[42]所得到的数据用空心的菱形表示,计算的截面用曲线表示,
实线的是由计算 I,虚线的是由计算 II 得到的

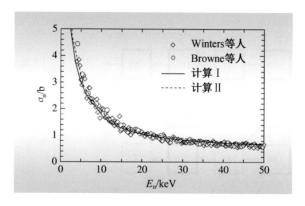

图 14 - 5 ^{187}Os 计算的和测量的中子捕获截面的比较

实线和虚线分别代表计算 I 和计算 II 得到的结果,空心菱形是来自文献[43]的测量数据,
空心圆形是来自文献[44]的测量数据

14.3.4 ^{180}Ta 同质异能素的退激

^{180}Ta 的 9$^-$ 同质异能素(今后用^{180m}Ta 表示,这里 m 表示亚稳态)是一个被赞美的同质异能素,这个同质异能素很有名有两个原因,它是唯一的天然产生的同质异能素,并且是天然最为稀少的同位素。同质异能^{180m}Ta 的存在是由于在 9$^-$ 同质异能素和 1$^+$ 基态之间(见图 14 - 6)存在着高度的 K 跃迁禁闭。^{180m}Ta 有大于 1.2×10^{15} a 的半寿期,同时基态有一个半寿期$T_{\frac{1}{2}} = 8.1$ h。^{180m}Ta 受到特别的重视是因为它在核结构物理[45]和核天体物理[36,46]方面有着重要的意义,下面我们描述一个可能有关^{180}Ta 同质异能素的光诱导的退激实验,它和星体内部核的合成有关。^{180m}Ta 有关的光诱导的退激通过中间的 K 混合态(K - mixing 态),具体描述在图 14 - 6 中。

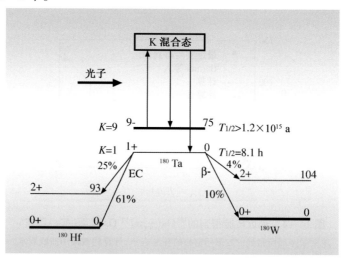

图 14 - 6 光诱导的^{180}Ta 同质异能素通过 K 混合态的退激发

星体内^{180m}Ta 的产生对于天体物理是一个挑战性的问题,因为这个同位素的产生机制

现在还不清楚，^{180m}Ta 的产生是绕过 s 过程和进一步防止跟随在 r 过程的 β 衰变链，产生 ^{180m}Ta 的途径有建议通过 r 过程(见章节 14.3.2)和通过 s 过程[46]。后面一种情况，^{180m}Ta 在星体的等离子体在标准的 s 过程的温度下可能在(γ,γ′)反应中被毁掉。过去由具有能量高于 1 MeV 的光子使 ^{180m}Ta 被毁掉的反应截面曾大量地进行了测量[47-49]。然而，低于 $E_x = 1$ MeV 的中间 K 混合态的效应的问题还有待于弄清楚，它影响着 ^{180}Ta 的有效半寿期[49]。能量低于 1 MeV 的光子使 ^{180m}Ta 遭破坏的相应的截面测量在 s 过程中核合成是重要的。

14.4　核　嬗　变

在 GDR 区域中(γ,2n)和(γ,n)的光核反应从核嬗变应用的角度看有一些特点，光核反应的截面、共振能量、宽度和核的质量数的依赖性很小，对于 $A = 100$ 的核，标准的数值为 $σ ≈ 0.4$ b，$E = 15 \sim 20$ MeV 和 $Γ$(宽度)$≈ 5$ MeV，在能量为 $10 \sim 30$ MeV 的中等能量的光子对于激发 GDR 振荡是有效的。

一个产生高品质、高通量 $E = 10 \sim 30$ MeV 的光束的有效方法是通过激光束和在储存环中的 GeV 电子相互作用的逆向 Compton 散射，如 Spring-8。因为有循环电子束的大电流，电子储存坏的应用具有的优点在于它可以产生大通量的 γ 射线束。由几个 GeV 电子所散射的光子的发散角不大于亚 mrad，使激光的光子散射后的电子损失了约 $10 \sim 30$ MeV 能量，但它仍然可以留在储存环内，在射频腔中它很快又能被再加速到原来的能量。另外的一个优点是产生的 γ 射线束具有低的发散度，这是由于储存环中的电子和激光束的低发散度。

能量为 $10 \sim 30$ MeV 范围的光子，一部分能量通过(γ,2n)和(γ,n)反应去嬗变原子核，同时一部分去产生正负电子对。中子的能量是在 $2 \sim 3$ MeV 范围，电子和正电子的能量在 10 MeV 范围。如果光束很好地准直了，那么嬗变的靶核可以限制在一个直径为 mm，长度为几十厘米的圆柱内。由 20 MeV 光子所产生的电子对是向前发射的，它的平均动量约为 10 MeV/c 因为它们有横向的动量 $5 \sim 10$ MeV/c，因此它们从圆柱体跑出来，在靶中只沉积很小的能量，总而言之，γ 光子的能量几乎(多于 90%)转变成电子的能量、中子动能和 γ 射线的能量。

当 5 kg 的 $A = 130$ 核，对应于 $3 × 10^{25}$ 靶核，要在一年中嬗变，当用的靶为 100 g/cm^2，对于光子能量在 $10 \sim 30$ MeV 平均截面是 0.2b，需要的光子通量为 $2.5 × 10^{26}$/a，或 $8.0 × 10^{18}$/s。正负电子对的数目约为 $2 × 10^{26}$，中子的数目为 $5 × 10^{25}$。

14.5　总　　结

由 LCS 产生的光子束可以用于研究核物理和核天体物理。LCS γ 射线束的特征，如单能、能量可调谐和高度的偏振性使它非常有效地通过核共振荧光在核结构的研究中测量激发能级的宇称不守恒性，以及为核天体测量光致裂解截面。在核天体物理中在接近于阈能附近测量了 ^{93}Nb、^{139}La 和 ^{181}Ta 的 r 过程与 ^{186}W、^{187}Re 和 ^{188}OS 的 s 过程的详细的光裂解截面的结构。未来运用高强度的 LCS 的光子开展光核反应的实验计划通过应用现在已有的自由电子激光的技术可能得到实现。

参 考 文 献

［1］ U. Kneissl, H. H. Pitz, A. Zilges: Prog. Part. Nucl. Phys. 37,349(1996).

［2］ S. E. Woosely, W. M. Howard: Astrophys. J. Suppl. 36,285(1978).

［3］ M. Rayet, M. Arnould, M. Hashimoto, N. Prantzos, K. Nomoto: Astron. Astrophys. 298,517 (1995).

［4］ P. Mohr, K. Vogt, M. Babilon, J. Enders, T. Hartmann, C. Hutter, T. Rauscher, S. Volz, A. Zilges: Phys. Lett. B 488,127(2000).

［5］ J. Magill, H. Schwoerer, F. Ewald, J. Galy, R. Schenkel, R. Sauerbrey: Appl. Phys. B 77,387 (2003).

［6］ K. W. D. Ledingham, J. Magill, P. McKenna, J. Yang, J. Galy, R. Schenkel, J. Rebizant, T. McCanny, S. Shimizu, L. Robson, R. P. Singhal, M. S. Wei, S. P. D. Mangles, P. Nilson, K. Krushelnick, R. J. Clarke, P. A. Norreys: J. Phys. D: Appl. Phys. 36, L79(2003).

［7］ Handbook on photonuclear data for applications: Cross sections and spectra, IAEA － TECDOC － 1178(2000).

［8］ A. Wattenberg: Phys. Rev. 71,497(1947).

［9］ M. K. Jakobson: Phys. Rev. 123,229(1961).

［10］ C. Tzara: Compt. Rend. Acad. Sci. (Paris)56,245(1957).

［11］ B. L. Berman, S. C. Fultz: Rev. Mod. Phys. 47,713(1975).

［12］ R. H. Milburn: Phys. Rev. Lett. 10,75(1963).

［13］ H. Ohgaki, T. Noguchi, S. Sugiyama, T. Yamazaki, T. Mikado, M. Chiwaki, K. Yamada, R. Suzuki, N. Sei: Nucl. Inst. Meth. A353,384(1994).

［14］ T. Yamazaki, T. Noguchi, S. Sugiyama, T. Mikado, M. Chiwaki, T. Tomimasu: IEEE Trans. Nucl. Sci. NS － 32,3406(1985).

［15］ H. Ohgaki, T. Noguchi, S. Sugiyama, T. Mikado, M. Chiwaki, K. Yamada, R. Suzuki, N. Sei, T. Ohdaira, T. Yamazaki: Nucl. Inst. Meth. A375,602(1996).

［16］ E. J. Minehara, M. Sawamura, R. Nagai, N. Kikuzawa, M. Sugimoto, R. Hajima, T. Shizuma, T. Yamauchi, N. Nishimori: Nucl. Instr. Meth. A445,183(2000).

［17］ G. R. Neil, C. L. Bohn, S. V. Benson, G. Biallas, D. Douglas, H. F. Dylla, R. Evans, J. Fugitt, A. Grippo, J. Gubeli, R. Hill, K. Jordan, R. Li, L. Merminga, P. Piot, J. Preble, M. Shinn, T. Siggins, R. Walker, B. Yunn: Phys. Rev. Lett. 84,662(2000).

［18］ M. Hosaka, H. Hama, K. Kimura, J. Yamazaki, T. Kinoshita: Nucl. Inst. Meth. A393,525 (1997).

［19］ V. N. Litvinenko, B. Burnham, S. H. Park, Y. Wu, R. Cataldo, M. Emamian, J. Faircloth, S. Goetz, N. Hower, J. M. J. Madey, J. Meyer, P. Morcombe, O. Oakeley, J. Patterson, G. Swift, P. Wang, I. V. Pinayev, M. G. Fedotov, N. G. Gavrilov, V. M. Popik, V. N. Repkov, L. G. Isaeva, G. N. Kulipanov, G. Ya. Kurkin, S. F. Mikhailov, A. N. Skrinsky, N. A. Vinokurov,

P. D. Vobly, A. Lumpkin, B. Yang: Nucl. Inst. Meth. A407, 8(1998).

[20] T. D. Lee, C. N. Yang: Phys. Rev. 104, 254(1956).

[21] C. S. Wu, E. Ambler, R. W. Hayward, D. D. Hoppes, R. P. Hudson: Phys. Rev. 105, 1413 (1957).

[22] N. Tanner: Phys. Rev. 107, 1203(1957).

[23] R. P. Feynman, M. Gell Mann: Phys. Rev. 109, 193(1958).

[24] D. H. Wilkinson: Phys. Rev. 109, 1603(1958).

[25] E. M. Henly: Annu. Rev. Nucl. Sci. 19, 367(1969).

[26] E. G. Adelberger, W. C. Haxton: Ann. Rev. Nucl. Sci. 35, 501(1985).

[27] B. Desplanques: Phys. Rep. 297, 1(1998).

[28] W. C. Haxton, C. P. Liu, M. J. Ramsey – Musolf: Phys. Rev. C 65, 045502(2002).

[29] E. D. Earle, A. B. McDonald, E. G. Adelberger, K. A. Snover, H. E. Swanson, R. von Lintig, H. B. Mak, C. A. Barnes: Nucl. Phys. A396, 221c(1983).

[30] B. R. Holstein: *Weak Interactions in Nuclei* (Princeton University Press, 1989).

[31] M. Fujiwara: A. I. Titov, Phys. Rev. C 69(2004)065503.

[32] E. Margaret Burbidge, G. R. Burbidge, W. A. Fowler, F. Hoyle: Rev. Mod. Phys. 29, 547 (1957).

[33] D. L. Lambert: Astron. Astrophys. Rev. 3, 201(1992).

[34] M. Arnould, S. Goriely: Phys. Rep. 384, 1(2003).

[35] K. Vogt, P. Mohr, M. Babilon, J. Enders, T. Hartmann, C. Hutter, T. Rauscher, S. Volz, A. Zilges: Phys. Rev. C 63, 055802(2001).

[36] H. Utsunomiya, H. Akimune, S. Goko, M. Ohta, H. Ueda, T. Yamagata, K. Yamasaki, H. Ohagaki, H. Toyokawa, Y. W. Lui, T. Hayakawa, T. Shizuma, E. Khan, S. Goriely: Phys. Rev. C 67, 015807(2003).

[37] F. Kappeler, H. Beer, K. Wisshak: Rep. Prog. Phys. 52, 945(1989).

[38] F. Kappeler, S. Jaag, Z. Y. Bao, G. Reffo: Astron. Astrophys. 366, 605(1991).

[39] K. Sonnabend, P. Mohr, K. Vogt, A. Zilges, A. Mengoni, T. Rauscher, H. Beer, F. Kappeler, R. Gallino: Astron. Astrophys. 583, 506(2003).

[40] P. Mohr, T. Shizuma, H. Ueda, S. Goko, A. Makinaga, K. Y. Hara, T. Hayakawa, Y. – W. Lui, H. Ohgaki, H. Utsunomiya: Phys. Rev. C 69, 032801(R)(2004).

[41] T. Shizuma et al. (in press).

[42] B. L. Berman, D. D. Faul, R. A. Alvarez, P. Meyer, D. L. Olson: Phys. Rev. C 19, 1205 (1979).

[43] R. R. Winters, R. L. Macklin, J. Halperin: Phys. Rev. C 21, 563(1980).

[44] J. C. Browne, B. L. Berman: Phys. Rev. C 23, 1434(1981).

[45] G. D. Dracoulis, S. M. Mullins, A. P. Byrne, F. G. Kondev, T. Kibedi, S. Bayer, G. J. Lane, T. R. McGoran, P. M. Davidson: Phys. Rev. C 58, 1444(1998).

[46] D. Belic, C. Arlandini, J. Besserer, J. de Boer, J. J. Carroll, J. Enders, T. Hartmann, F. Kappeler, H. Kaiser, U. Kneissl, M. Loewe, H. J. Maier, H. Maser, P. Mohr, P. von Neumann Cosel, A. Nord, H. H. Pitz, A. Richter, M. Schumann, S. Volz, A. Zilges: Phys. Rev. Lett. 83,

5242(1999).

[47] C. B. Collins, J. J. Carroll, T. W. Sinor, M. J. Byrd, D. G. Richmond, K. N. Taylor, M. Huber, N. Huxel, P. von Neumann Cosel, A. Richter, C. Spieler, W. Ziegler: Phys. Rev. C 42, R1813 (1990).

[48] J. J. Carroll, M. J. Byrd, D. G. Richmond, T. W. Sinor, K. N. Taylor, W. L. Hodge, Y. Paiss, C. D. Eberhard, J. A. Anderson, C. B. Collins, E. C. Scarbrough, P. P. Antich, F. J. Agee, D. Davis, G. A. Huttlin, K. G. Kerris, M. S. Litz, D. A. Whittaker: Phys. Rev. C 43, 1238 (1991).

[49] D. Belic, C. Arlandini, J. Besserer, J. de Boer, J. J. Carroll, J. Enders, T. Hartmann, F. Kappeler, H. Kaiser, U. Kneissl, E. Kolbe, K. Langanke, M. Loewe, H. J. Maier, H. Maser, P. Mohr, P. von Neumann Cosel, A. Nord, H. H. Pitz, A. Richter, M. Schumann, F. K. Thielemann, S. Volz, A. Zilges: Phys. Rev. C 65, 035801 (2002).

第 15 章　中子成像的现况

E. H. Lehmann

Spallation Neutron Source Division (ASQ) , Paul Scherrer Institut , CH – 5232 Villigen PSI , Switzerland

eberhard. lehmann@ psi. ch

这一节描述作为研究微观样品和物体的一种工具——中子影像领域的情况,借助于穿透的中子在二维的探测系统中提供了一个"阴影的影像",使得无损分析成为可能。虽然中子影像技术已经运用几十年了,但是中子影像技术的利用变得越来越显示出它的重要性。一方面是由于探测器发展的一些新的方向和在方法学方面的改进;另一方面是探测和定量分析需求的增长,如在不同的基体内含氢物质的量的分析。在许多情况下,和以前传统的底片测量相比,现在都用数字方法取代了,从物理方面看有许多新的研究内容,如相位衬的成像,运用飞行时间法的能量选择的成像,脉冲中子源的应用,影像数据的量化和利用 MeV 范围快中子。中子影像的实际应用将从许多研究中心和工业合作伙伴合作研究和工作中加以着重强调,基于这些实验有理由相信中子影像将在未来的科学和技术中发挥更大的作用。

15.1　引　　言

中子作为一个自由的粒子,它和物质的相互作用有不同的方式,碰撞、吸收,甚至裂变,这些反应都是和物质中的原子核发生的,而电子壳层没有受到影响。

中子的产生主要是由于裂变或者在散裂反应装置上的散裂反应。中子束在研究中的利用建立了一个分支的科学领域,运用成熟的方法去研究物质的性质,这个研究的领域就是中子散射。它在固体物理、软物质分析和核物理的许多应用方面的价值都在不断增加,这就是要投入几亿欧元去设计和建造强中子源的原因。可以围绕着这个源建立一些单独的束线去开展研究工作(如 FRM – 2 , SNS , J – PARC)。从物理的观点来看,慢中子是合适的。所谓热中子或者冷中子的波长(按照 Broglie 的关系式)大小是和原子晶格中原子之间的距离同一个数量级的,因此低能中子是研究样品中原子结构和行为的理想的探针;另一方面因为中子不带电荷,所以它能穿透到物质更深的地方,因此它能用来研究相对大一些的物质。

由于在中子和物质相互作用中散射的成分对于中子衍射和中子能谱学是最重要和最有兴趣的,而中子影像学主要讨论中子直接穿透过来的部分。在射线照相模式中,穿透过来的中子被一个二维的中子探测器所记录,这样就产生了物体的"中子阴影影像",所有从原来中子束中丢失的中子是被认为在物体中由于衰减所造成的损失,当在物体中中子衰减的特性已知时(也就是总的相互作用截面已知),原则上物质的量可以从影像的数据中获得,这样简化的考虑所发生的问题将在下面仔细讨论。

中子影像技术(射线照相、断层扫描、实时影像、深层照相……)得到的像和通常 X 射线影像的结果相似,两种技术的差别在于相互作用的机理不同:中子是和原子核相互作用,X 射线是和电子壳层相互作用,和 X 射线相互作用的概率是和壳层中的电子数有关,也就是和原子序数有关,这种情况对于中子是完全不同,轻元素如锂和硼能很好地阻止中子,但对于 X 射线它是不同程度透明的。相反地重物质如铅、铋或者铀,中子是相对透明的,但对于 X 射线是不透明的。基于不同辐射的不同性质,很明显这两种方法彼此是互补的,根据研究的对象选择合适的无损探测的方法。120 kV 的 X 射线和热中子在各种元素中的衰减系数在图 15 - 1 和图 15 - 2 中给出。图中的灰度代表衰减的能力,衰减系数的数值在图中也给出了。

1a	2a	3b	4b	5b	6b	7b		8		1b	2b	3a	4a	5a	6a	7a	0
H 0.02																	He 0.02
Li 0.06	Be 0.22											B 0.28	C 0.27	N 0.11	O 0.16	F 0.14	Ne 0.17
Na 0.13	Mg 0.24											Al 0.38	Si 0.33	P 0.25	S 0.30	Cl 0.23	Ar 0.20
K 0.14	Ca 0.26	Sc 0.48	Ti 0.73	V 1.04	Cr 1.29	Mn 1.32	Fe 1.57	Co 1.78	Ni 1.96	Cu 1.97	Zn 1.64	Ga 1.42	Ge 1.33	As 1.50	Se 1.23	Br 0.90	Kr 0.73
Rb 0.47	Sr 0.86	Y 1.61	Zr 2.47	Nb 3.43	Mo 4.29	Tc 5.06	Ru 5.71	Rh 6.08	Pd 6.13	Ag 5.67	Cd 4.84	In 4.31	Sn 3.98	Sb 4.28	Te 4.06	I 3.45	Xe 2.53
Cs 1.42	Ba 2.73	La 5.04	Hf 19.70	Ta 25.47	W 30.49	Re 3.47	Os 37.92	Ir 39.01	Pt 38.61	Au 35.94	Hg 25.88	Tl 2.23	Pb 22.81	Bi 20.28	Po 20.22	At	Rn 9.77
Fr	Ra 11.80	Ac 24.47	Rf	Ha													

		Ce 5.79	Pr 6.23	Nd 6.46	Pm 7.33	Sm 7.68	Eu 5.66	Gd 8.69	Tb 9.46	Dy 10.17	Ho 10.91	Er 11.70	Tm 12.49	Yb 9.32	Lu 14.07
		Th 28.95	Pa 39.65	U 49.08	Np	Pu	Am	Cm	Bk	Cf	Es	Fm	Md	No	Lr X-ray

图 15 - 1 带有对 120 kV X 射线衰减系数的元素周期表

1a	s	3b	4b	5b	6b	7b		8		1b	2b	3a	4a	5a	6a	7a
H 3.44																
Li 3.30	Be 0.79											B 101.60	C 0.56	N 0.43	O 0.17	F 0.20
Na 0.09	Mg 0.15											Al 0.10	Si 0.11	P 0.12	S 0.06	Cl 1.33
K 0.06	Ca 0.08	Sc 2.00	Ti 0.60	V 0.72	Cr 0.54	Mn 1.21	Fe 1.19	Co 3.92	Ni 2.05	Cu 1.07	Zn 0.35	Ga 0.49	Ge 0.47	As 0.67	Se 0.73	Br 0.24
Rb 0.08	Sr 0.14	Y 0.27	Zr 0.29	Nb 0.40	Mo 0.52	Tc 1.76	Ru 0.58	Rh 10.88	Pd 0.78	Ag 4.04	Cd 115.11	In 7.58	Sn 0.21	Sb 0.30	Te 0.25	I 0.23
Cs 0.29	Ba 0.07	La 0.52	Hf 4.99	Ta 1.49	W 1.47	Re 6.85	Os 2.24	Ir 30.46	Pt 1.46	Au 6.23	Hg 16.21	Tl 0.47	Pb 0.38	Bi 0.27	Po	At
Fr	Ra 0.34	Ac	Rf	Ha												

Lanthanides	Ce 0.14	Pr 0.41	Nd 1.87	Pm 5.72	Sm 171.47	Eu 94.58	Gd 1479.04	Tb 0.93	Dy 32.42	Ho 2.25	Er 5.48	Tm 3.53	Yb 1.40	Lu 2.75
Actinides	Th 0.59	Pa 8.46	U 0.82	Np 9.80	Pu 50.20	Am 2.86	Cm	Bk	Cf	Es	Fm	Md	No	Lr neut.

图 15 - 2 带有对热中子衰减系数的元素周期表

当然,中子影像的方法相对于 X 射线方法来说没有那么广泛地应用,这是因为中子影像法需要一个合适的中子源,一般说来中子影像中子源占的面积大,所以中子影像法建立在固定的站上比活动的多,下面将概括地描述在这方面的装置和研究,也将给出将来的发展和改进。

15.2　中子影像装置

在图 15 - 3 所描述的一个中子影像装置的主要安排,看起来相对比较简单:从中子源导出的中子通过一个准直器被选择和引导到一个物体上,在那里发生相互作用,放置在物体后的探测器记录所有到达的中子,包括没有和物体发生作用的和与物体发生相互作用的中子,探测器是二维的影像点(像素)的阵列,它和到达的中子束相垂直。

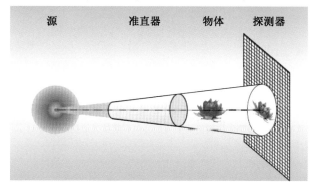

图 15 - 3　中子影像系统的简化示意图

中子影像系统包含一个像素矩阵,在它上面显示的灰度代表到达中子的强度,这个灰度还依赖于探测器的效率和它的灵敏度,即多少个中子才能产生信号,这和中子的能量有关。实际上,中子辐照成像的装置比在图 15 - 4 中所描述的要复杂得多,如安装在 Paul Scherrer 研究所(瑞典)SINQ 上的散裂中子源上的 NEUTRA 站上的中子影像装置。

对于一个中子射线照相系统的主要边界条件是要去满足辐射防护规则的屏蔽设施。直接到达的中子束,伴随的 γ 射线,由和样品的相互作用所产生的次级辐射和束的捕集器都得考虑进去。通往这一屏蔽装置的通道在大多数的情况下是由水泥做成的,这是由防护的要求来决定的。一个特殊的闸门装置保证了只提供中子场,这对于研究来说是必需的。对于中子束而言特别重要的事情是要避免在建筑材料中产生额外的放射性。射线照射系统的性能由所有的组成部件决定:源、准直器和探测器。其结果是,装置的条件就决定了哪种样品最适合于在这一系统中研究,系统的各个组成部分对于其性能的影响将会在后面仔细讨论。

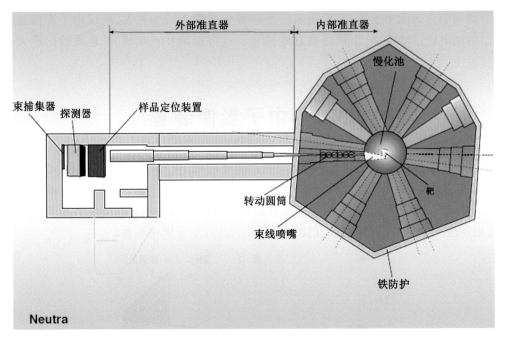

图 15 - 4　在散裂中子源 SINQ 上中子影像装置 NEUTRA 站从上往下的视图
从 SINQ 中心靶的位置沿着束流的方向到防护外墙的距离是 15 m

15.2.1　源

　　强的中子源或者是基于裂变反应堆,或者是基于加速器驱动的散裂中子源,大部分射线照相站建立在反应堆上。在世界上最强的散裂中子源 SINQ 上[1]建立了热中子的中子射线照相装置。在这篇文章中所描述的成像的质量是那些由放射性同位素源驱动的活动的照相设备所永远达不到的,这是由于它们强度不够和缺乏准直的原因。正如前面所述,热中子甚至冷中子是适合于照相的,因此将原来核反应产生的快中子进行慢化减速过程对于获得好的束流品质起着重要的作用。实际上可用两种慢化材料:轻水和重水,尽管在价格方面 D_2O 是相对比较贵的,但重水是比较合适的,因为在一个伸展的体积中热化中子没有什么损失,可以更有效地将中子从源区引导到束线,轻水比起重水要吸收多得多的中子。它造成两个后果:从中心出来经过一个比较大的距离后中子强度迅速衰减和由于中子的捕获会放出 γ 射线。从 D_2O 慢化的中子源出来的束所带的 γ 射线比较少,因此适合于照相的目的。此外必须排除从束线可以直接看到反应堆或者散裂反应的靶的可能性,因为大部分在下面描述的影像系统对 γ 射线也是灵敏的,采用这一方法就可以避免不希望的本底对影像的影响,在原则上适用于中子影像目的的中子源的概览列在表 15 - 1 上,其中含有中子源的主要参数。

表15-1 用于成像目的的中子源

源类型	核反应堆	中子产生器	散裂源	放射性同往素
反应	裂变	D-T聚变	质子散裂反应	$\gamma - n -$反应
所用材料	U-235	氘,氚	高质量核	Sb,Be
增益				
初始中子强度(1/s)	1×10^6	4×10^{11}	1×10^{15}	1×10^8
束强度($1/cm^2 s$)	10^6到10^9	10^5	10^6到$n \times 10^7$	10^3
中子能量	快,热和冷	快,热	快,热和冷	24 keV,热
应用限制	燃耗	管的寿命	靶寿命	^{124}Sb 半寿期
典型的工作周期	1月	1 000 h	1 a	0.5 a
设备成本	高	中等	非常高	低

 ## 15.2.2 准直器

在原始的源点和样品位置之间的所有组件被认为是准直器,包括为减少 γ 射线和快中子本底的过滤器,减小束流大小的限流器和时间依赖的束流控制的闸门。准直器的目标是到达研究客体的束流是一个准平行的干净的束流,并具有最大的可能的中子强度。因此在到达探测器平面上的束流准直度(表达为 L/D 比值)和中子通量大小之间有一个折中。束流强度越高,曝光时间就越短,于是影像的帧率就越高。束的准直度会影响影像的空间分辨率,当研究的客体和影像平面的距离为 d 时,几何的不尖锐性 U_g 直接和准直比相关,并表达为

$$U_g = \frac{d}{L/D}$$ (15-1)

式中,L/D 的标准值在100到1 000之间,空间分辨率决定于样品的几何大小,通常也限制在 10 μm 到 100 μm,然而还有一些其他限制空间分辨率的因素在下面要进行讨论。一个和同步辐射相比较的条件在图15-5中给出,它描述了对于样品大小和空间分辨率相应的工作范围,这是比较清楚的,由于高的穿透率和由不同原因对空间分辨率的影响,中子影像比较适合运用在 0.1 mm 到 10 cm 的大小范围内。

像可以在微聚焦 X 射线管中的放大过程不可能运用在中子影像技术中,因为会发生中子的丢失,就空间分辨率而言,只有一个理想的平行束才能得到最好的结果。

15.2.3 中子影像探测器

中子如果没有转换成电离辐射是不能被直接探测的,因为只有带电的粒子才能产生激发的过程。Gd,^{6}Li 和 ^{10}B 是很强的中子吸收剂,用于一些影像探测器中是非常有利的,这些元素捕获中子以后通过辐射射线、电子激发或者化学反应给出信息。一直到20世纪80年

代前相当长的一段时间中,中子影像的日常应用的系统中都是采用和转换薄膜连在一起的X射线底片作为记录设备,最近几年的发展产生了很多基于电子器件的新的影像系统,就像展示于图15-6中那样,新的系统有很好的空间分辨率,它提供了其他一些优点,如非常高的灵敏度、广阔的动态范围、全量程的线性和输出的数字化形式,可以很好地应用于影像数据的后处理中。

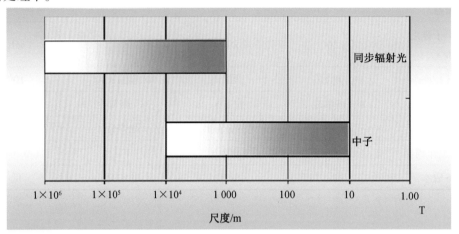

图15-5 分别给出了用中子和同步辐射光(SLS)去观察样品时最合适的尺寸范围,它是由样品的衰减性能和束流的大小计算获得的

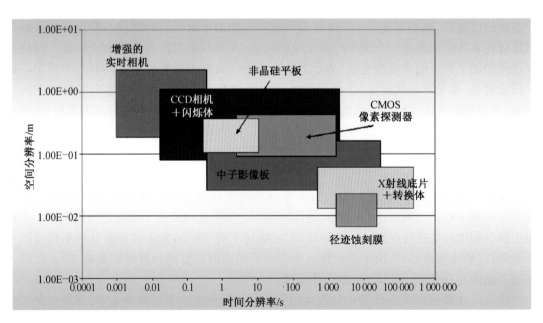

图15-6 从时间和空间分辨率的角度看,中子影像探测器的工作范围,时间和空间分辨率是按在PSI上NEUTRA站的中子射线照射所提供的,影像系统的动态范围定义为长条的长度

在图15-6中所列举的在探测器方面的进展,对于中子影像系统在研究和工业方面的应用产生了积极的效果,但这并没有结束,因为提高空间和时间分辨率的新的工作还在进行。

15.3　现代的中子影像探测器

值得强调的是,在中子影像探测器方面的一些新的进步都会给这个领域带来全新的面貌,正像上面所述的,由于中子在性能和应用方面的优点就发展出了新的影像法的领域,如中子层析成像、相位衬成像、实时研究和分层成像,这些技术在后面将要仔细讨论。

关于数字化的中子影像装置的概览在表 15－2 中给出。影像板取代了底片的方法,它是由光激发的荧光所产生的辐射,以产生数字化的影像数据,它具有宽广的动态范围、高的灵敏度和可以擦掉计数和重新使用的性能。由于具备这种性能,因此可以非常快和灵活地用它开展研究。在用于中子影像的情况下,转换物质 Gd 直接地混合在灵敏层中,作为标准板的一种改进,并应用于医学。

表 15－2　数字化中子影像方法的特性

探测器系统	X 射线薄片和透射光扫描器	闪烁体＋CCD 相机	影像板	非晶硅平板	CMOS 像素探测器
最大空间分辨率/μm	20～50	100～500	25～100	127～750	50～200
适合于成像的标准的曝光时间	5 min	10 s	20 s	1～10 s	0.1～50 s
标准的探测器面积	18 cm×24 cm	20 cm×25 cm	20 cm×40 cm	30 mc×40 cm	3.5 cm×8 cm
每线上的像素	4000	1000	6000	1750	400
动态范围	10^2(非线性)	10^5(线性)	10^5(线性)	10^3(非线性)	10^5(线性)
数字化格式	8 bit	16 bit	16 bit	12 bit	16 bit
读出时间	20 min	2～100 s	5 min	0.03～1 s	0.2 s

观察在中子灵敏的闪烁体中光的激发的 CCD 相机探测器是一个有力的和灵活的数字化中子影像装置。这些已经应用在世界上一些束线的不同装置上,主要的需求是去寻求一个非常轻的、灵敏的相机,它能有低的噪音水平和长的曝光时间(从几秒到几分钟)。虽然昂贵,但这些装置现在是标准的射线照相和层析照相的主要应用系统。

如果从闪烁体输出的光的强度不足以去描述研究的过程,可以用强度增强器加以放大,大部分是采用微通道板来加以放大。借助这个技术,在毫秒甚至微秒尺度的过程是可以被观察到的。然而在这种情况下,影像的质变差了,因为噪音的水平也同样相应地被放大了。

最近,非晶硅平面板条技术也可以用于中子,这些装置可以直接放置在中子束上,因为比起单晶来说辐射损害问题就变得并不那么重要。由于高灵敏度和快的读出系统,可以做到每秒 30 帧[2,3],然而在中子的长期轰击下,这个系统的性能及其长时间的稳定性问题还只有很少的经验。

用于中子影像目的的电子学探测器系列是完全运用 CMOS 技术的方法,是将辐射直接转化为电荷,在中子探测的情况下,CMOS 芯片的分立的像素在进行辐照测量之前,需要将中子捕获转化为电离辐射。带有积分放大器和每个像素的放大器的特殊设计的 CMOS 阵列可以直接进行计算和加以阈值。至今这个技术还在发展,但前景是好的。

15.4　改进的中子影像方法

15.4.1　射线照相法

由于影像探测技术的高效率,在几秒时间内就可以得到一帧的像,视野依赖于束的直径和探测器的面积,一般说来直径在 20 ~ 40 cm。通过常规扫描和添加个别的帧,能够观察到更大的客体,如直升机桨叶[4]、汽车的零部件[5]。借助于影像后处理的工具,遗传实验的真实的动态的排列将展现在人们的视野中。基于数字化信息的储存,编档储存和数据变换没有任何的问题。

15.4.2　层析射线照相法

层析射线照相法可以用于在三维中观察微观物体,在中子束的情况下,通常都是假设为平行束,可以应用基于滤波的背向投影的相对比较容易的重建算法进行逆向 Radon 的变换:

$$\sum(x,y) = \int_0^\pi P(x \cdot \cos(\theta) + y \cdot \sin(\theta), \theta)\mathrm{d}\theta \qquad (15-2)$$

重建是在 (x,y) 平面进行,同时第三维度的数据一层一层地堆积起来。通过对不同位置上(围绕着垂直的转动轴转动 θ 角)客体的许多帧的图像可以决定出对于第一个体积单元(voxel)所形成衰减系数 Σ 的阵列——投影 P。依赖于样品的大小和所需要的空间分辨率,投影的数目必须在 200 到 1 000 之间。这一方法中要产生一套数据,对于每个样品需要 0.2 到几小时。用中子层析照相法所得到的重建的图像和视觉化的客体作为一个例子在图 15 - 7 中给出。

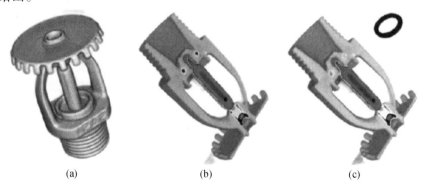

(a)　　　　　　　　(b)　　　　　　　　(c)

图 15 - 7　喷淋器喷嘴的外表面,中心薄片和分割处的密封 O - 圈的中子层析影像

物体的长度约 5 cm,显示出了在玻璃小容器中液体和橡皮垫圈相对于金属结构具有特别高的对照比

15.4.3　量化

中子穿透的影像代表着两维中子强度的分布,同时在第三维度上的积分,如果原始的分布 $I_0(x,y)$ 是已知的,那么穿过来的束分布可以描写为

$$I(x,y) = I_0(x,y) \cdot \int e^{-\Sigma(x,y,z)} dz \qquad (15-3)$$

对于样品厚度 d 和微观截面 S 都比较小和中子束是单能的情况下,衰减的指数在一级近似下是正确的,于是通过(15-3)式反演,在厚度已知的情况下推导出物质的集中度,或者在物质的成分已知的情况下推导出物质的厚度。这种类型的研究扩展了数字化中子影像的优点,即可以从影像的数据直接推导出 $I(x,y)$ 和 $I_0(x,y)$。在这个方法中,每一个数字化的中子影像都被考虑为描述中子穿透过程的第一级的数据集。对于比较厚的物质层和强的中子散射的物质(如氢和钢),由于衰减系数估计不足,因而关系式失真,造成这些失真的原因是散射中子对于成像做了贡献,即直接穿透的中子以外,还有散射中子。为了去克服和修正这问题,在基于中子输运过程的 Monte Carlo 模拟的基础上做了方法学的研究[6],在不久的将来对于射线照相和层析射线照相中由于中子的多次散射所产生的问题将可以得到解决[7]。

15.4.4　实时影像

在研究和工业应用中的许多要求都需要具备时间分辨率能力的观察,影像的前后序列时间的跨度可以从几小时到几天,可以是每分钟几个周期的重复的过程或者非常快的单次事例的过程。对于这种类型的研究,可行的探测系统还必须进行探索。一般说来,时间分辨度受限于中子强度。可以用于成像目的(ILL 中子照相[8])最强的束的通量强度约为 $10^9 \ cm^{-2} \cdot s^{-1}$,它能达到每帧几个毫秒的曝光时间。在强度比较弱的装置上,如果研究重复的过程,可以应用触发的方式。通过同步具有运行过程的 CCD 和尽可能地将几帧影像积分在一起,就有可能得到令人感兴趣的结果。例如在运行的机器中油的分布情况(见图15 -8 中(a)图),另一例子(见图15-8(b)图)是在一定的边界条件下植物生长的原位研究,它是在更为松弛的时间尺度上进行的,在这样精密的测量中,只能用中子才能达到,因为对于含氢的物质如植物,中子具有高的灵敏性。

15.4.5　相位衬增强影像

中子可以认为是一个相应于德布罗意关系的波。在这种考虑下,中子和物质相互作用时,折射率可以写为

$$n(x,y,z,\lambda) = 1 - \delta(x,y,z,\beta) - i\beta(x,y,z,\lambda) \qquad (15-4)$$

式中,参量 β 代表吸收性能,δ 代表和物质相互作用中相位的贡献。然而 δ 是很小的,约为 10^{-6} 量级,是不能和可见光的数目相比的。

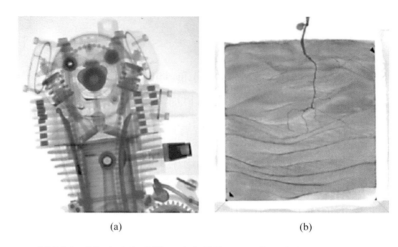

(a)   (b)

图 15 - 8　在活塞运动频率为每分钟几千次的情况下,摩托车发动机中润滑油的重新分布的可视化(a);非常慢的时间尺度的例子是植物根部的生长(b),那里是在各种不同的潮湿条件下经历了许多周,在一定的条件下研究集合的情况

　　探索在物体的边界相位移动的性质是中子空间相干性领域的要求,这可以在远离研究对象处放置一个非常小的孔径来得到。当下列条件满足时,波的前沿可以认为是横向相干的:

$$l_t < \frac{r \cdot \lambda}{s} \qquad (15 - 5)$$

式中,波长是 λ,源和客体之间的距离 r 和源的大小 s 必须考虑进去,对于热中子 $\lambda = 1.8$ nm,距离 r 约为 6 m,小孔孔径为 0.5 mm,于是相干长度为几微米的量级。在这种方法中,在边界处这一效应变得重要,因为它们比探测系统的空间分辨率好很多。这种衬(对比度)增强是一个重大成果,尤其对于发出比较小的吸收对比度的弱的中子吸收体特别重要。这种类型的监测的例子,如对于铝泡沫的情况见图 15 - 9。

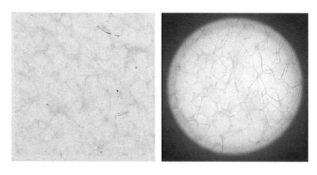

图 15 - 9　运用穿透的中子影像法得到的铝泡沫的图像(左)和相位增强影像(右),从右图上可以看到图像的增强

15.4.6　能量选择的中子影像

　　几乎用于中子影像目的的所有现有装置都用多能(白光)的中子束,它可以近似地认为是

围绕着一个平均能量(对于热中子平均能量为 25 meV)的 Maxwell 函数的分布。然而,运用单能且具有可变能量的中子去探索一些重要的结构物质在接近 Bragg 边的性能的研究是有优点的。

铁的例子表示在图 15-10 中,在波长 4 nm 处的截面有很陡的斜坡,在测量 Bragg 边的上面和下面时有大的对比度,差别大于 3 倍。

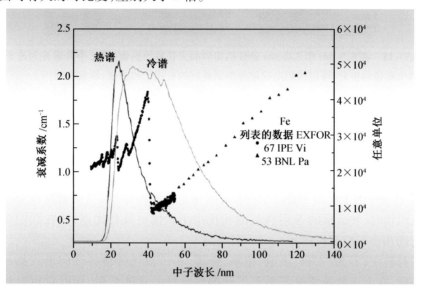

图 15-10 在波长为 4 nm 附近铁的截面有一个很陡的斜率(Bragg 边),当在这能量附近中子用于成像时,这个(Bragg 边)可用于对照比的增强

为了在这个范围内提供一个狭能谱分布的合适的中子束,有两种选择:

①涡轮机型的能量选择器,采用不同的束线用于在冷导管处的中子散射实验;

②在脉冲中子源上用时间飞行技术。

首先这两种方案都成功地进行了试验[9],但它不是在最佳的条件下进行。在冷谱中要求束线数为最大,第二种选择将从现在正在建造的大装置(在美国的 SNS 和在日本的 J-PARC)中得到收益。

选择能得到不同程度的透明度和可以有效地看到内部组件的方案对于实际应用将是一个大优点。可以得到的不同能量的中子图像见图 15-11,借助于图像的后处理技术可以做到这些。

15.4.7 用于影像目的的快中子

当样品的大小为 10 cm 量级或者更为紧凑的物质时,对于大部分的物体来说热中子和冷中子具有足够的穿透率比较困难,只有具有 1 MeV 能量左右的快中子可以有一定的穿透能力,这些中子源的产生可以由(D,T)反应产生或且由裂变过程产生,(D,T)反应受到源强的限制(见表 15-1),因此需要长的曝光时间,一个新的装置(NECTAR 在 FRM-2[10])已接近于运行在一个高性能的水平上。

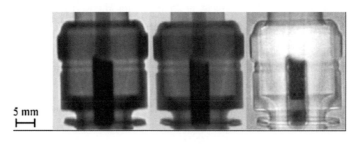

图 15 – 11　在 6.9 nm 和 3.2 nm 处分别得到的火花塞的影像,第三个影像是对应于前面两个影像的差分,可以得到电极绝缘的显著好的可视化的图像,取自文献[9]

15.5　中子影像的应用

在本文中一些例子已经显示了,中子的应用是非常多样的,当要研究在金属的覆盖物内少量的有机物时,和通常的 X 射线监测相比中子影像更具有优点,现在我们能够高质量地研究静态的和动态的有机样品。

在结构材料中(石头、木材、土地、植物、金属……)湿气传输的任何形式都是研究和工业应用的问题,在大多数的情况下需要了解湿气含量的具体数量,同时它可以从影像数据的专用分析方法中推算出来。

在电气的燃料电池中湿气的确定是一个很突出的例子[11],在燃料电池中水的处理对于电池性能的最佳化起着重要的作用。有机物(如胶粘剂、胶水和清漆)的固体形态的研究是中子影像方法应用的主要领域。汽车车体的胶合部分的中子影像见图 15 – 12。

再者,爆炸物的监测是非常容易用中子来进行,这包括在军事和民用方面(空间研究、采矿、隧道建设……),因为它们包含大量的有机组分,而 X 射线技术对于有机物基本上是透明的。

编制一个中子影像的目录现在还不能完成,因为新的技术和新的产品还在开发之中,具有最好的可靠性,安全和成本效率的需求和对于具有复杂方法快的无损监测要求的增长,这正是中子影像所能提供的。

15.6　未来的趋势和景象

作为一个在科学和技术重要工具的中子影像未来发展很大程度决定于它在那些重要的中子源的专用的束线上工作的情况。虽然中子散射界占主导的地位,在 ILL 中心[8],FRM – 2[12],HMI[13] 和 PSI[14] 一些新的装置开始建造。在这些平台的基础上有可能以一个可靠的有力的工具持续地支持工业,去解决在无损试验中的许多问题,而这些是其他技术所不能解决的。为了和其他研究组的合作,可以提供完全不同的渠道条件,类似于中子散射所采用的。

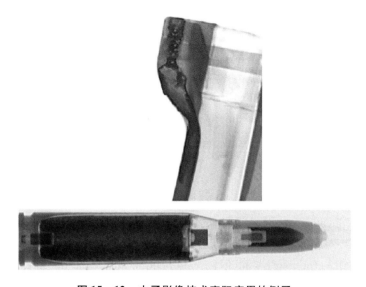

图 15 – 12 中子影像技术实际应用的例子

卡车本体胶粘联结处的层析影像(暗的区域),航空安检装置测得的子弹爆炸物的中子影像(下图)

15.7 总 结

曾经指出,中子影像领域由于新型的数字化探测器,新的影像方法和一些新的方法和应用的进展带来了很好的前景。基于中子和物质相互作用的特殊的性质,中子影像方法将对在微观尺度(约 10 μm 到 30 cm)上的研究和技术做出有意义的贡献。这将决定于束线工作的负责人士和在科学和工业公司中的合作者之间的对话和互动,决定于使这些有效的方法成功地运用于实际之中。

参 考 文 献

[1] G. Bauer:J. Phys. Ⅳ France 9,91(1999).

[2] E. Lehmann,P. Vontobel:Applied Rad. Isotopes 61,567(2004).

[3] M. Estermann, J. Dubois:Investigation of the Properties of Amorphous Silicon Flat Panel Detectors suitable for Rea Time Neutron Imaging. In *Proc. 7th World Conf. Neutron Radiography*,*Rome*,2002.

[4] M. Balasko et al. :Radiography inspection of helicopter rotor blades. In:*Conf. Proc. 3rd International Nondestructive Testing Conf.* ,Crete,October 2003,pp. 309 – 313.

[5] P. Vontobel et al. :Neutrons for the study of adhesive connections. In:*Proc. 16th World Conference on Nondestructive Testing*,Montreal,2004.

[6] N. Kardjilov:Dissertation,TU Munich,86 – 100 2003.

［7］ R. Hassanein et al. ：Methods of scattering corrections for quantitative neutron radiography. In：*Proc. 5th Int. Topical Meeting on Neutron Radiography*，Munich，2004.

［8］ http：//www. neutrograph. de/german/.

［9］ N. Kardjilov：Dissertation，TU Munich，40 – 62，2003.

［10］ http：//www. radiochemie. de/main/instr/nectar/nectar. html.

［11］ D. Kramer et al. ：An on – line study of fuel cell behavior by thermal neutrons. In：*Proc. 5th Int. Topical Meeting on Neutron Radiography*，Munich，2004.

［12］ http：//www1. physik. tumuenchen. de/lehrstuehle/E21/e21 _ boeni. site/antares/web _new/.

［13］ I. Manke et al. ：The new cold neutron radiography and tomography facility at HMI and its industrial applications. In：*Proc. 5th Int. Topical Meeting on Neutron Radiography*，Munich，2004.

［14］ G. Kuhne：CNR – The new beamline for cold neutron imaging at the Swiss spallation neutron source SINQ. In：*Proc. 5th Int. Topical Meeting on Neutron Radiography*，Munich，2004.